海上地震多次波
预测与压制技术

谭 军 王建花 宋 鹏 姜秀萍 赵 波 夏冬明◎著

石油工业出版社

内 容 提 要

多次波是海洋地震数据中最典型的相干干扰波，其预测与压制始终是地球物理领域的研究热点。本书以多次波的预测与压制为主线，全面总结了预测反褶积、视速度滤波、基于波动理论的多次波预测、多次波自适应衰减等传统多次波预测与衰减技术的原理和应用效果，系统论述了近年来多次波预测与衰减的最新成果以及 OBN 等新兴采集数据的多次波预测与压制技术。

本书内容全面、分析深入，可供从事地震勘探数据处理的工程技术人员学习参考，也可作为地质资源与地质工程、地球物理学等相关学科的本科生、研究生以及相关工作人员的培训教材。

图书在版编目（CIP）数据

海上地震多次波预测与压制技术／谭军等著 . --北京：石油工业出版社，2024.6. --ISBN 978-7-5183-6910-2

Ⅰ. P631.4

中国国家版本馆 CIP 数据核字第 20245M9M10 号

出版发行：石油工业出版社

　　　　　（北京市朝阳区安华里二区 1 号楼　100011）

　　　　网　　址：www. petropub. com

　　　　编辑部：（010）64523586　图书营销中心：（010）64523633

经　　销：全国新华书店

印　　刷：北京九州迅驰传媒文化有限公司

2024 年 6 月第 1 版　2024 年 6 月第 1 次印刷

787×1092 毫米　开本：1/16　印张：16

字数：370 千字

定价：86.00 元

地震多次波指的是在地下介质中经过多次反射之后到达检波器的地震波，与常规的一次反射波一样，含有丰富的地下介质信息。但是，在实际生产中由于多次波的种类和传播路径更为复杂，多数时候多次波还无法直接用于对地下介质的成像，只能将其视为干扰波从数据中予以压制。《海上地震多次波预测与压制技术》系统总结了近几十年来海上地震多次波的预测与压制技术进展，提出诸多适应于新时期多次波压制的新技术。该书的作者做了一项非常有意义的工作。

20世纪五六十年代，Robinson、Peacock 以及 Treitel 等人提出了压制（短周期）多次波的预测反褶积方法，从而拉开了识别多次波、压制多次波的序幕；80年代初，视速度滤波开始应用于多次波压制，Ryu 等人提出了基于 FK 视速度滤波法的压制手段，Thorson 和 Claerbout 提出了速度叠加变换和倾斜叠加变换技术，Hampson 以及 Yilmaz 等人提出了基于抛物线拉冬变换的多次波压制技术，时至今日，这类方法仍为生产中应用最广泛的多次波压制手段；90年代开始，基于波动方程理论的多次波预测与压制技术得到蓬勃发展，建立了多次波预测与自适应衰减的处理框架，与此相关的波场外推法、基于反馈环理论的自由界面多次波衰减（SRME）技术以及逆散射级数法等多次波预测与压制技术纷纷涌现，并形成了各种多次波压制的工业流程与标准，多次波的预测与压制技术渐趋成熟，商业地震数据处理软件都具有上述多次波预测与压制模块。

进入21世纪，随着油气勘探向复杂海域的推进，宽/富方位地震勘探以及海底节点多波多分量采集技术的推广应用，多次波的预测与压制技术又遇到了新的挑战，为应对这些挑战，基于反偏移理论的多次波预测以及曲波域扩展滤波多次波压制等技术应运而生。但是，多次波的预测与衰减问题今后相当长一段时期内还将持续保持研究热度，针对不同类型的多次波需选用相应的压制技术，目前尚没有哪一种技术可完全有效地实现全部多次波的精确压制。

《海上地震多次波预测与压制技术》在系统分析多次波形成机制与发育特征的基础上，结合作者多年来的研究基础，优选总结了预测反褶积、视速度滤波与 SRME 等传统方法的原理与应用效果，并重点论述了基于克希霍夫积分反偏移的多次波预测以及曲波域扩展滤波等最新成果。本书是一部内容丰富又具有创新性的关于地震多次波的著作，该书的出版能够有效推进新时期地震多次波压制技术及整个油气地震勘探的持续深入发展，对实际海洋地震数据处理中的多次波预测与压制具有重要的借鉴作用和参考价值。

英国皇家工程院院士
中国工程院外籍院士

2024 年 5 月

前 言
PREFACE

能源的保障和安全事关国计民生。近年来，海洋石油已成为我国能源上产关键增量，加大海洋石油勘探开发进程，提升海洋油气田勘探开发成功率成为实现我国能源自给、实现能源安全新战略的关键。

海洋地震勘探是勘探海底油气等矿产资源的重要地球物理技术，由于海洋地震数据中发育有多种干扰波，应用海洋地震勘探技术获得高质量海底之下地层成像剖面的前提是海洋地震数据的高精度噪声压制。多次波是海洋地震数据中最典型的相干干扰波，是在海水以及海底之下地层之间多次传播而形成的地震波，其特征与海洋地震数据中的有效信息(一次反射波)在多个维度上极为相似，其预测与压制难度较大。近几十年来，海上地震数据的多次波预测与压制始终是地球物理领域的研究热点，在实际生产中多次波预测与压制也一直是数据处理的核心处理环节。

多次波形成机制复杂、种类繁多，传统多次波预测与剔除方法大多只适用于某一种或几种多次波的预测与剔除处理。近年来随着勘探目标区域逐渐向深远海复杂构造区域发展，多次波越加发育，需要发展更为先进的多次波预测与剔除技术来满足新时期地震数据处理的要求。为此，我们编写了《海上地震多次波预测与压制技术》，本书在系统分析多次波形成机制与特征的基础上，全面总结了预测反褶积、视速度滤波与表面多次波压制技术(SRME)等传统方法的原理与应用效果，重点论述了基于克希霍夫积分反偏移的多次波预测以及曲波域扩展滤波等近年来作者在多次波预测与压制方面的最新成果。

全书共分8章，由中国海洋大学谭军、宋鹏、姜秀萍、赵波、夏冬明，中海石油(中国)有限公司北京研究中心王建花共同撰写，其中第1章由谭军、宋鹏撰写，第2章由夏冬明、赵波撰写，第3章由王建花、姜秀萍撰写，第4章由宋鹏、赵波撰写，第 5 章由谭军、姜秀萍撰写，第 6 章由宋鹏、谭军撰写，第 7 章由谭军、夏冬明撰写，第 8 章由王建花、谭军撰写，图件主要由中国海洋大学赵波、姜秀萍负责绘制。

本书以多次波的预测与压制为主线，在系统分析多次波形成机制与特征的基础上，全面论述了预测反褶积、基于时差和视速度差异的多次波压制、基于波场延拓的多次波预测、基于反馈环理论的多次波预测、基于逆散射级理论的多次波预测、多次波自适应衰减等多次波预测与衰减技术的原理和应用效果，并引入大量近年来多次波预测与衰减的最新成果以及海底节点地震数据采集技术(OBN)等新兴采集数据的多次波预测与压制技术。

本书是一本针对海上地震多次波预测与衰减的专业著作，包含了传统多次波预测与方法技术的介绍，引入了大量最新成果，可作为攻读地质资源与地质工程、地球物理学等相关学科硕士及博士研究生的参考书，对从事地震勘探数据处理的工程技术人员也有较高的参考价值。

本书的出版得到中国海洋大学、中海石油(中国)有限公司北京研究中心以及中海油服有限责任公司等相关机构领导及有关老师的大力支持，在此表示衷心的感谢。研究生毛士博、刘东、祖国昌和李清泉等帮助录入了部分文字，并清绘了部分图件，对他们的辛勤劳动表示感谢，正是他们的支持和付出才能使得本书顺利出版。

由于著者水平有限，难免有不妥之处，敬请提出宝贵意见。

谭军

2024 年 5 月于中国海洋大学

目 录
CONTENTS

1
多次波的形成机制与特征分析

2
预测反褶积

3
基于时差和视速度差异的多次波压制方法

4

── 基于波场延拓的多次波预测 ──

5

── 基于反馈环理论的多次波预测 ──

6

── 基于逆散射级数的多次波预测 ──

多次波自适应衰减

OBN 数据的多次波衰减

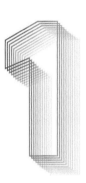

多次波的
形成机制与特征分析

多次波是海上地震资料中最为常见的一种相干干扰波，常规的地震数据处理方法无法将其用于地下复杂地质结构的研究，并且其还经常形成地质假象，因此多次波的预测与剔除通常都是海上地震数据处理流程中的重要环节。

多次波的类型较为复杂，要实现多次波的精确预测与剔除首先需要了解多次波产生的条件、类型、运动学特征及其与一次反射波之间的差异。本章主要从以下4个问题入手进行研究：

（1）多次波的形成机制与影响分析；

（2）多次波的类型；

（3）多次波的时距曲线特征；

（4）典型多次波的发育特征分析。

1.1 多次波的形成机制与影响分析

1.1.1 多次波的形成机制

地震波在地层中传播，当遇到强波阻抗界面时，产生强能量的反射波。该反射波返回到地表（或海水表面）时，会再次向下反射，如此可反复多次，从而形成多次反射波。要形成较强的多次波需有良好的反射界面。如果反射界面为弱波阻抗界面，则一次反射波的能量比较弱，经过多次反射后更微弱。只有在反射系数比较大的界面上形成的多次反射波才比较强并且能被记录下来，属于这种类型的界面有海底、基岩面、不整合面、火成岩及其他强反射界面（如石膏层、盐层、石灰岩等）。

海底（或软海底与基岩的界面）是水层与岩石的分界面，通常为强波阻抗界面，海面可近似为自由界面，所以地震数据中通常存在能量较强的海底多次波。对于存在基底或石灰岩等强屏蔽层的区域，地震波能够在海面与该界面之间多次往返传播，从而形成具有一定周期性的全程多次波。基底或石灰岩等屏蔽层与海底构成双重强反射界面，地震波会在海底位置发生下行反射，在基底或石灰岩等屏蔽层处被反射回来，从而形成与两个界面有关的层间多次波。

此外，强界面尖断点位置下方会出现绕射多次波，其振幅强于界面平坦处的多次波。地震记录中多次波的特征与地下介质密切相关。一般来说，波阻抗界面的反射系数越大、界面数越多，所形成的多次波便越强越复杂。在海洋地震勘探中，因为海面可近似为自由界面，海底一般为强波阻抗界面，所以相应地震资料中通常包含较大范围的海水鸣震、交混回响等多次波。

1.1.2　多次波的影响分析

多次波具有普遍性及复杂性，在地震资料处理的过程中，不仅多次波的振幅比较小，而且还会在地震成像过程中引入额外的波形，与直达波或其他有效反射波混淆，掩盖真实的地震信号，降低信噪比，从而使地震图像模糊不清，难以识别真实的地下结构，使地震数据的解释变得十分困难。在地震数据的反演过程中，多次波的存在增加了反演问题的复杂性，例如在全波形反演（FWI）等高精度速度建模技术中，不仅要考虑直达波信息，还要考虑多次波的信息，增加了计算的难度和所需的计算资源。

多次波对地震资料的影响是多方面的，它们不仅影响地震成像和解释的质量，还增加了数据处理的难度和成本。研究和处理多次波对于提高地震数据的解释精度和地球物理勘探的成功率至关重要。

1.2　多次波的类型

若要有效衰减地震记录中的多次波，就必须先将其识别出来，分析其基本特征，据此选择最优的压制手段。多次波的形成与地下地质构造密切相关，不同勘探区域的多次波具有迥异的特征；即便在同一工区，由于传播路径的不同，亦会导致相应地震记录中多次波存在明显的差异。一般地，人们通常根据多次波的传播路径、旅行时的长短及上反射界面的类型对其进行分类。

1.2.1　基于多次波传播路径的分类

根据传播路径的不同，多次波一般可分为全程多次波、微屈多次波及层间多次波等几种类型。

1.2.1.1　全程多次波

从地下某深部强波阻抗界面返回的一次波在自由界面（地表或海面）上发生反射并向下传播，然后在同一界面反射并返回自由界面（地表或海面），如此往返多次形成的多次波称为全程多次波（图 1.2.1）。这种类型的多次波通常具有较为明显的周期性。

全程多次波至少在同一界面上发生了多次反射，因此其振幅的强弱主要取决于该界面的反射系数。如果反射系数较大，则可在炮集记录或剖面上的不同时刻观测到这种类型多次波的独立同相轴。全程多次波通常形成于海底、基岩面、火成岩界面及物性差异较大的不整合面。

1.2.1.2　微屈多次波

地震波从某深部波阻抗界面反射回自由界面（地表或海面）后再向下传播，然后在某个较浅的界面上发生一次或多次反射，传播路径见图 1.2.2。从海底下某较强波阻抗界面反射回来的一次波，又在海水层中多次振荡形成的多次波便属于此种类型。

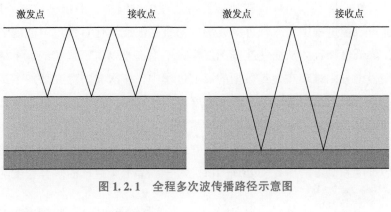

图 1.2.1　全程多次波传播路径示意图

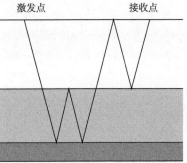

图 1.2.2　微屈多次波传播路径示意图

1.2.1.3　层间多次波

在地下某深部地层中多次震荡形成的多次波常称为层间多次波，如图 1.2.3 所示，形成该类型多次波的条件为该地层顶底界面均为强波阻抗界面。

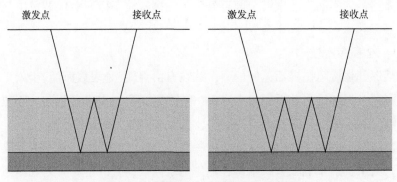

图 1.2.3　层间多次波传播路径示意图

需要说明的是，上述分类方法不是绝对的，特别是微屈多次波与层间多次波之间的界限并不是严格的。

1.2.2 基于多次波旅行时的分类

根据多次波旅行时的长短将多次波分为长程多次波和短程多次波两种类型。

1.2.2.1 长程多次波

长程多次波的单次反射旅行时较长，可形成独立同相轴，其传播路径如图 1.2.4(a) 所示。由于传播的旅行时较长，其视速度与一次波具有一定差异，从而能够在叠前记录中识别出来。

1.2.2.2 短程多次波

短程多次波是地震波从某一深部界面反射回来再从自由界面(地表或海面)向下反射，然后在某个较浅的界面(如浅水海底)发生反射所形成的多次波[图 1.2.4(b)]。由于短程多次波与同深部界面产生的一次波几乎同时到达，所以只延迟了部分能量，使地震子波加长，因此它的作用不是产生一个独立的同相轴，而只是改变了一次反射波的形态，在地震记录上表现为在一次反射波上加了个"尾巴"。短程多次波会使一次反射波的振幅、频率和相位发生畸变，而且较难发现和识别。

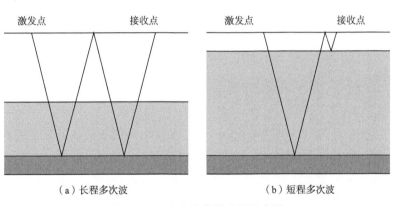

（a）长程多次波　　　　　　　　　（b）短程多次波

图 1.2.4 多次波传播路径示意图

1.2.3 基于上反射界面类型(下行反射位置)的分类

多次波在传播过程中必然经历某强波阻抗界面的向下反射。根据多次波下行反射位置的差异，可将多次波划分为自由界面多次波和层间多次波两大类。

1.2.3.1 自由界面多次波

自由界面多次波是指在自由界面上至少发生了一次下行反射的多次波，发生下行传播的次数称为多次波的阶次。自由界面多次波的含义很广，包含了通常所说的海水鸣震、交混回响等多次波，所包含的类型如图 1.2.5(a) 至图 1.2.5(e) 所示。

1.2.3.2 层间多次波

层间多次波，也称内部多次波，相比自由界面多次波，其所有下行反射均发生在除自由界面以外的其他反射界面，如图 1.2.5(f) 所示。

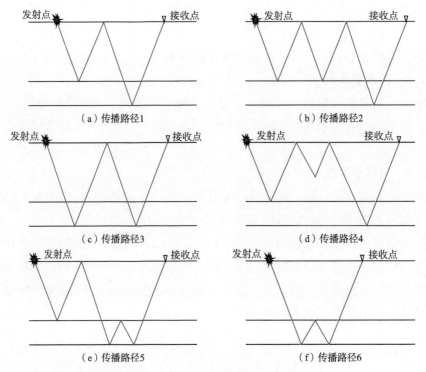

图 1.2.5　多次波传播路径示意图

1.2.4　基于子反射类型的分类

多次波的传播过程可以通过两个或多个子反射的空间褶积描述，基于所涉及的子反射类型，可将多次波分为多次反射波、反射—折射多次波、折射多次波及绕射多次波等。其中，重要的多次波类型有海底多次波、折射多次波与绕射多次波，通常用来界定多次波压制方法的适用性。

1.2.4.1　海底多次波

通常海底（或软海底与基岩的界面）是强波阻抗界面，海水表面可近似为自由界面，所以在海水层中可形成能量较强的水层多次波。此外，从地下波阻抗界面返回的地震波，在海面发生下行反射后，在海水层中多次震荡易形成微屈多次波。上述类型多次波中均含有海底子反射，因此都属于海底多次波的范畴，其传播路径如图 1.2.6 所示。

1.2.4.2　折射多次波

当下层介质速度远高于上层介质速度时，地震波会在两者的界面上滑行，从而形成振幅较强的折射波。该折射波返回海面后，再次向下反射，如此可反复多次，从而形成了折射多次波（图 1.2.7）。

1.2.4.3　绕射多次波

若海底及其下伏强反射界面中存在明显的尖断点，地震记录中会发育有振幅较强的绕射波。该绕射波返回海面后，再次向下反射，如此反复多次，从而形成了绕射多次波(图1.2.8)。

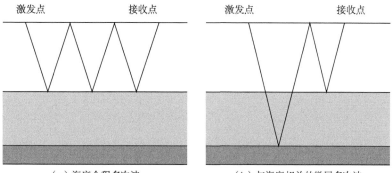

（a）海底全程多次波　　　　　（b）与海底相关的微屈多次波

图1.2.6　海底多次波传播路径示意图

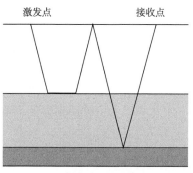

图1.2.7　折射多次波传播路径示意图

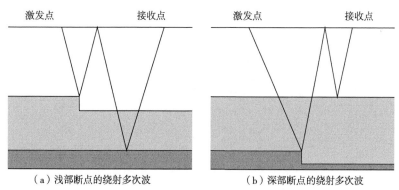

（a）浅部断点的绕射多次波　　　　　（b）深部断点的绕射多次波

图1.2.8　绕射多次波传播路径示意图

1.3 多次波的时距曲线特征

　　地震波运动学研究的是地震波传播过程中波前和射线空间位置与波的旅行时之间的关系。时距曲线是研究地震波运动学特征的重要工具，时距曲线是指地震波由激发点到达各接收点的时间与相应偏移距之间的关系。时距曲线的求取基于地下的地质模型，属正演问题的范畴。

现从正演问题的角度出发，即已知给定地质体的产状要素和介质的速度分布等条件，求取相应的时距曲线，据此研究一次反射波与全程多次波的运动学特点。为简便起见，在此仅讨论均匀介质、倾斜反射面条件下共炮点一次波与全程多次波的时距曲线特征。

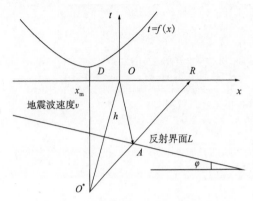

图 1.3.1　倾斜界面一次反射波时距曲线

1.3.1　一次波时距曲线方程

设某介质结构如图 1.3.1 所示。界面的倾角为 φ，界面以上的介质是均匀的，地震波速度为 v，坐标系的原点位于激发点 O，激发点 O 到界面的法线深度为 h，并规定当 x 轴正向与界面下倾的方向相同或相反时 φ 分别取正或负值。O^* 点与激发点 O 关于反射界面对称，O^*D 垂直于 x 轴，D 点坐标为 x_m。

$$t = \frac{\sqrt{x^2 + 4h^2 + 4xh\sin\varphi}}{v} \tag{1.3.1}$$

对式（1.3.1）进行变换可得

$$\frac{t^2}{a^2} - \frac{(x - x_m)^2}{b^2} = 1 \tag{1.3.2}$$

其中，$x_m = -2h\sin\varphi$

$$a = \sqrt{\frac{4h^2 - 4h^2\sin^2\varphi}{v^2}} \tag{1.3.3}$$

$$b = \sqrt{4h^2 - 4h^2\sin^2\varphi} \tag{1.3.4}$$

将式（1.3.2）与标准的二次曲线方程比较可知，它代表的是一条双曲线。这就表明倾斜界面、覆盖介质为均匀介质的情况下的共炮点一次反射波的时距曲线是一条双曲线。再根据双曲线的特点可知，反射波时距曲线以过 x_m 点的 t 轴为对称轴，x_m 是时距曲线极小值点的横坐标，且极小值点总是相对激发点偏向界面上倾一侧，与该点相对应的旅行时 t_m 为最短

$$t_m = \frac{2h\cos\varphi}{v} \tag{1.3.5}$$

1.3.2 二次波时距曲线方程

如图 1.3.2 所示,地震波从震源 O 点出发经过 C、A、D 点反射后到达接收点 B。设倾角为 φ 的反射界面 I 与地面测线交于 E,覆盖介质的地震波速度为 v,激发点 O 处的法向深度为 h。

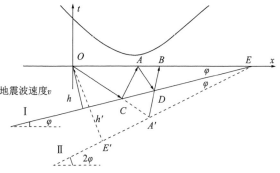

图 1.3.2　倾斜界面二次全程多次波时距曲线

设二次反射波由震源 O 出发,在界面 I 上 C 点发生第一次反射,经地面 A 点反射后,在界面 I 上 D 点又发生第二次反射。延长 OC 和 BD 交于 A',根据斯奈尔定律,反射角等于入射角,所以 $\triangle CAD$ 与 $\triangle CA'D$ 全等,并有 $\angle A'EC = \angle AEC$,$\angle CA'E' = \angle DA'E$,即界面 I 上的二次全程多次波可看作假想界面 II 上的普通一次反射波,其地震波速度为 v,界面 II 为等效反射界面。并且易知界面 II 的视倾角为界面 I 的视倾角的 2 倍。则有 $\dfrac{h}{\sin\varphi} = \dfrac{h'}{\sin 2\varphi} = \overline{OE}$,从而 $h' = \dfrac{\sin 2\varphi}{\sin\varphi}h$。利用等效界面的概念,可得共炮点全程二次反射波的时距曲线方程为

$$t' = \frac{\sqrt{x^2 + 4h'^2 - 4xh'\sin 2\varphi}}{v} \tag{1.3.6}$$

或

$$t' = \frac{\sqrt{x^2 + 4\dfrac{\sin^2 2\varphi}{\sin^2\varphi}h^2 - 4xh\dfrac{\sin^2 2\varphi}{\sin\varphi}}}{v} \tag{1.3.7}$$

由式(1.3.6)或式(1.3.7)可知,在平界面、覆盖介质均匀的情况下共炮点全程二次反射波的时距曲线是一条双曲线。

1.3.3 m 次波时距曲线方程

将上面讨论全程二次反射波时距曲线方程的思路推广到全程 m 次反射波,得到的时距曲线方程为

$$t' = \frac{\sqrt{x^2 + 4\dfrac{\sin^2 m\varphi}{\sin^2\varphi}h^2 - 4xh\dfrac{\sin^2 m\varphi}{\sin\varphi}}}{v} \tag{1.3.8}$$

此时等效界面的深度为

$$h'_m = \frac{\sin m\varphi}{\sin\varphi}h \tag{1.3.9}$$

而等效界面的倾角为

$$\varphi' = m\varphi \tag{1.3.10}$$

m 次反射波与一次反射波在 $x=0$ 时的传播时间存在如下关系

$$\frac{t'_{0m}}{t_{01}} = \frac{\sin m\varphi}{\sin \varphi} \tag{1.3.11}$$

当 φ 值很小时，近似有

$$t'_{0m} \approx m t_{01} \tag{1.3.12}$$

需要指出的是，从运动学的角度来说的，等效界面的倾角不能大于 $90°$，因此在界面倾斜时多次波的次数 m 不是任意的。事实上，从动力学的角度考虑，多次波的次数也不可能太多，因为一般来讲其能量会随着多次波震荡次数的增加而迅速衰减。

由以上分析可以得到如下结论：

（1）在震源 O 点（即 $x=0$），当 φ 值很小时，观测到的全程 m 次反射波的垂直时间 t'_{0m} 是同一界面一次反射波时间 t_{01} 的 m 倍。这是一个常用的识别近于水平界面多次波的重要标志。

（2）等效界面的倾角 $\varphi' = m\varphi$，即全程 m 次反射波的等效界面的倾角 φ' 等于一次反射界面倾角 φ 的 m 倍，这常称为倾角标志。

（3）全程 φ 次反射波的时距曲线与相同 t_0 时间的一次反射波时距曲线相比，曲线要弯曲些。这是因为尽管两者的 t_0 值相同，但毕竟全程 m 次反射波穿透深度小，传播速度低，所以其时距曲线更陡一些。CMP 道集（共中心点道集）的多次波时距曲线具有类似的规律，当以一次反射波的正常时差进行动校正时，多次波的时距曲线因动校正量不足仍为弯曲的同相轴，这是识别多次波的又一个重要标志。

1.4 典型多次波的发育特征分析

海底（或软海底与基岩的界面）通常是强波阻抗界面，海水表面可近似为自由界面，因此在海水层中形成阶数多、能量强的全程多次波。从地下反射界面返回的地震波，在海面发生下行反射后，会在海水层中多次振荡传播形成微屈多次波。由于均含有海底子反射，这两种多次波具有相近的性质，譬如振幅均较强，且相关谱中的多次波周期基本一致，因此可统一归属到海底多次波（或水底多次波）的范畴。为分析海底多次波的发育特征，本节通过建立典型速度模型，使用正演模拟创建模型地震记录，根据炮集、最小偏移剖面及其相关谱探讨海底多次波的发育特征。

1.4.1 模型建立

由于海底多次波的发育特征与海底息息相关，为避免其他类型多次波的干扰，建立海底以下不存在强波阻抗界面的层状介质模型。该模型的宽度与最大深度分别为 5000m 和 2000m，包含 7 套地层，第一层为海水层，深度由 150m 增加至 200m；海底以下的界面具有明显的起伏形态，左、右两侧各存在一个断层，地层随之发生明显的错动。理论模型各套地层的纵波速度见表 1.4.1。

表 1.4.1 理论模型各套地层的纵波速度

地层序号	纵波速度值（m/s）	地层序号	纵波速度值（m/s）
1	1500	5	2450
2	1600	6	2600
3	1750	7	2800
4	1950		

为了分析海底多次波振幅随水层与海底速度差的变化情况，在如图 1.4.1 所示的速度模型基础上，给定多个常速度变化量，据此增大海底以下各套地层的速度，从而获得另外两套速度模型，纵波速度模型分别如图 1.4.2 与图 1.4.3 所示，相应的速度参数见表 1.4.2 与表 1.4.3。

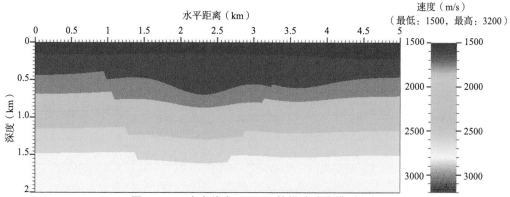

图 1.4.1 速度差为 100m/s 的纵波速度模型示例

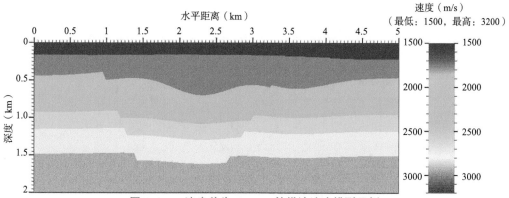

图 1.4.2 速度差为 250m/s 的纵波速度模型示例

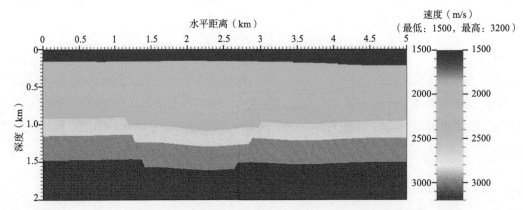

图 1.4.3 速度差为 500m/s 的纵波速度模型示例

表 1.4.2 理论模型各套地层的纵波速度

地层序号	纵波速度值（m/s）	地层序号	纵波速度值（m/s）
1	1500	5	2600
2	1750	6	2750
3	1900	7	2950
4	2100	—

表 1.4.3 理论模型各套地层的纵波速度

地层序号	纵波速度值（m/s）	地层序号	纵波速度值（m/s）
1	1500	5	2850
2	2000	6	3000
3	2150	7	3200
4	2350	—

针对图 1.4.2 至图 1.4.3 所示的纵波速度模型，分别创建含有海水层的横波速度模型（水层横波速度为零），水层以下介质的横波与纵波的关系式为

$$v_S = \frac{v_P}{\sqrt{3}} \tag{1.4.1}$$

式中，v_P、v_S 为纵波速度、横波速度，单位均为 m/s。

此外，还需要构建各纵波速度模型的密度模型。令海水密度为 1000g/cm^3，海底以下地层则根据加德纳公式计算相应的密度值，其密度与纵波速度的关系式为：

$$\rho = 0.31 \times v_P^{1/4} \tag{1.4.2}$$

式中，ρ 为介质密度，单位是 g/cm^3。

1.4.2 模型记录模拟

震源采用主频为35Hz的雷克子波(图1.4.4),输入图1.4.1至图1.4.3所示的纵波速度模型以及相应的横波速度模型、密度模型,计算公式分别为式(1.4.1)与式(1.4.2),设海面为自由界面,基于弹性波动方程的有限差分法模拟3套含有强多次波干扰的地震记录。为了能够通过对比分析的方式识别出地震记录中的多次波干扰,令模型上边界面为吸收边界,基于弹性波动方程的有限差分法模拟1套不含自由界面多次波的地震记录。

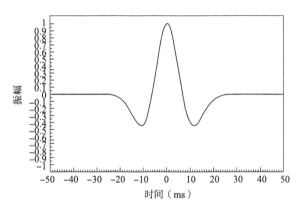

图1.4.4 主频为35Hz的雷克子波波形图

在地震记录模拟过程中,震源与检波器的深度均为3.125m;采用165道接收,最小偏移距为零,炮间隔和道间隔均为6.25m;采样间隔和记录长度分别为2ms和2000ms。经过横波、纵波分离之后,取仅包含纵波分量的记录作为原始地震记录,图1.4.5显示了位于左侧隆起构造上方的炮集记录(炮点坐标为1650m)。与不含多次波的记录相比,当上边界设为自由边界时,模拟的数据中均含有大量振幅较强的多次波干扰(图1.4.5),如箭头指向的2~3阶海底全程多次波,其妨碍了对有效波的识别分析,进而会影响地震剖面的成像质量。

1.4.3 多次波发育特征分析

由于在共偏移距剖面中更易识别出多次波,并可根据同相轴的形态与旅行时特征推断出多次波的类型,将图1.4.5所示各炮集记录中的零偏移道抽取出来,形成图1.4.6(a)至图1.4.6(d)所示的零偏移距剖面。图1.4.6(a)为不含多次波的剖面,纵波速度模型中海底以下地层比海水速度高100m/s;图1.4.6(b)至图1.4.6(d)显示含多次波的零偏移距剖面,相应纵波速度模型海底以下地层分别较海水速度高100m/s、250m/s和500m/s。

在零偏移距剖面中,海底多次波通常具有明显的周期性,因此根据同相轴形态与出现时间可以识别2~4阶全程多次波(图1.4.6中蓝色箭头指向的同相轴)与2~3阶微屈多次波(图1.4.6中绿色箭头指向的同相轴),通过对比分析可获得以下结论:

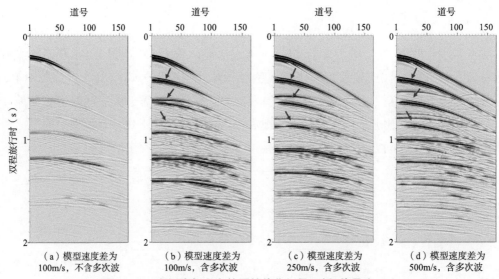

图 1.4.5 左侧隆起上方的原始炮集记录示例(炮号为 101)

（1）由于海底为海水与岩石的分界面，两者的速度差很小（100m/s）时就能够形成振幅较强的多次波，且随速度差变大多次波振幅有所增强；

（2）在图 1.4.6(b)至图 1.4.6(d)中均可识别出 2~4 阶的全程多次波，但仅能识别出振幅相近的 2~3 阶微屈多次波，前者振幅明显强于后者；

（3）海底以下各界面均可形成微屈多次波，具有发育广泛的特征，且反射系数大（速度差大）的界面所形成的多次波振幅强；

（4）根据模型结构与多次波特征可以绘出全程多次波与微屈多次波的射线路径，分别见图 1.4.7 至图 1.4.9。

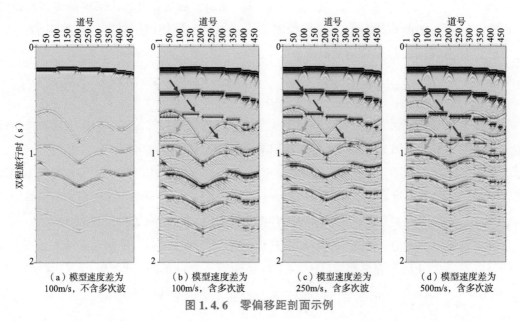

图 1.4.6 零偏移距剖面示例

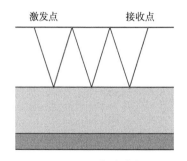 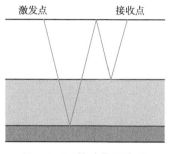 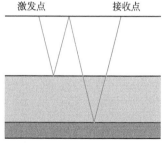

图 1.4.7　海底全程
多次波的传播路径示意图

图 1.4.8　检波器端海底
微屈多次波的传播路径示意图

图 1.4.9　震源端海底
微屈多次波的传播路径示意图

1.5 强界面相关多次波发育特征分析

　　一般来说，部分区域存在基底或石灰岩所形成的强反射界面，从而形成了强屏蔽层，并与海底构成了能够发育强振幅多次波的多重反射界面。由于海底(或软海底与基岩的界面)是水层与岩石的分界面，其通常为强波阻抗界面，海面可近似为自由界面，所以地震数据中通常存在能量较强的海底多次波。对于存在基底或石灰岩等强屏蔽层的区域，地震波能够在海面与该界面之间多次往返传播，从而形成了具有一定周期性的全程多次波。基底或石灰岩等屏蔽层与海底构成了双重强反射界面，地震波会在海底位置发生下行反射，在基底或石灰岩等屏蔽层处被反射回来，从而形成与两个界面有关的层间多次波。

　　地震记录中多次波的特征与地下介质密切相关，波阻抗界面的反射系数越大，界面数越多，发育的多次波便越强越复杂。针对海底多次波与强界面相关多次波，建立含有复杂构造的理论模型，迭代设置各套地层的系列速度与密度参数，利用弹性波方程模拟包含多次波与不含多次波的数值记录，通过炮集记录与零偏移距剖面中多次波信号的对比分析，探讨强界面相关多次波的发育特征。

1.5.1　模型建立

　　为了分析波阻抗界面相关多次波的发育特征，根据工区内的叠前深度偏移剖面(图 1.5.1)与相应的叠前时间偏移速度场(图 1.5.2)，建立如图 1.5.3 所示的包含强波阻抗界面的纵波速度模型。该模型的宽度与最大深度分别为 15000m 和 3300m，包含 12套速度层。第一层为海水层，深度介于 50~100m 之间；深度 600~1000m 之间存在强波阻抗界面，中部存在多个局部的隆起构造；强波阻抗界面下层的速度横向变化明显，界面上、下地层的速度差介于 1000~1800m/s 之间。

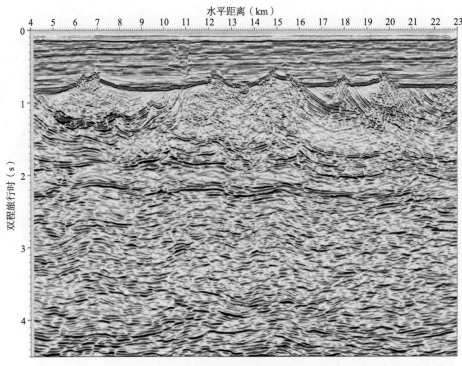

图 1.5.1　工区叠前深度偏移剖面示例

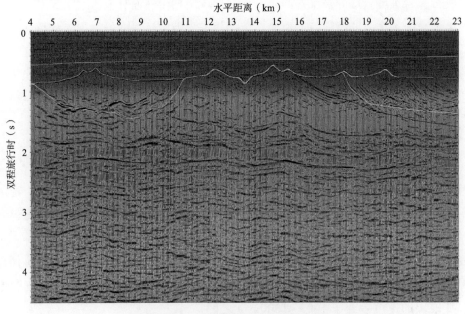

图 1.5.2　工区叠前偏移速度场示例

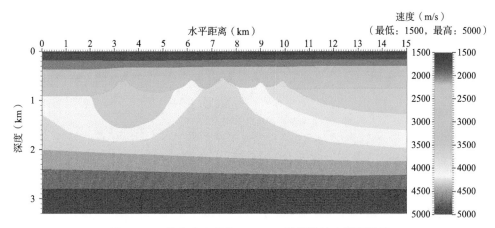

图 1.5.3　最小速度差为 1000m/s 的纵波速度模型示例

为了分析强界面相关多次波振幅随界面上下速度差的变化情况，在图 1.5.3 所示的速度模型基础上，给定多个常速度变化量，据此增大强界面以下各套地层的速度，从而获得了另外三套速度模型，其纵波速度模型分别如图 1.5.4 至图 1.5.6 所示。

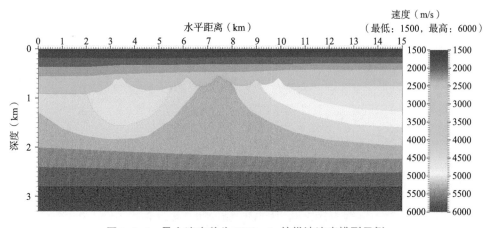

图 1.5.4　最小速度差为 2000m/s 的纵波速度模型示例

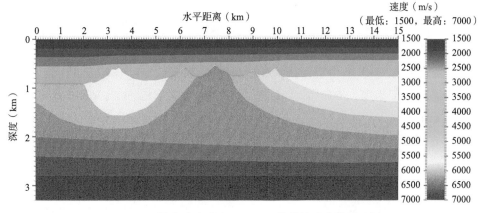

图 1.5.5　最小速度差为 3000m/s 的纵波速度模型示例

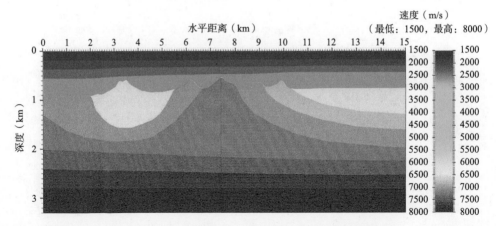

图 1.5.6　最小速度差为 4000m/s 的纵波速度模型示例

针对图 1.5.3 至图 1.5.6 所示的纵波速度模型，分别创建含有海水层的横波速度模型（水层横波速度为零），水层以下介质的横波与纵波的关系式为

$$v_S = \frac{v_P}{\sqrt{3}} \tag{1.5.1}$$

式中，v_S、v_P 分别为横波速度、纵波速度。

此外，还需要构建各纵波速度模型的密度模型。令海水速度为 $1000kg/m^3$，海底以下地层则根据加德纳公式计算相应的密度值，其密度与纵波速度的关系式为：

$$\rho = 0.31 \times v_P^{1/4} \tag{1.5.2}$$

式中，ρ 为介质密度。

1.5.2　模型记录模拟

震源采用主频为 35Hz 的雷克子波（图 1.4.4），输入图 1.5.3 至图 1.5.6 所示的纵波速度模型以及相应的横波速度模型、密度模型，计算公式分别为式（1.5.1）与式（1.5.2），令模型上边界面为吸收边界，基于弹性波动方程的有限差分法模拟了 4 套不含自由界面多次波的地震记录；设海面为自由界面，基于弹性波动方程的有限差分法模拟 4 套含有强多次波干扰的地震记录。

在地震记录模拟过程中，震源与检波器的深度均为 3.125m；共激发 451 炮，采用 331 道接收，最小偏移距为零，炮间隔和道间隔均分别为 25m、12.5m；采样间隔和记录长度分别为 2ms、3000ms。经过横波、纵波分离之后，取仅包含纵波分量的记录作为原始地震记录进行多次波发育特征分析。

1.5.3　层间多次波发育特征分析

一般来说，部分区域存在基底或石灰岩所形成的强反射界面，从而形成了强屏蔽层，并与海底构成了能够发育强振幅多次波的双重强反射界面。地震波会在海底位置发生下行反射，在基底或石灰岩等屏蔽层处被反射回来，从而形成与两个界面有关的层间多次波。

为分析层间多次波的发育特征，令图1.5.3至图1.5.6所示模型的上边界面为吸收边界，模拟了4套不含自由界面多次波的地震记录，使数据中的层间多次波得以突显出来。图1.5.7至图1.5.10显示了炮点位于9500m处的炮集记录（炮号为216），其中箭头指向的即为与强界面相关的层间多次波。

由于在共偏移距剖面中更易识别出多次波，可根据同相轴的形态与旅行时特征推断出多次波的传播路径，将图1.5.7至图1.5.10所示炮集记录中的零偏移道抽取出来，形成了如图1.5.11(a)至图1.5.11(d)所示的零偏移距剖面，相应纵波速度模型强界面上下速度层的最小速度差分别为1000m/s、2000m/s、3000m/s、4000m/s。

根据零偏移距剖面可以识别出三种传播路径的层间多次波：

(1) 图1.5.11(a)至图1.5.11(d)中绿色箭头指向的同相轴，主要发育在强波阻抗界面平坦位置，地震波在基底或石灰岩等屏蔽层处发生上行反射，在海底位置被反射下来，然后在海底与强波阻抗间的某个界面（包括海底与强波阻抗间）发生上行反射，最后被检波器接收，传播路径如图1.5.12所示。

(2) 图1.5.11(a)至图1.5.11(d)中粉色箭头指向的同相轴，地震波在基底或石灰岩等屏蔽层处发生上行反射，在海底位置被反射下来，然后在强波阻抗界面处发生上行反射，最后被检波器接收，其传播路径如图1.5.13所示。这类层间多次波的振幅随强波阻抗界面上下速度差增大而变强，在强波阻抗界面中尖断点的下方形成绕射形式的层间多次波。

(3) 图1.5.11(a)至图1.5.11(d)中蓝色箭头指向的同相轴，包含绕射波子反射，同相轴具有大倾角特征，传播路径如图1.5.14所示。

为分析层间多次波的周期性特征，创建图1.5.11(d)所示零偏移距剖面的自相关谱，所得结果见图1.5.15。创建图1.5.10所示炮集记录的振幅谱（图1.5.16），以分析层间多次波的陷频特征。

通过炮集、零偏移距剖面、自相关谱与振幅谱的对比分析可获得以下结论：

(1) 多重强界面是层间多次波存在的前提条件，随强界面上下地层速度差的增加，层间多次波的振幅会明显增强。

(2) 强层间多次波发生下行反射的界面均为海底（即与海底相关），且至少在强界面上发生一次上行反射。

(3) 在强波阻抗界面尖断点位置会产生包含绕射波子反射的层间多次波，高阶的绕射—层间多次波振幅较强。

(4) 在图1.5.15所示的自相关谱中，海底反射与强波阻抗界面反射的相关同相轴（图中箭头指向的位置）能量最强，层间多次波的相关同相轴（能量较弱）均平行于此同相轴，说明模拟记录中的层间多次波均与海底、强波阻抗界面有关。

（5）炮集记录的振幅谱较为光滑（图 1.5.16），说明层间多次波无法产生明显的陷波效应，在一定程度上证明了其振幅较弱。

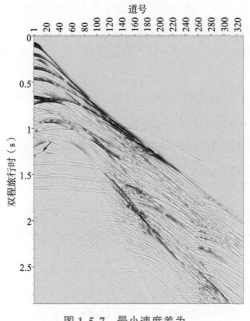

图 1.5.7　最小速度差为
1000m/s 的炮集记录示例

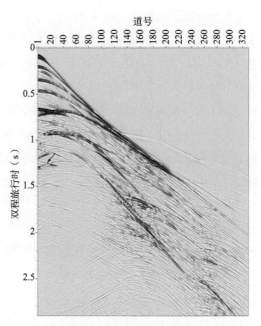

图 1.5.8　最小速度差为
2000m/s 的炮集记录示例

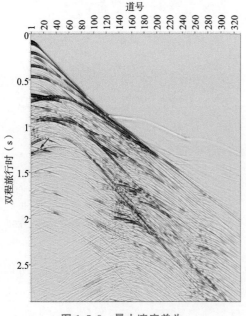

图 1.5.9　最小速度差为
3000m/s 的炮集记录示例

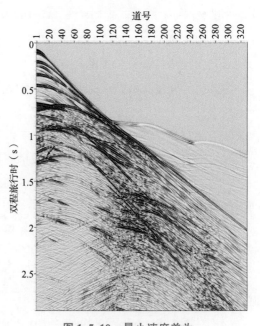

图 1.5.10　最小速度差为
4000m/s 的炮集记录示例

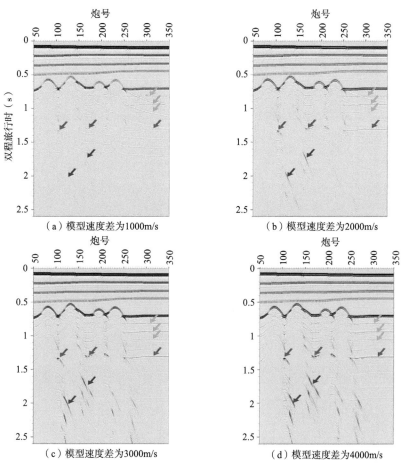

（a）模型速度差为1000m/s   （b）模型速度差为2000m/s

（c）模型速度差为3000m/s   （d）模型速度差为4000m/s

图1.5.11   零偏移距剖面示例

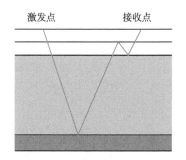

图1.5.12   对应于图1.5.11
零偏移剖面中绿色箭头指向
层间多次波的传播路径示意图

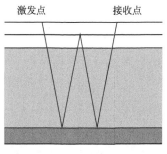

图1.5.13   对应于图1.5.11
零偏移剖面中粉色箭头指向
层间多次波的传播路径示意图

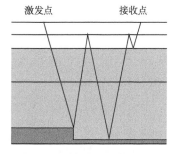

图1.5.14   对应于图1.5.11
零偏移剖面中蓝色箭头指向
层间多次波的传播路径示意图

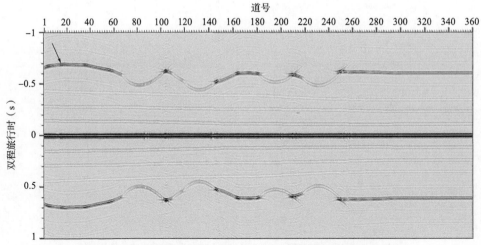

图 1.5.15　模型速度差为 4000m/s 的零偏移距剖面的自相关谱

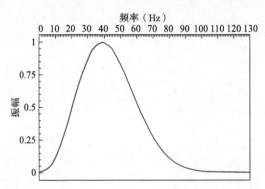

图 1.5.16　模型速度差为 4000m/s 的炮集记录的振幅谱

1.5.4　强界面全程多次波与微屈多次波发育特征分析

一般来说，部分区域存在基底或石灰岩所形成的强反射界面，从而形成强屏蔽层，并与海底构成能够发育强振幅多次波的多重反射界面。对于存在基底或石灰岩等强屏蔽层的区域，地震波能够在海面与该界面之间多次往返传播，从而形成了具有一定周期性的全程多次波。从地下强反射界面返回的地震波，在海面发生下行反射后，会在海水层中多次振荡传播形成微屈多次波。

为分析强界面全程及微屈多次波的发育特征，令图 1.5.3 至图 1.5.6 所示模型的上边界面为自由边界，模拟了 4 套含自由界面多次波的地震记录，图 1.5.7 至图 1.5.10 给出了炮点位于 9500m 处的炮集记录（炮号为 216）。与仅含层间多次波的记录（图 1.5.7 至图 1.5.10）相比，当上边界设为自由边界时，模拟的数据中均含有大量振幅较强的多次波干扰。

由于在共偏移距剖面中更易识别出多次波，并可根据同相轴的形态与旅行时特征推断出多次波的传播路径，将图 1.5.17 至图 1.5.20 所示炮集记录中的零偏移道抽取出来，形成了如图 1.5.21(a) 至图 1.5.21(d) 所示的零偏移距剖面，相应纵波速度模型强界面上下速度层的最小速度差分别为 1000m/s、2000m/s、3000m/s、4000m/s。

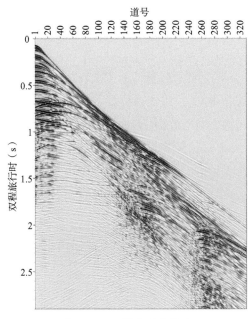

图 1.5.17　最小速度差为
1000m/s 的炮集记录示例

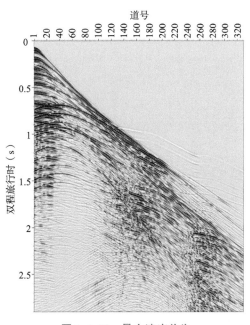

图 1.5.18　最小速度差为
2000m/s 的炮集记录示例

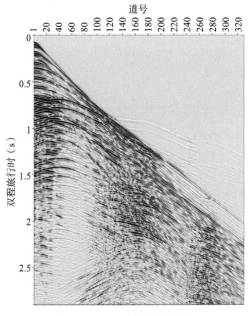

图 1.5.19　最小速度差为
3000m/s 的炮集记录示例

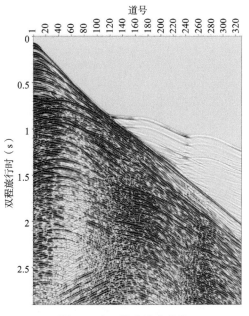

图 1.5.20　最小速度差为
4000m/s 的炮集记录示例

根据零偏移距剖面可以识别出三种传播路径的层间多次波：

（1）图 1.5.21(a)至图 1.5.21(d)中绿色箭头指向的同相轴，出现在强波阻抗界面反射同相轴的下方，地震波在基底或石灰岩等屏蔽层处发生上行反射，然后在水层中多次波振荡传播，最后被检波器所接收，其传播路径如图 1.5.22 所示，属于与强波阻抗界面相关的微屈多次波，亦可归为海底多次波的范畴；

（2）图 1.5.21(a)至图 1.5.21(d)中粉色箭头指向的同相轴，地震波在海面与强波阻抗界面之间发生了多次波振荡传播，最后被检波器接收，其传播路径如图 1.5.23 所示，属于与强波阻抗界面相关的全程多次波，其后会伴随有多阶微屈多次波；

（3）图 1.5.21(a)至图 1.5.21(d)中蓝色箭头指向的同相轴，位于强波阻抗界面尖断点位置的下方，属于绕射多次波，其同相轴具有大倾角特征，传播路径如图 1.5.24 所示。

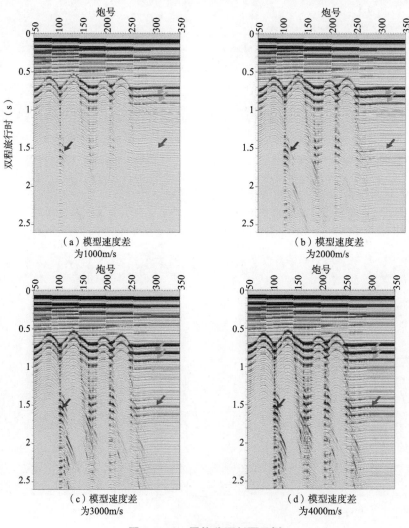

图 1.5.21　零偏移距剖面示例

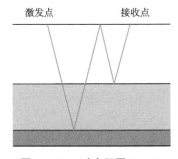

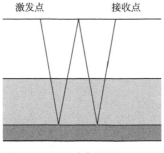

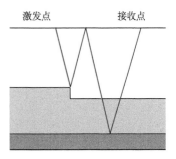

图 1.5.22　对应于图 1.5.11
零偏移剖面中绿色箭头指向
微屈多次波的传播路径示意图

图 1.5.23　对应于图 1.5.11
零偏移剖面中粉色箭头指向
全程多次波的传播路径示意图

图 1.5.24　对应于图 1.5.11
零偏移剖面中蓝色箭头指向
绕射多次波的传播路径示意图

　　为分析上述多次波的周期性特征，创建如图 1.5.21(d)所示零偏移距剖面的自相关谱，所得结果见图 1.5.25。还创建了如图 1.5.20 所示炮集记录的振幅谱(图 1.5.26)，以分析强界面相关全程及绕射多次波的陷频特征。

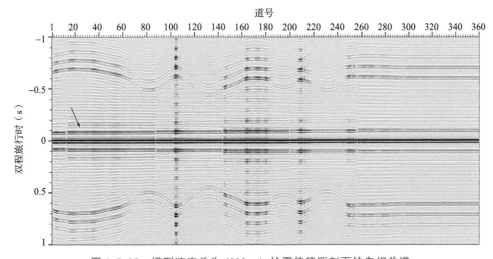

图 1.5.25　模型速度差为 4000m/s 的零偏移距剖面的自相关谱

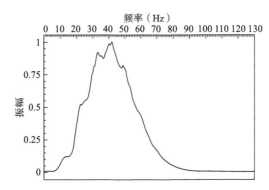

图 1.5.26　模型速度差为 4000m/s 的炮集记录的振幅谱

通过炮集、零偏移距剖面、自相关谱与振幅谱的对比分析可获得以下结论：

（1）自由界面多次波显著强于层间多次波；

（2）随强界面上、下速度差增加，与强界面有关的海底多次波与全程多次波均会增强；

（3）速度差超过2000m/s时，强界面全程多次波显著强于同时段的一次波；

（4）崎岖界面尖断点位置下方出现绕射多次波，振幅会强于平坦界面处的多次波；

（5）在图1.5.25所示的自相关谱中，海底多次波的相关同相轴（图中箭头指向的位置）能量最强，说明海底多次波仍然是模拟数据中发育最广、振幅最强的多次波类型；

（6）炮集记录的振幅谱存在陷波点（图1.5.26），说明浅水区域（水深介于50～100m）海底多次波能产生明显的陷波效应，在一定程度上证明海底多次波振幅较强。

预测反褶积

2.1 预测反褶积的原理与实现过程

在较为平坦的强反射界面与自由界面之间的地层形成的多次波具有较好的周期性。利用多次波的周期性及重复性压制多次波的方法主要是预测反褶积技术。Robinson 于 1954 年在博士论文中首先提出了预测反褶积(Predictive Decomposition)方法,1967 年发表的文章中讨论了预测反褶积与维纳滤波的关系,认为预测反褶积是一种更广义的最小平方反褶积,能包括脉冲反褶积。Robinson 的工作为预测反褶积的发展奠定了基础。1969 年,Peacock 和 Treitel 对预测反褶积进行了系统的分析,总结了通过对子波的压缩来提高地震资料的分辨率的性质,认为能够压制周期性干扰——鸣震多次波,并在地震记录上进行了实验处理。预测反褶积方法得到了广泛研究,系统地应用于浅水短周期鸣震、伴随波及层间多次波的压制。

常规的预测反褶积通常在单道记录上进行,反褶积滤波因子受随机噪声干扰的可能性比较大,统计平均的方法会忽略了道间统计性质的变化。Morley 和 Claerbout 于 1983 年将一维预测反褶积拓展到二维炮集记录上,提出了二维预测反褶积的方法。该方法的特点是将预测反褶积的输入、期望输出及实际输出由原来的一维向量转化为二维矩阵,滤波过程由时间域的一维褶积变为二维褶积。

在垂直入射和零偏移矩的情况下,用预测反褶积直接在炮集上衰减多次波是有效的。尽管多次波在非零偏移矩的情况下是非周期的,但 Taner 认为沿径向道方向多次波更具有周期性,并成功地应用预测反褶积消除了长周期多次波。Alam、Austin、Treitel 等学者研究了在倾斜叠加域(τ-p 域)衰减多次波的预测反褶积技术。该技术的特点为预测算子长度是定值,而预测步长要在整个道集上随 p 值而定。

Canlas 在 1984 年提出了空间预测滤波技术,用以衰减道间的不相干噪声(随机噪声)。在频率空间域(f-x 域)可以方便地设计和应用空间预测滤波器,沿道方向对各频率成分进行预测反褶积。

预测反褶积具有运算量小、效率高的优点,但有着明显的局限性:

(1)多次波的周期是不严格的,因此无法给出准确的预测步长;

(2)用实际资料减去预测出的多次波,因为预测不一定准确,往往导致多次波压制不完全或损伤有效信号;

(3)预测反褶积通常在单道上进行,忽略了多次波(或有效波)道间的变化规律;

(4)对于长周期的多次波(周期大于 100ms),其压制效果是令人失望的。

2.1.1 褶积模型和反滤波

2.1.1.1 褶积模型

地震记录可以看作是地震子波与地层脉冲响应的褶积,即

$$x(t) = w(t) * e(t) \tag{2.1.1}$$

式中，$x(t)$ 为地震道记录；$w(t)$ 为地震子波；$e(t)$ 为地层脉冲响应，是单位脉冲 $\delta(t)$ 时零炮检距自激自收的地震记录。

该式可视为一个滤波过程。这个滤波过程的输入为地震子波 $w(t)$，滤波器的滤波因子为地层脉冲响应 $e(t)$，输出为地震道记录 $x(t)$；或者输入为地层脉冲响应 $e(t)$，滤波器的滤波因子为地震子波 $w(t)$，输出为地震道记录 $x(t)$。

如果设计一个滤波器，其滤波因子 $w'(t)$ 具有与滤波器 $w(t)$ 恰好相反的性质，即当输入为地震道记录 $x(t)$ 时其输出为地层脉冲响应 $e(t)$，称这个反过程为反滤波或反褶积。

若地震记录是地震子波 $w(t)$ 与反射系数 $r(t)$ 的褶积，即地震记录中只有反射波，没有干扰波 $n(t)$，这时反褶积问题很简单。根据式（2.1.1），在频率域相应有

$$\widetilde{X}(\omega) = \widetilde{W}(\omega)\widetilde{E}(\omega) \tag{2.1.2}$$

式中，$\widetilde{X}(\omega)$、$\widetilde{W}(\omega)$ 和 $\widetilde{E}(\omega)$ 分别是地震记录 $x(t)$、地震子波 $w(t)$ 和地层脉冲响应 $e(t)$ 的频谱。

显然

$$\widetilde{E}(\omega) = \frac{\widetilde{X}(\omega)}{\widetilde{W}(\omega)} \tag{2.1.3}$$

如果令

$$\widetilde{W}'(\omega) = \frac{1}{\widetilde{W}(\omega)}$$

则得到

$$\widetilde{E}(\omega) = \widetilde{W}'(\omega)\widetilde{X}(\omega) \tag{2.1.4}$$

为了得到更真实的人工合成地震记录，需要在式（2.1.1）中加入适量的随机环境噪声 $n(t)$，得到

$$x(t) = w(t) * e(t) + n(t) \tag{2.1.5}$$

该式为人工合成地震记录的褶积公式，反褶积过程则与之相反，它试图由所得到的地震记录 $x(t)$ 恢复地层脉冲响应 $e(t)$ 或反射系数序列 $r(t)$。

由式（2.1.5）可以得到

$$\widetilde{X}(\omega) = \widetilde{W}(\omega)\widetilde{E}(\omega) + \widetilde{N}(\omega) \tag{2.1.6}$$

式中，$\widetilde{X}(\omega)$、$\widetilde{W}(\omega)$、$\widetilde{E}(\omega)$ 和 $\widetilde{N}(\omega)$ 分别为 $x(t)$、$w(t)$、$e(t)$ 和 $n(t)$ 的频谱。

2.1.1.2 反滤波

在反射波法地震勘探中，由炸药爆炸等震源产生一个尖锐的脉冲，在地层介质中传播，并经反射界面反射后返回地面，其理想的地震记录应该是一系列尖脉冲，每个脉冲表明地下存在一个反射界面，整个脉冲系列表明了地下组反射界面。这种理想的地震记录 $x(t)$ 可表示为

$$x(t) = wr(t) \tag{2.1.7}$$

式中，x 为理想的地震道记录；w 是震源脉冲值，常数；$r(t)$ 为反射界面的反射系数。

由于地层介质具有滤波作用，这种大地的滤波作用相当于一个滤波器。由震源发出的尖脉冲经过大地滤波器的滤波作用后，变成一个具有一定时间延续的波形 $w(t)$，通常称为地震子波。地震记录是许多反射波叠加的结果，即地震记录 $x(t)$ 是地震子波 $w(t)$ 与反射系数 $r(t)$ 的褶积，即

$$x(t) = \sum_{\tau=0}^{\infty} w(\tau) r(t-\tau) \tag{2.1.8}$$

实际的地震记录 $x(t)$ 除了式(2.1.8)所表示的一系列反射 $S(t)$ 外，还存在着 $n(t)$，地震记录 $x(t)$ 的一般模型可以写为

$$x(t) = S(t) + n(t) = \sum_{\tau=0}^{\infty} w(\tau) r(t-\tau) + n(t) \tag{2.1.9}$$

在普通的地震记录上，一个界面的反射波一般是一个延续时间为几十毫秒的波形。由于地下反射界面一般是相距为几米至几十米的密集层，它们的到达时间差仅为几毫秒到几十毫秒，因此在反射地震记录上它们彼此干涉，难以区分开来。

为了提高反射地震记录的分辨能力，我们希望在所得到的地震记录上，每个界面的反射波表现为一个窄脉冲，每个脉冲的强弱与界面的反射系数的大小成正比，脉冲的极性反映界面反射系数的符号。

反褶积所要解决的问题，就是把延续几十毫秒的地震子波 $w(t)$ 压缩成为一个反映反射系数 $r(t)$ 的窄脉冲。

2.1.2 最小平方滤波

1947 年维纳首先提出了最小平方滤波。通过该方法来设计滤波器、求滤波因子时需要考虑期望输出和实际输出，通过计算使其满足两个输出的误差平方和最小条件，可以把它称为最佳维纳滤波，其基本原理如下。

输入子波为

$$b(t) = \{b(0),\ b(1),\ b(2),\ \cdots,\ b(n)\} \tag{2.1.10}$$

式中，b 为输入子波。

滤波因子 $a(t)$ 为

$$a(t) = \{a(0),\ a(1),\ a(2),\ \cdots,\ a(m)\} \tag{2.1.11}$$

式中，a 为最小平方滤波器的滤波因子。

实际输出为

$$\sum_{\tau=0}^{m} a(\tau) \sum_{t=0}^{m+n} b(t-\tau)b(t-s) = \sum_{t=0}^{m+n} d(t)d(t-s) \tag{2.1.12}$$

式中，b 为输入子波；d 为期望输出；s 为 $0,\ 1,\ \cdots,\ m$。

期望输出为

$$d(t) = \{d(0),\ d(1),\ d(2),\ \cdots,\ d(m+n)\} \tag{2.1.13}$$

式中，d 为期望输出。

设实际输出 $y(t)$ 与期望输出 $d(t)$ 的误差平方和为 Q

$$Q = \sum_{t=0}^{m+n} \left[y(t) - d(t) \right]^2 = \sum_{t=0}^{m+n} \left[\sum_{\tau=0}^{m} a(\tau)b(t-\tau) - d(t) \right]^2 \tag{2.1.14}$$

令 Q 最小，使滤波因子 $a(\tau)$ 满足

$$\begin{aligned}
\frac{\partial Q}{\partial a(s)} &= \frac{\partial}{\partial a(s)} \sum_{t=0}^{m+n} \left[\sum_{\tau=0}^{m} a(\tau)b(t-\tau) - d(t) \right] \\
&= \sum_{t=0}^{m+n} \frac{\partial}{\partial a(s)} \left[\sum_{\tau=0}^{m} a(\tau)b(t-\tau) - d(t) \right] \\
&= 2 \sum_{t=0}^{m+n} \left[\sum_{\tau=0}^{m} a(\tau)b(t-\tau) - d(t) \right] b(t-s) = 0
\end{aligned} \tag{2.1.15}$$

由此得出

$$\sum_{\tau=0}^{m} a(\tau) \sum_{t=0}^{m+n} b(t-\tau)b(t-s) = \sum_{t=0}^{m+n} d(t)d(t-s) \tag{2.1.16}$$

设

$$r_{\text{bb}}(\tau-s) = \sum_{t=0}^{m+n} b(t-\tau)b(t-s) \tag{2.1.17a}$$

$$r_{\text{db}}(s) = \sum_{t=0}^{m+n} d(t)b(t-s) \tag{2.1.17b}$$

式中，r_{bb} 为输入子波 b 的自相关，其中 $\tau-s$ 指的是自相关的时间延迟；r_{db} 为输入子波 b 与期望输出的互相关。s 指的是互相关的时间延迟。

代入式(2.1.16)得到

$$\sum_{\tau=0}^{m} a(\tau) \sum_{t=0}^{m+n} b(t-\tau) b(t-s) = \sum_{t=0}^{m+n} d(t) d(t-s) \qquad (2.1.18)$$

用矩阵来表示式(2.1.18)可以得到式(2.1.19)

$$\begin{bmatrix} r_{bb}(0) & r_{bb}(1) & \cdots & r_{bb}(m) \\ r_{bb}(1) & r_{bb}(0) & \cdots & r_{bb}(m-1) \\ \vdots & \vdots & \vdots & \vdots \\ r_{bb}(m) & r_{bb}(m-1) & \cdots & r_{bb}(0) \end{bmatrix} \begin{bmatrix} a(0) \\ a(1) \\ \vdots \\ a(m) \end{bmatrix} = \begin{bmatrix} r_{bb}(0) \\ r_{bb}(1) \\ \vdots \\ r_{bb}(m) \end{bmatrix} \qquad (2.1.19)$$

式(2.1.19)中等式左边第一项是输入 $b(t)$ 的自相关矩阵，它是反褶积中经常用到的对称矩阵，叫托布里兹(Toeplitz)矩阵。显而易见该矩阵是关于对角线对称的，通过莱文森(Levinson)递推法快速将其求出，即可得到最小平方滤波器的滤波因子 $a(\tau)$

$$a(\tau) = \sum_{s=0}^{m} \varphi(\tau-s) r_{db}(s) \qquad (2.1.20)$$

其中

$$\varphi(\tau-s) = [r_{bb}(\tau-s)]^{-1} \qquad (2.1.21)$$

它是式(2.1.19)的逆矩阵。$b(t)$ 经滤波器 $a(\tau)$ 作用后得到输出 $y(t)$：

$$y(t) = a(t) * b(t) = \sum_{\tau=0}^{m} a(\tau) b(t-\tau) \qquad (2.1.22)$$

式中，τ 为向前时移的输入预测距。

该输出 $y(t)$ 与期望输出 $d(t)$ 在最小平方意义下最接近。

在最小平方滤波的基础上，只需要根据需求适当地改变期望输出 $d(t)$，就可以演变成几种不同类型的反褶积。

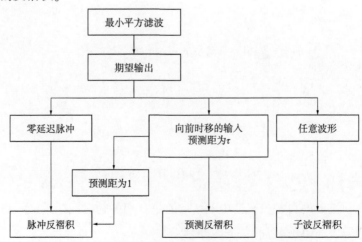

图 2.1.1　最小平方反褶积与几种反褶积关系图

2.1.3 预测反褶积的算法原理

20世纪50年代，Robinson等人将通信技术中的成果推广到地震数据处理中。经过研究，如今预测反褶积已成为应用于数据处理过程中最常用和最重要的处理方法之一。预测反褶积继承了维纳滤波利用最小平方准则来约束滤波输出的思想，其本质上就是最小平方反褶积，包括脉冲反褶积。预测反褶积通过对信号波形的压缩来达到提高分辨率和消除多次波的目的。长期以来，预测反褶积方法都是海上地震资料数据处理中压制海水鸣震、提高分辨率的重要手段。

所谓地震预测问题，是根据已知地震信号的当前值和过去值 $[x_t, x_{t-1}, x_{t-2}, \cdots, x_{t-M}]$，设计预测因子 p_t，求得未来 $t+\alpha$ 时刻的预测值

$$\widehat{x}_{t+\alpha} = \sum_{\tau=0}^{M} p_\tau x_{t-\tau} \tag{2.1.23}$$

式中，$\widehat{x}_{t+\alpha}$ 为未来 $t+\alpha$ 时刻的预测值；M 为算子长度。

其与实际观测值的预测误差为

$$\varepsilon_{t+\alpha} = x_{t+\alpha} - \widehat{x}_{t+\alpha} \tag{2.1.24}$$

式中，$\varepsilon_{t+\alpha}$ 为未来 $t+\alpha$ 时刻的实际观测值与预测值的预测误差。

通常是按照误差能量和达到极小的最小平方原理来求取预测因子 p_t，其最小平方意义下的解可由下列 Toeplitz 矩阵方程确定

$$\begin{bmatrix} r_{xx}(0) & r_{xx}(1) & \cdots & r_{xx}(M) \\ r_{xx}(1) & r_{xx}(0) & \cdots & r_{xx}(M-1) \\ \vdots & \vdots & \vdots & \vdots \\ r_{xx}(M) & r_{xx}(M-1) & \cdots & r_{xx}(0) \end{bmatrix} \begin{bmatrix} p_0 \\ p_1 \\ \vdots \\ p_M \end{bmatrix} = \begin{bmatrix} r_{xx}(\alpha) \\ r_{xx}(\alpha+1) \\ \vdots \\ r_{xx}(\alpha+M) \end{bmatrix} \tag{2.1.25}$$

式中，$r_{xx}(\tau)$ 为地震道的自相关函数；α 为预测步长。

如果预测输出 $\widehat{x}_{t+\alpha}$ 为海水鸣震等多次波，则输入序列 $[x_t, x_{t-1}, x_{t-2}, \cdots, x_{t-M}]$ 应为一次波或早一个周期(即低一次震荡)出现的多次波序列。式(2.1.24)所表示的预测差值即为消除多次波后的地震信号。

应用传统预测反褶积衰减多次波通常在炮集记录上进行，需人为给定预测步长 α。考虑到求解过程的稳定性，需在 Toeplitz 矩阵对角线的 $r_{xx}(0)$ 上加一常数 λ，称为白噪系数，一般取 $0.001r_{xx}(0) \leq \lambda \leq 0.1r_{xx}(0)$。

在炮集记录上应用预测反褶积衰减多次波时，一般按道分时进行，从预测输入序列的起始时间开始，按相关因子长度向下滑动，直至到达设定的终止时间结束。

要得到好的压制效果，给定的预测步长应是多次波出现的周期。但只有在地下介质为

水平层状介质且采用零偏移距观测的前提下，多次波在时空域上才具有真正意义上的周期性。为了让多次波能保持更好的周期性，人们提出了 $\tau-p$ 域的预测反褶积技术。该技术的特点为预测步长 α 及算子长度 M 要由倾斜叠加道集的自相关图像来确定，规定算子长度为常数，预测步长在整个道集上随 p 值而定。

2.2 传统预测反褶积的局限性

预测反褶积具有效率高的优点，通过它的基本原理可以看出，若能够较好地压制海水鸣震等多次波，相应的地震记录必须满足两个前提条件，即：(1)多次波在时间和空间上均具有较好的周期性；(2)一次波与多次波之间具有较好的相干性。在实际的地震资料处理中，这两个前提条件难以满足，传统预测反褶积不能达到令人满意的处理效果，存在着明显的局限性。

2.2.1 炮集记录上预测反褶积的局限性

海水鸣震是由海底或其下强反射界面形成的反射波返回到海面后，在海面和海底之间多次反射产生的多次波，其在炮集记录上出现的时间既取决于地下介质结构等性质，又与野外观测系统有关。这种鸣震形式的交混回响有时在陆上勘探中也能记录到，如形成于浅层玄武岩顶面与地面之间的回响。由于玄武岩层不那么平坦，地表下的低速带也远不如水层均一，陆上交混回响的规律性远不如海上的地震资料。

在时空域中，多次波在地震记录上重复出现的时间间隔，不仅是时变的，而且是空变的。由于传统的预测反褶积只能以统一或线性变化的预测步长来预测炮集记录上的多次波，这种形式的预测步长与多次波的周期难以相符，使多次波压制不完全，同时不可避免地损伤有效信号。

2.2.2 预测反褶积压制微屈多次波的局限性

浅水层或薄地层微屈多次波的成像速度通常与一次反射波接近，在速度谱上表现为在某强反射层的能量团下伴随着一串速度相同(或接近)的能量团。显然，其在地震剖面上能够较好地成像，形成一个甚至数个与该强反射层起伏相似的假层位，掩盖了强反射层下方的有效信号。

对于这种微屈多次波，因其速度与有效波速度相近，难以应用视速度滤波等类似方法进行压制。如果强反射层和海底近于水平时，应用预测反褶积方法可达到较好的压制效果。但如果该强反射层或海底起伏剧烈，则多次波的周期性难以保证，应用传统的预测反褶积方法通常达不到预期的目的。

2.2.3 预测反褶积压制长周期鸣震的局限性

随着陆上和浅海油气资源的日益枯竭，深水区的油气勘探越来越引起了大家的重视，长周期海水鸣震等多次波的压制问题已成为一个热点研究课题。众所周知，应用预测反褶积方法来压制长周期海水鸣震等多次波是失效的，这不仅是因为在深水区的所谓长"周期"海水鸣震等多次波无论在时间上还是空间上会表现出更明显的非周期性，更主要的可能是在给定的相关时窗内随着"周期"的增大一次波与多次波之间相干性越来越差的缘故。

2.3 τ-p 域预测反褶积

在炮集记录上应用预测反褶积衰减多次波时，一般按道分时进行，从预测输入序列的起始时间开始，按相关因子长度向下滑动，直至到达设定的终止时间结束。

显然，要得到好的压制效果，给定的预测步长应是多次波出现的周期。但只有在地下介质为水平层状介质且采用零偏移距观测的前提下，多次波在时空域上才具有真正意义上的周期性。为了让多次波能保持更好的周期性，人们提出了 τ-p 域的预测反褶积技术。该技术的特点为预测步长 α 及算子长度 M 要由倾斜叠加道集的自相关图像来确定，规定算子长度为常数，则预测步长在整个道集上随 p 值而定。

图 2.3.1 为倾斜叠加域（τ-p 域）的预测反褶积示意图，在理想的状态下，t-x 域中的两个倾斜同相轴经不同 p 值叠加后变换为 τ-p 域的两水平同相轴，其中 $\tau_1=t_1$，$\tau_2=t_2$，p_1、p_2、p_3 为 p 的三个采样值，p 表示慢度。假定 t-x 域 t_2 时刻的同相轴为 t_1 时刻的同相轴的多次波，可令预测步长 $\alpha=\tau_2-\tau_1$，应用预测反褶积消除 τ-p 域 τ_2 时刻的多次波能量。

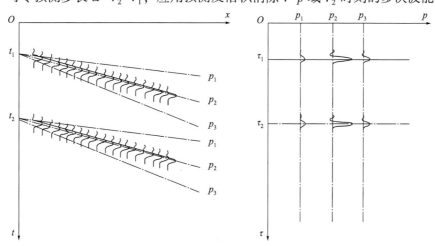

图 2.3.1 τ-p 域的预测反褶积示意图

设想在一无限大的空间，由震源激发产生一个球面波，当波传播到足够远，地震波传播半径足够大，这时把球面波的可以近似看成是平面波波前。

有一种模拟近似平面波的方法，假设地面有多个炮点，在一直线上等间距排列，于同一时间激发，通过对很多球面波前叠加就得到一个下行的合成波前。它可以看成均匀的圆柱形波前，或视为"平面波"（图2.3.2）；也可以模拟倾斜"平面波"。设想炮点在地面呈线状等间距排列，在炮点间（即 S_{i+1} 与 S_i 之间）依次延迟 Δt 激发，则可合成以 θ 角（θ 角为任意的），见图2.3.3倾斜的"平面波"，s 为炮点水平坐标，g 为检波点水平坐标，由关系式

$$f=g-s, \quad y=(s+g)/2 \tag{2.3.1}$$

假设 $\varphi(f, t)$ 为常数 g 的 (f, t) 坐标上的数据

$$\psi(t) = \sum_{i=1}^{N} \varphi(f_i, t) \tag{2.3.2}$$

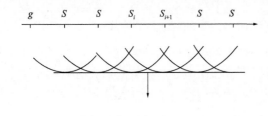

图2.3.2　单个检波器接收、多个炮点
同时激发产生的下行"平面波"

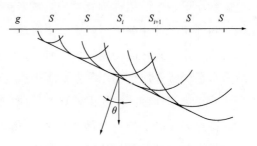

图2.3.3　炮点依次延迟激发产生的
一个下行的、倾斜的"平面波"

通过叠加，它就与图2.3.1所示的单独的物理实验的检波器记录相当。

如果 $\Delta s = s_{i+1} - s_i$，$\Delta f = f_{i+1} - f_i$，则

$$\Delta t = \frac{\Delta f}{v_h}$$

式中，v_h 为传播波前的水平相位速度，约定在正 x 方向的速度为正。

按照折射定律

$$p = \frac{\sin\theta}{v} = \frac{1}{v_h} = 常数$$

式中，p 的单位取 10^{-6}s/m。

由式（2.3.1）得

$$\psi(\tau, p) = \sum_{i=1}^{N} \varphi(f_i, \tau + pf')$$

式中，τ 的单位一般为 s，与记录时间相同。

我们将 f_i 换成通常用的地面距离 x，上式可写成

$$\Psi(\tau, p) = \sum_{i=1}^{N} \varphi(x, t) \tag{2.3.3}$$

$$t = \tau + px$$

式（2.3.3）是 τ-p 正变换公式。

为了进一步刻画 p 和 τ 参数的性质，从另外一个角度来讨论。假设一个由三层介质组成的模型，它的速度分别为 v_1、v_2 和 v_3，层内是均匀的。厚度为 z_1、z_2、z_3。在 S 点上激发，波向下传播[图 2.3.4(a)]，我们考察其中一条射线，从 S 点到 A 点，根据折射定律，透射（小于临界角）射线产生折射，到达 B 点，在 B 点又产生透射波并折射再传至 C 点，向地面反射，入射角等于反射角。在均匀介质，反射射线的路径同入射射线路径关于 OC（C 是地面炮检距的中点）对称。

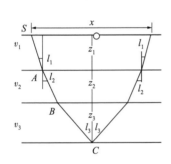 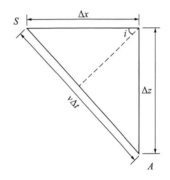

（a）三层模型　　　　　　　　　（b）将旅行时分解为水平分量和垂直分量

图 2.3.4　说明水平慢度和垂直慢度简图

我们看图 2.3.4(a)在左上方的三角形，将它放大，见图 2.3.4(b)。

$$SA = v\Delta t \tag{2.3.4}$$

Δt 是波自 S 到 A 点的旅行时，SA 可以分解成水平分量的垂直分量，记

$$\Delta x_1 = v\Delta t \sin\theta$$

$$\Delta z_1 = v\Delta t \cos\theta$$

旅行时 Δt 也可表示成

$$\Delta t_1 = p_1 \Delta x_1 + q_1 \Delta z_1 \tag{2.3.5}$$

其中

$$p_1 = \frac{\sin\theta}{v}$$

$$q_1 = \frac{\cos\theta}{v}$$

式中，p_1 称为第一层的水平视慢度，q_1 为第一层的垂直视慢度。

地震波慢度 u 可写成速度的倒数

$$u = \frac{1}{v} = \sqrt{p^2 + q^2} \qquad (2.3.6)$$

对于图 2.2.4 的水平层状介质，反射波旅行时是各层中旅行时之和

$$t = 2\sum_{i=1}^{1} p_i x_i + 2\sum_{i=1}^{2} q_i z_i \qquad (2.3.7)$$

推广到 N 层的水平层状介质

$$t = 2\sum_{i=1}^{N} p_i x_i + 2\sum_{i=1}^{N} q_i z_i \qquad (2.3.8)$$

由折射定律，$p_1 = p_2 = \cdots = p_N = p$，所以有

$$t = px + 2\sum_{i=1}^{N} q_i z_i \qquad (2.3.9)$$

$$t = px + \tau$$

记

$$\tau = 2\sum_{i=1} q_i z_i$$

式中，τ_i 表示地震波在垂直方向上的双程旅行时分量。

注意到单个水平反射界面得到的反射时距曲线，在均匀介质条件下，它的半支时距曲线见图 2.3.5(a)，过曲线上任意一点作切线，与时间 t 轴的交点，在交点处引平行 x 轨的直线，该线与切线的夹角为 α，截距时间记为 τ。

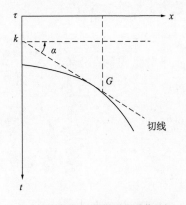

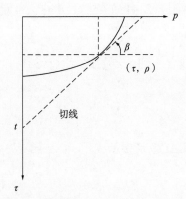

（a）在双曲线上不同点取切线作叠加　　　（b）沿椭圆曲线作切线并沿切线叠加

图 2.3.5　从几何角度说明 τ、p 参数

$$\begin{cases} t = \tau + \tan\alpha \cdot x \\ \tan\alpha = \dfrac{\Delta t}{\Delta x} = p \end{cases} \qquad (2.3.10)$$

因为 $\Delta x/\Delta t$ 表示沿水平方向传播的速度，$\Delta t/\Delta x$ 也就是水平波慢度，故这里 $\tan\alpha = p$，于是

$$t = \tau + px$$

我们用 $\varphi(x, t)$ 表示反射双曲线，在该曲线上逐点作切线，即是取不同的 p 与之相应的有不同的截距时间 τ，按不同的切线叠加，即求和，用 $\psi(p, \tau)$ 表示，有

$$\psi(p, \tau) = \sum \varphi(x, \tau + px) \qquad (2.3.11)$$

式(2.3.3)与式(2.3.11)可从不同的角度得到，前者从近似模拟平面波得出，后者从反射记录道得出。综上所述，便可归纳出有关 τ、p 参数的意义。

关于 τ 参数，从物理的角度可解释为垂直波慢度。从几何的角度可看作是 $\tau-p$ 变换中在时间 t 轴上的截距。p 为射线参数，即折射常数，可以看成是反射波同相轴上各点的斜率。

了解了 $\tau-p$ 域的物理和几何意义，从普通地震记录 $x-t$ 空间变换到 $\tau-p$ 空间，可以说是将地震波观察坐标($x-t$)变换到以地震波垂直波慢度分量(τ)和水平波慢度分量(p)的空间，也可看成是以不同斜率和截距的空间。

$\tau-p$ 反变换或 $\tau-p$ 逆变换，就是从 $\tau-p$ 空间变换到原来的 $x-t$ 空间，或者把 $\tau = \psi(p)$ 还原为 $t = \varphi(x)$，即把处理空间 $\tau-p$ 空间变换到记录时间与炮检距 $t-x$ 空间。运用直观的方法，在 $\tau-p$ 平面上对树圆曲线作切线，则

$$x = -\tan\beta = -\frac{\mathrm{d}\tau}{\mathrm{d}p}$$

再用

$$t = \tau + px$$

于是，反变换的数学公式为

$$\varphi(x, t) = \sum \Psi(p, t-px) \qquad (2.3.12)$$

式(2.3.11)和式(2.3.12)是 $\tau-p$ 正、反变换对。

2.4 径向道预测反褶积

传统的非稳态褶积模型做出了地震波是垂直入射的假设，但实际在 $x-t$ 域接收到的地震数据无法满足此条件。本节将地震数据变换到径向道域中，使其在广义上满足垂直入射这个假设条件，在预测反褶积处理地震数据时能够更好地达到提高分辨率的效果。

在早期，径向道变换只是简单地将地震记录由 $t-x$ 域变为 $t-\theta$ 域。由下式表示

$$\begin{cases} t' = t \\ \theta = \arctan\left(\dfrac{x}{t}\right) \end{cases} \tag{2.4.1}$$

式中，t 和 t' 都表示双程旅行时；x 代表偏移距；θ 表示径向道的方向，也就是入射角。

后期经过发展，学者们提出了更为实用的表达式，将地震记录由 t-x 域变为 t'-v 域，其正变换为

$$R\{S(x,\ t)\} = S'(v,\ t') \tag{2.4.2}$$

反变换为

$$R'\{S'(v,\ t')\} = S(x,\ t) \tag{2.4.3}$$

式中，t 和 t' 分别表示偏移前后的双程旅行时，$t' = t - t_0$；x 代表炮检距；$x - x_0$ 是径向道域的原点；v 表示视速度。

利用径向道变换技术能够把地震数据从 x-t 域变换到 v-t 域，也就是把地震数据从偏移距—双程旅行时域变换到视速度—双程旅行时域。在径向道变换过程中，只是对要处理的地震数据进行了几何形变处理，并没有处理数据或者对数据做运算。这种变换其实仅仅是把数据重新排列了一下，把径向原点作为基准点，将数据沿着时间轴按照视速度的规律进行旋转。对于地震数据中面波或直达波等在 x-t 域上呈直线或线性的同相轴信息，在这种旋转过程中，其线性性质保持不变，在 v-t 域依然保持直线或线性的。径向道变换旋转经过的角度与直线和时间轴的夹角有关系，因为直达波与时间轴的夹角比面波要大，径向道变换后直达波的旋转角度也要比面波大。

图 2.4.1 为径向道变换的示意图，图 2.4.1(a) 为径向变换前的原始记录，其中在记录中虚线代表的是径向道变换中的从同一径向原点出发的不同入射角的迹线，我们在里面选择 5 条径向射线，这 5 条径向射线的比较可以较好地说明问题。图 2.4.1(b) 为经过径向变换后，标注的 5 条径向射线映射到径向道域的图形。由图中我们可以看出，径向射线 1 和射线 2 的夹角比较小，它们与纵向时间同相轴的夹角相对大一些，与线性干扰也就是直达波的夹角比较小，径向射线 4 和射线 5 与时间同相轴的夹角比较小，几乎与原始地震记录相重合。在图 2.4.1(b) 中我们可以看出，射线 1、射线 2 的波形延续时间明显变长，频率也明显变低。与直达波夹角更小的射线 1 表现出更低的频率。径向射线 3 与径向射线 1 和射线 2 相比变换后的波形中第一个子波的线性度更低，频率更大。理论上如果径向迹线可以与直线同相轴完全重合，这条径向迹线变换后的波形就为直线。径向射线 4 和射线 5 与地震波传播方向的夹角比较大，变换后 v-t 域映射的波形延续时间与 x-t 域的原始波形相比变化很小，频率几乎不变。它们的频率随着与时间轴夹角的变小而逐渐变低，尤其是径向射线 5，与原始地震记录的差别非常小。因此我们只需要用一些简单的运算方法就可以将有效波与线性干扰和反射波分离。通过以上分析可以总结出以下几点：

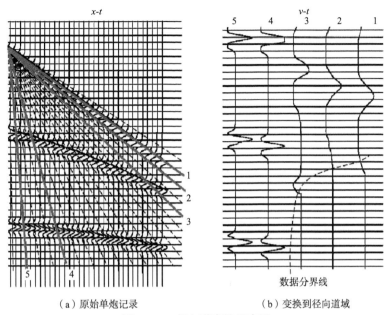

图 2.4.1　径向道变换示意图

（1）原始单炮记录经过径向变换后波形呈低频，这使我们可以更加容易的分离有效波和相干噪声。

（2）径向道变换的原点虽然可以根据具体需要自由定义，但只要我们确定了径向道的原点，径向射线就可以全部被确定。

（3）径向道变换过程中，采样时 $v\text{-}t$ 域中的点与原记录中样点的位置不是一一对应的，在距离原点近的位置采样密度较大，而在距离原点远的位置采样密度较小。

2.5　基于模型的变周期反褶积的实现方法

在一次波和多次波的传播过程中，其运动规律必然与地下构造息息相关。如果已知地下构造，一次波和多次波的传播规律便可以确定或近似确定，这是基于模型的变周期预测反褶积的理论基础。

基于模型的变周期预测反褶积的思想源于王修田等提出的基于模型的鸣震多次波压制方法，主要是针对地震剖面上残余多次波的压制问题而提出的。其基本思想是：（1）根据已有的成像剖面和速度信息建立海底及其他强反射界面的地震地质模型；（2）按多次波的运动规律追踪出海水鸣震等各阶多次波可能出现的时间，再综合多种资料解释识别出残余的多次波；（3）应用变周期（或变预测步长）的预测反褶积方法，在成像道集域将形成多次波的各道的相应成像信号进行预测压制，最终达到压制多次波、突出有效波的目的。

2.5.1　基于模型的多次波追踪识别方法

要追踪识别多次波，需要首先建立一个包括地下构造和速度信息的深度—速度模型。模型建立问题本身也是一个人们长期研究的课题之一。本书中包括海底、其他强反射界面及速度信息的模型的建立，均是借助于软件系统中的建模功能模块组合来实现的，在此不再赘述。

2.5.1.1　地震偏移剖面上多次波的追踪

在地震偏移剖面上，绕射波和倾斜地层的同相轴均已归位。对于某一剖面地震道来讲，其所对应的地下介质可以视为一个特定的"水平层状模型"，不同的剖面地震道将对应着不同速度和介质结构的"水平层状模型"。在这样一个水平层状介质模型中，可以认为多次波是沿竖直方向多次震荡形成的，因此对于多次波在偏移剖面上可能出现的时间即可通过深时转换的模式来追踪，这大大简化了多次波的追踪识别过程。

根据在实际资料处理中一般需要压制的剩余多次波的特征、能量强弱和影响剖面质量的程度，本书在追踪识别时考虑了三大主要类型的多次波，为了讨论和程序实现上的方便，分别定义为多次波类型Ⅰ（相当于海底或某一强反射界面的全程多次波）、多次波类型Ⅱ（相当于海水层的微屈或层间多次波）以及多次波类型Ⅲ（相当于海底以下某层的微屈或层间多次波）。

在本节以下的图示说明中，对应于某一剖面地震道的介质模型均定义为"水平层状模型"，且为清晰起见，所有的垂向射线均绘成斜线，而激发点 O 与接收点 O' 为同一个点。

（1）多次波类型Ⅰ。

该类型的多次波定义为海底或某一强反射界面的全程多次波。

① 海底的全程多次波。见图2.5.1，设海底的深度为 h_w、海水速度为 v_w，则 $m+1$ 阶多次波（比一次波多震荡 m 次）的传播时间为

$$t_m^1 = 2(m+1)\frac{h_w}{v_w} \qquad (2.5.1)$$

式中，t_m^1 为假设只有1个地层，$m+1$ 阶多次波（比一次波多震荡 m 次）的传播时间。

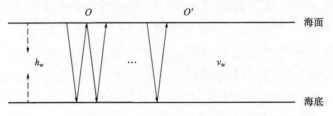

图2.5.1　多次波类型Ⅰ（海底的全程多次波）传播规律示意图

② 地下强反射界面的全程多次波。如图 2.5.2 所示，假设形成多次波的界面为地下第 n 个反射界面，地层厚度和速度分别为 h_i 和 $v_i(i=1，2，\cdots，n)$。O 点出发的地震波沿竖直方向传播，经 n 个地层到达界面 n，在该界面与海水面或地表之间震荡 m 次。则 m 阶多次波的传播时间为

$$t_m^n = 2(m+1) \sum_{i=1}^{n} \frac{h_i}{v_i} \tag{2.5.2}$$

式中，t_m^n 为假设形成多次波的界面为地下第 n 个反射界面，O 点出发的地震波沿竖直方向传播经 n 个地层到达界面 n，m 阶多次波的传播时间。

令 h 为界面 n 的深度，$\tilde{t}$ 为一次波由 O 点到达界面 n 的单程传播时间，则

$$h = \sum_{i=1}^{n} h_i \tag{2.5.3}$$

$$\tilde{t} = \sum_{i=1}^{n} \frac{h_i}{v_i} \tag{2.5.4}$$

所以，平均速度 $\tilde{v}$ 为

$$\tilde{v} = \frac{h}{\tilde{t}} = \frac{\sum\limits_{i=1}^{n} h_i}{\sum\limits_{i=1}^{n} \frac{h_i}{v_i}} \tag{2.5.5}$$

如果已知 $\tilde{v}$，则 $m+1$ 阶多次波的传播时间还可由下式计算

$$t_m^n = 2(m+1) \frac{h}{\tilde{v}} \tag{2.5.6}$$

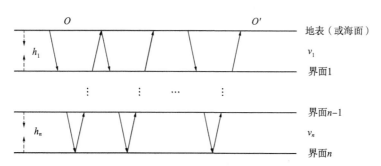

图 2.5.2　多次波类型 I（地下强反射界面的全程多次波）传播规律示意图

（2）多次波类型 II。

该类型的多次波定义为海水层的微屈或层间多次波。如图 2.5.3 所示，假设地层厚度和速度分别为 h_i 和 $v_i(i=1，2，\cdots，n)$，地震波在界面 n 上发生一次反射，而在第一个地

层中震荡 m 次。其可包括两种情况：①地震波先在界面 n 上发生一次反射然后再在第一个地层中震荡 m 次；②地震波先在第一个地层中震荡 $k(k<m)$ 次，再在界面 n 上发生一次反射，然后再在第一个地层中震荡 $m-k$ 次。显然，无论哪一种情况，最后 $(m-k+1)\sim m$ 次震荡的多次波的传播时间是一致的。在第一个地层中共震荡 m 次的多次波的传播时间为

$$t_m^n = 2\left(\sum_{i=1}^{n} \frac{h_i}{v_i} + m\frac{h_1}{v_1}\right) \tag{2.5.7}$$

如果已知 n 层介质的平均速度 $\tilde{v}$，则式（2.5.7）可写成

$$t_m^n = 2\frac{h}{\tilde{v}} + 2m\frac{h_1}{v_1} \tag{2.5.8}$$

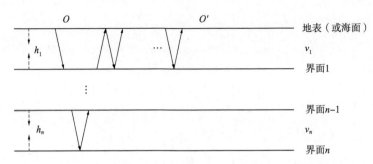

图 2.5.3 多次波类型Ⅱ（海水层的微屈或层间多次波）传播规律示意图

（3）多次波类型Ⅲ。

该类型的多次波定义为海底以下某层的微屈或层间多次波。如图 2.5.4 所示，一次波穿过 n 个地层到达界面 n，在第 n 个地层中发生 m 次反射再返回到地表（或海面）。设各地层厚度和速度分别为 h_i 和 $v_i(i=1, 2, \cdots, n)$，则在第 n 个地层震荡 m 次的多次波传播时间为

$$t_m^n = 2\left(\sum_{i=1}^{n} \frac{h_i}{v_i} + m\frac{h_n}{v_n}\right) \tag{2.5.9}$$

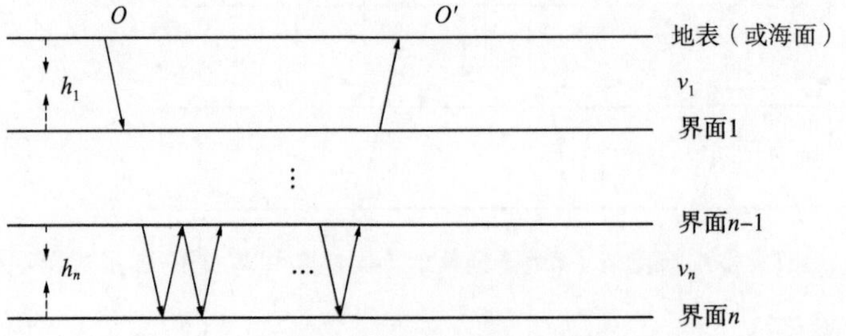

图 2.5.4 多次波类型Ⅲ（海底以下某层的微屈或层间多次波）传播规律示意图

如果已知 n 层介质的平均速度 $\tilde{v}$，则式（2.5.9）可写成

$$t_m^n = 2\,\frac{h}{\tilde{v}} + 2m\,\frac{h_n}{v_n} \tag{2.5.10}$$

2.5.1.2 综合判别多次波的其他方法

基于模型的变周期预测反褶积成功的关键是准确地识别出多次波。由于地球物理反演问题的多解性、多次波的复杂性和剩余多次波同相轴的不完整性,仅仅在地震偏移剖面上通过深时转换的模式追踪到多次波同相轴的传播时间还不足以确定其一定是多次波。由于在地震偏移时采用的一定是有效波的速度,有效波的速度也一定应大于多次波的速度,因此追踪的多次波同相轴的传播时间往往与其在偏移剖面上出现的时间不完全一致。我们应综合多次波的其他特征来进行更深入的分析判别。

(1)识别多次波的主要依据。

只有当地下存在强波阻抗界面时才会有较强的多次波产生。多次波的地震响应总是与一次反射波相关,但又具有与一次反射波不同的物理特性。与一次反射波相比,多次波一般具有重复出现的所谓"周期性"特征;其在速度、极性以及同相轴的倾角等方面的特征也与一次波不同。这也要求我们应综合其他资料(单炮记录、CMP 道集、叠前偏移速度谱与偏移剖面、叠加速度谱与水平叠加剖面等)来进行更深入的分析,根据分析结果可对追踪出的多次波在空间和时间上的位置进行修正。一般在判别时应考虑如下几点因素:

① 形成的多次波的地震地质条件。通常较强多次波的形成总是与较强波阻抗界面相关。因此地下是否存在能够产生多次反射的强波阻抗界面是判断多次波存在与否的重要依据。海水表面可近似为自由界面,其是一个反射系数接近于-1的反射界面,海底(或软海底下伏的基岩面)一般是一个较强的波阻抗界面。在陆地上,由于表层结构不稳定,一般不易产生较强的表层多次波,但当地下存在强反射界面(如火成岩、两侧介质物性差异较大的不整合面等)时,也会形成较强的全程多次波和层间多次波。一般来讲,根据地震记录和成像剖面上一次波同相轴的强弱程度,即可直接判断地下是否存在能够产生多次波的强波阻抗界面。

② 多次波的周期性特征。当地下反射界面倾角较小时,在炮集记录、CMP 道集记录的近偏移距道上以及地震成像剖面上,全程二次波出现的时间约为其对应的一次反射波传播时间的两倍,全程 m 次反射波出现的时间约为其对应的一次反射波出现时间的 m 倍;层间多次波重复出现的周期也具有与形成多次波的相应地层的时间厚度成近似倍数关系的规律。

③ 多次波的倾角特征。对于倾斜地层,在叠加剖面(或偏移剖面)上 m 阶全程反射波同相轴的倾角约为其对应的一次反射波的 m 倍。

④ 多次波的速度、频率和极性特征:与同时间的一次波相比,多次波的视速度一般较低,但频率较高。此外,因地表(或海水表面)的反射系数近似为-1,理论上讲全程多次波的极性总是负、正相间出现。

（2）利用单炮记录识别多次波。

在单炮记录上，通过观察可疑波组的视速度是否较相同位置的一次波明显偏低，分析该同相轴所在的位置是否为其上某个强波组出现的时间的两倍或多倍，查看两个对应波组中同相轴的极性是否相反，分析可疑波组的频率是否较相同位置的一次波频率为高等，可辨认炮集记录上的多次波成分。

图 2.5.5 为一个海上单炮地震记录，在近偏移距道上，海底的二阶、三阶多次波的出现时间大约为海底反射的 2 倍、3 倍，其能量较强，掩盖了有效反射。

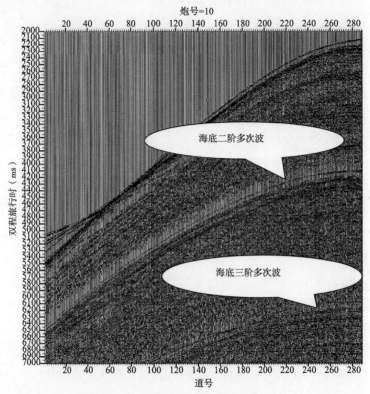

图 2.5.5 含有多次波的原始炮集记录

（3）根据 CMP 道集记录识别多次波。

CMP 道集记录上的多次波具有与炮集记录上的多次波相似的性质，通常可根据多次波的视速度较低、近道上出现时间的周期性以及极性的特征来判断可疑波组是否为多次波。图 2.5.6 为一个海上 CMP 道集记录，海底的全程多次波的时距曲线形态大致为双曲线，近道多次波的周期性较为明显。

（4）通过初叠剖面识别多次波。

以某一强反射层的叠加速度（如海水的速度）进行叠加处理，因其形成的多次波的叠加速度与该地层的叠加速度大致相同，因此这些多次波能够较好地成像。在此基础上可分析多次波的分布规律，总结其主要类型及形成的假地层特征。图 2.5.7 是以海水速度（1500m/s）对一条海上测线进行水平叠加处理的初叠剖面，由其可明显地看出海底的多次波及其形成的假地层特征。

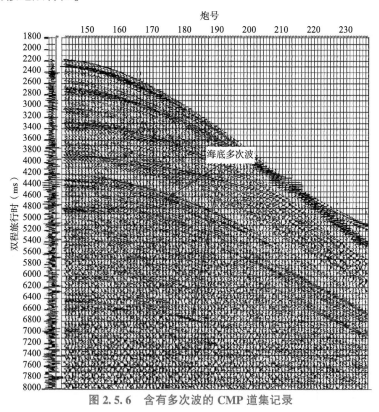

图 2.5.6　含有多次波的 CMP 道集记录

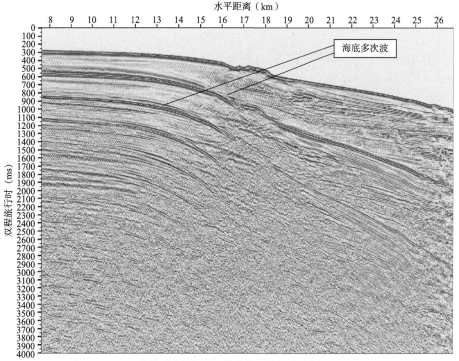

图 2.5.7　一条海上测线的初叠剖面(叠加速度恒为 1500m/s)

（5）通过偏移剖面识别多次波。

为了研究海水鸣震等多次波的分布特征，可以选定海水的速度或某一强反射层的偏移速度进行偏移，再根据地震成像剖面的特征即可分析海水鸣震等多次波出现的规律。在偏移剖面上，强反射界面形成的全程多次波或微屈多次波也会成像。对于二次反射波来说，其形成的假地层的位置大致为一次反射波的两倍，且假地层的形态具有与其对应的有效地层相似的起伏特征。多次反射波和微屈多次波虽与二次反射波不同，但出现时间上往往具有一定的规律性，形态上也具有一定的相似性。

图 2.5.8 给出了以海水速度（1500m/s）对一条海上测线进行偏移处理的地震剖面示例。当应用海水的速度进行偏移处理时，由于海水鸣震多次波的速度大致为海水的速度，能够较好地成像，在地震剖面上形成多套与海底起伏形态相似且视频率较高的假地层。

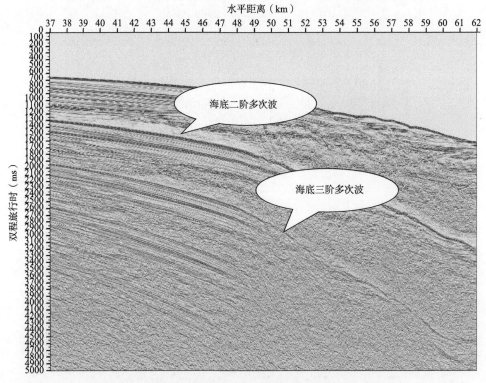

图 2.5.8　一条海上测线的偏移剖面（偏移速度恒为 1500m/s）

（6）在速度谱上识别多次波。

在叠加或偏移速度谱上，通常全程多次波能量团的出现时间与其对应的一次反射能量团的出现时间大致成倍数关系；对于层间或微屈多次波来讲，往往表现为在其对应的一次反射能量团的近似垂直的下方紧跟着出现一串能量团。多次波的速度一般与其对应的一次反射波的速度近似相等或略大一点，但往往比与其同一时间出现的一次波速度低。图 2.5.9 给出了一个应用海上原始炮集记录生成的偏移速度谱示例。从该谱上可见到明显的海底多次波和微屈多次波的速度能量团。还可看出：在该谱位置附近的海底多次波与同一时间上一次波的速度差异很大，具有很好的可分离性；但以所圈定的微屈多次波为例，其与同一时间上一次波的速度差异是很小的，应用传统多次波压制方法衰减这种分离性很差的多次波是一件困难的事情。

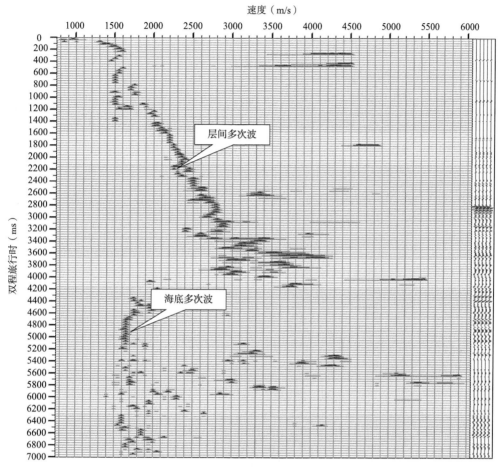

图 2.5.9　含有多次波能量团的偏移速度谱示例

一个需要注意的特殊情况是：对于波阻抗较强的大倾角地层或断面来讲，其所形成的多次波的速度值往往很高，有时甚至高于同一时间出现的水平地层的一次波速度。很明显，几乎应用所有视速度滤波类方法来压制这种类型的多次波均将是失效的。

2.5.2　成像道集域的变周期预测反褶积原理

压制多次波的理想方法是在明显衰减多次波的同时无损伤地突出有效信号。传统的预测反褶积方法由于其难以精确地使预测步长等于多次波的"周期"，很难做到在不损伤有效信号的前提下显著地压制多次波。这类方法在压制长周期鸣震多次波方面的无能为力，促使人们进一步寻求更为合理地压制多次波的技术途径。

通过基于模型的多次波追踪识别方法，可更为合理地在地震偏移剖面上识别多次波的残余(包括长周期鸣震等多次波)，但由于在地震剖面上只要是较强的剩余多次波一般都掩盖了可能同时存在的有效信号，如果直接在剖面上进行多次波的压制很难保证在衰减多次波的同时无损伤地突出有效信号，因此直接在剖面上进行多次波的压制并不是一个合理的思路。为了解决这一技术瓶颈，我们提出了利用变周期预测反褶积在成像道集域进行多次波压制的技术方法。

　　偏移剖面上的一个地震道是通过与其相对应的一个成像道集的信号迭加来获取的。沿水平方向进行迭加的过程对倾斜相干的信号有压制作用，信号越倾斜，压制效果越明显。由此即可推断：(1)在地震剖面上的残余多次波一般是由成像道集中同相轴相对较为平缓的多次波信号迭加形成的，需要压制的多次波也主要是这些在成像道集中同相轴相对较为平缓的干扰信号；(2)不仅是一次波，而且这些较为平缓的多次波出现的时间与地震剖面上对应的相应时间位置是一致的。可直接在剖面上追踪确定的预测步长作为成像道集上各剔除道的预测步长，相邻两时间控制点之间的预测步长可通过线性插值来求取。这种形式的预测步长随多次波出现位置的变化而变化，不仅是空变而且是时变的。

　　设地震剖面上含有多次波的道 x 对应着一个含有 L 道的成像道集 $c_l(t)(l=1, 2, \cdots, L)$，迭加构成的地震道(相当于剖面地震道 x)为 $s(t)$，即

$$s(t) = \sum_{l=1}^{L} c_l(t) \tag{2.5.11}$$

式中，s 为含有 L 道的成像道集 c_l 迭加构成的地震道(相当于剖面地震道)。

　　设在某层中震荡 N 次的多次波出现的时间为 $t+\alpha_{xt}$，则 t 时刻的信号必为一次波或震荡次数少一次的多次波信号。在 $t+\alpha_{xt}$ 时刻根据相干分析的方法确定出 $K(K \leqslant L)$ 个与迭加道多次波 $s(t+\alpha_{xt})$ 最相似的待剔除道 $c_k(t+\alpha_{xt})(k=1, 2, \cdots, K)$，其即是在成像道集中同相轴相对较为平缓的多次波信号。现在要以迭加信号的当前值和过去值$[s(t), s(t-1), s(t-2), \cdots, s(t-M)]$为输入序列，设计预测因子 $p_\tau^{tk}(\tau=0, 1, 2, \cdots, M)$，在第 k 个成像道上求得未来 $t+\alpha_{xt}$ 时刻的预测值(多次波) $\widehat{c}_k(t+\alpha_{xt})(k=1, 2, \cdots, K)$

$$\widehat{c}(t + \alpha_{xt}) = \sum_{\tau=0}^{M} p_\tau^{tk} s_{t-\tau} \tag{2.5.12}$$

式中，$\widehat{c}_k$ 为在第 k 个成像道上求得未来 $t+\alpha_{xt}$ 时刻的多次波预测值($k=1, 2, \cdots, K$)。

　　设实测序列与预测序列的误差为

$$\varepsilon(t+\alpha_{xt}) = c(t+\alpha_{xt}) - \widehat{c}(t+\alpha_{xt}) \tag{2.5.13}$$

式中，$\varepsilon(t+\alpha_{xt})$ 为实测序列与预测序列的误差。

　　则类似于传统的预测反褶积方法，按照误差能量和达到极小的最小平方原理求取第 k 个剔除道的预测因子 $p_i^{tk}(i=0, 1, 2, \cdots, M)$ 的矩阵方程可写为

$$
\begin{bmatrix}
r_{ss}(0) & r_{ss}(1) & \cdots & r_{ss}(M) \\
r_{ss}(1) & r_{ss}(0) & \cdots & r_{ss}(M-1) \\
\vdots & \vdots & & \vdots \\
r_{ss}(M) & r_{ss}(M-1) & \cdots & r_{ss}(0)
\end{bmatrix}
\begin{bmatrix}
p_0^{tk} \\
p_1^{tk} \\
\vdots \\
p_M^{tk}
\end{bmatrix}
=
\begin{bmatrix}
r_{sk}(\alpha_{xt}) \\
r_{sk}(\alpha_{xt}+1) \\
\vdots \\
r_{sk}(\alpha_{xt}+M)
\end{bmatrix}
\tag{2.5.14}
$$

式中，$r_{ss}(i)(i=0,1,2,\cdots,M)$ 为迭加道 $s(t)$ 的自相关函数序列；$r_{sk}(i)(i=\alpha_{xt},\alpha_{xt}+1,$ $\alpha_{xt}+2,\cdots,\alpha_{xt}+M)$ 为迭加道 $s(t)$ 与待剔除道 $c_k(t)(k=1,2,\cdots,K)$ 的互相关函数序列。

求解方程(2.5.14)即可得到滤波因子 $p_i^{tk}(i=0,1,2,\cdots,M)$，根据式(2.5.12)令其与 $s(t)$ 褶积可得预测输出，由式(2.5.13)在成像道集中第 $k(k=1,2,\cdots,K)$ 道上减去预测输出可得到衰减了多次波的成像道，最后再将成像道集重新迭加即可获得压制多次波后的剖面地震道。

与传统预测反褶积方法一样，一般需在式(2.5.14)Toeplitz 矩阵对角线的 $r_{ss}(0)$ 上加一白噪系数 λ，以保证求解过程的稳定性。

2.5.3 多次波追踪与变周期预测反褶积的实现

与传统的预测反褶积不同，基于模型的变周期预测反褶积需要先追踪识别出海水鸣震等多次波，再根据其出现的空间、时间位置确定在时空域均可变化的预测步长，理论上讲由此给定的预测输入和输出必然是相干的。

应用基于模型的变周期预测反褶积来压制剩余多次波是在多域中实现的，其需要经过叠前深度/时间偏移、深度—速度模型建立、地震剖面上的多次波追踪识别和成像道集域的多次波预测压制等多个处理步骤。主要流程如图 2.5.10 所示。

2.5.3.1　长周期多次波的压制试验

现选用我国某硬海底深水区测线，地震资料中富含海底的全程多次波。在海水较浅的区域，低阶海底全程多次波与一次反射波的速度相差甚小，通常在经过视速度滤波等类似的方法压制处理后，多次波的残余仍非常发育，并能够在叠前偏移时较好地成像，可严重降低地震地质解释的可靠性。图 2.5.11 为经过多次波前期压制前的原叠前时间偏移剖面(部分)。

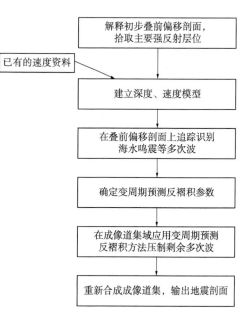

图 2.5.10　基于模型的变周期
预测反褶积的主要处理流程

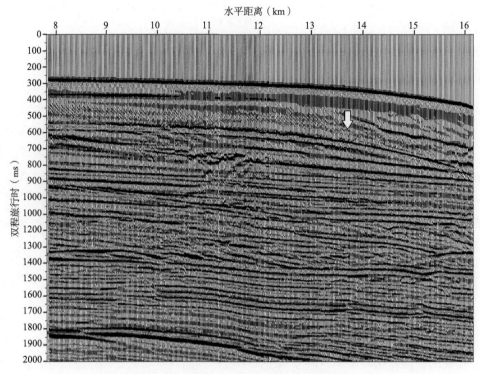

图 2.5.11　某深水区的原叠前时间偏移剖面

在图 2.5.11 中，箭头指向的同相轴在地震剖面的右侧与其他同相轴相互切割，有违地层的沉积规律。将其与海底同相轴对比，发现其起伏形态相似，出现的时间约为海底同相轴的两倍，且相位相反。由此初步推断该同相轴可能为海底的二阶多次波。为讨论方便起见，以下称其为"目标同相轴"。

通过基于图 2.5.12 所示的海水层的深度—速度模型，在地震剖面上对海底的全程多次波进行追踪，相应二阶多次波的追踪结果如图 2.5.13 的五角星线条所示。可见，二阶海底全程多次波出现的时间与图 2.5.11 中的目标同相轴基本重合。

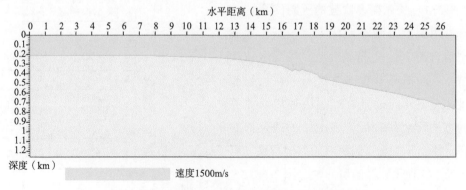

图 2.5.12　某深水区海水层的深度—速度模型

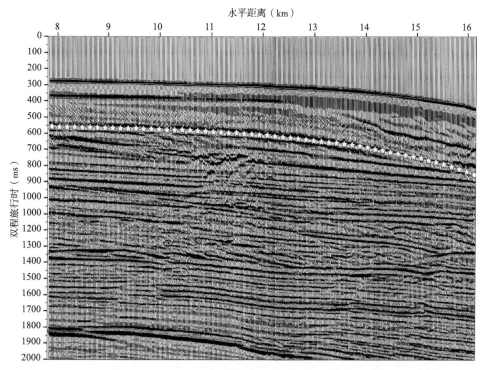

图 2.5.13 在图 2.5.11 所示的叠前时间偏移剖面上追踪二阶海底全程多次波示例

以下的实验结果(受篇幅所限图示从略)为进一步证实该目标同相轴为多次波提供了有力的佐证:(1)在多数炮集记录相应时间段上可见到视速度较低、能量较强的同相轴,其在近道上出现时间约为海底的两倍,基本符合海底的二阶全程多次波的特征;(2)以海水的速度(1500m/s)进行了叠前时间偏移,在输出的成像剖面上不仅二阶而且其他许多阶的海底全程多次波的同相轴均非常清晰,其中二阶多次波出现的时间位置与图 2.5.13 中追踪的位置基本一致;(3)在叠前偏移速度谱的相应时间段上难以分辨出独立的多次波能量团,说明该海底二阶多次波的成像速度与同一时间段上一次波的速度比较接近,它们的速度能量团几乎混淆在一起,很难将它们区分开。对于这种多次波,应用视速度滤波类方法的压制效果难以达到令人满意的程度,其结果往往是要么留下较强的多次波残余,要么会严重损伤有效信号。这可能是视速度滤波类方法难以对其进行有效压制的原因。

综合以上实验分析,可确定该目标同相轴即为海底二阶多次波。应用变周期的预测反褶积在成像道集域对其进行压制后重新合成的叠前时间偏移剖面如图 2.5.14 所示。与图 2.5.11 所示的原剖面比较可见,在新的叠前时间偏移剖面上原本较强的二阶海底全程多次波同相轴已基本消除,从而使得各地层的接触关系更趋合理。图 2.5.15 给出了衰减多次波前后的成像道集示例。该成像道集位于地震剖面水平方向 10.25km 处。由此也可看

海上地震多次波预测与压制技术

出，相应时间段上的多次波经预测压制后已明显削弱。实验结果验证了本方法衰减长周期鸣震多次波的有效性。

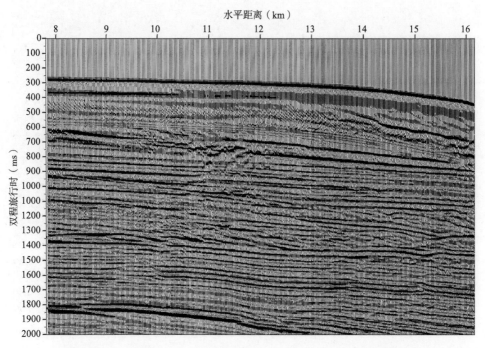

图 2.5.14　与图 2.5.11 相对应的压制多次波后的叠前时间偏移剖面

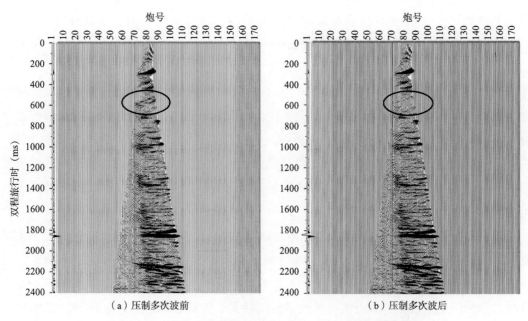

（a）压制多次波前　　　　　　　　　　（b）压制多次波后

图 2.5.15　应用变周期预测反褶积压制多次波前后的成像道集

2.5.3.2 微屈多次波的压制测试

选用我国某浅水区的测线进行多次波压制测试。图 2.5.16 给出了原叠前时间偏移剖面(部分)示例。该海域亦为硬海底地区,但海底较为平坦。在时间深度约 800ms 存在一个起伏剧烈的崎岖强波阻抗界面,其左部(约在水平位置 11km 附近)有一个较大的隆起。与该强波阻抗界面有关的全程多次波和微屈多次波均非常发育,能量很强;加之受其能量屏蔽的影响,其下方地层的资料信噪比迅速降低。可能主要是由于这两个方面的原因,强波阻抗界面下方的成像质量极差。

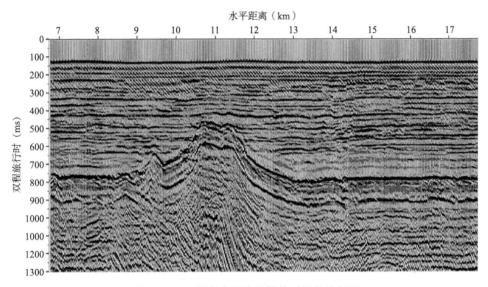

图 2.5.16　某浅水区的原叠前时间偏移剖面

由于海水较浅,在海水层中形成的微屈多次波的速度一般与一次反射的波速相差不大,应用视速度滤波方法对其衰减的效果不明显,且当选用有效波速进行叠前偏移时这些多次波也能够较好地成像。分析图 2.5.16 所示的成像剖面可以推断:在紧跟着崎岖强波阻抗界面的下方出现的同相轴,可能是经过崎岖强波阻抗界面反射后再在海水层中震荡形成的微屈多次波的反映。这些微屈多次波将作为本实验追踪识别和压制的目标同相轴。

衰减微屈多次波的步骤与压制长周期残余多次波的处理过程基本一致。根据所建的强波阻抗界面的深度—速度模型在地震剖面上追踪出的微屈多次波的目标同相轴时间位置与其实际成像的位置基本吻合(图示从略);在相应速度谱的强波阻抗界面能量团的下方,可见到紧跟着的一串速度与其相近的能量团(图示从略),这是存在微屈多次波的典型佐证。经过多种实验资料的综合分析可以确定这些目标同相轴即为多次波。

图 2.5.17 为应用变周期预测反褶积压制微屈多次波后的叠前时间偏移剖面。与图 2.5.16所示的原剖面对比可知,在新的剖面上强波阻抗界面下方伴随的多次波同相轴得到了明显的压制,从而验证了该方法衰减微屈多次波的有效性。

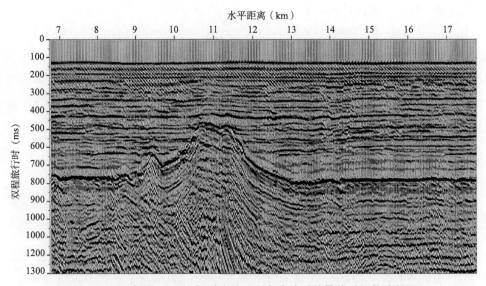

图 2.5.17　与图 2.5.16 相对应的压制多次波后的叠前时间偏移剖面

基于时差和视速度
差异的多次波压制方法

基于滤波理论的多次波压制方法，是将时空域的地震数据映射到其他域，根据一次波与多次波在映射域中呈现出的明显差异，应用滤波方法即可进行多次波的压制，其中运用的性质差异主要是时差差异和周期差异。本章将讲述基于一次波与多次波在时差和视速度上的差异通过滤波方式来消除多次波。

3.1 基于时差和视速度差异消除多次波的基本原理

3.1.1 基于时差消除多次波的基本原理

在地震勘探技术获得极大提高的今天，地震勘探学家们开始发现可以依据多次波的时距特性对其进行识别。首先到达检波点具有相同初至时间的两个反射轴，多次波仅在较浅的地层中传播，而一次反射波的传播地层更深一些。首先我们假设随着深度的加深，地震波的传播速度也随之增加，在这种情况下，一次波相比于多次波，传播速度要高，因此一次波将以更小的出射角到达检波点。对于炮检距逐渐递增的多个相邻地震道，将在多次波与一次波同相轴之间出现倾角或时差的差异。

该方法的基本原理是对地震数据做一个变换，将其变换到不同于 $x-t$ 域的新的数据域，其中涉及的变换有 $f-k$ 变换、拉东变换等。在这里应用的拉东变换又分为线性拉东变换、抛物线拉东变换、双曲线拉东变换。以拉东变换为例，做完变换后，一次波和多次波将呈现出不同的形态并且相互分离，这样就可以将多次波存在的部分去除，然后再通过反变换回 $x-t$ 域，即可得到压制多次波后的地震数据。

上述基于时差和倾角差异压制多次波法的理论比较简单实用，应用该方法有两个重要的前提：(1) 经过该方法中的变换之后，多次波与一次波要分布在不同的区域，或者重叠性很小；(2) 这种变换需要是可逆的，使得经过变换后的地震数据能够准确地反变换回 $x-t$ 域。只有满足这两个前提条件，该方法才能使用，这是需要注意的地方。

3.1.2 基于视速度差异消除多次波的原理

一般来说，一次波和多次波的频谱十分接近甚至重合，无法直接利用频率滤波来压制多次波。一次波和多次波在视速度上存在一定差异，可利用两者视速度上的差异来压制多次波。

该方法的基本原理是对地震数据做一个变换，将其从 $x-t$ 域变换到一个新的数据域，在新的域中，一次波和多次波呈现不同的特性，相互分离，根据此特性差异，选择合适的滤波方法，将多次波部分予以滤除后再通过反变换变回到 $x-t$ 域，即可得到压制多次波后的地震数据。

3.2 常用的视速度滤波方法

目前常用的视速度滤波方法主要有 Radon 变换、K-L 变换、奇异值分解(SVD)和 $f-k$ 滤波等。这些方法已成为地震数据处理的有效工具,具有各自不同的特点,介绍如下。

3.2.1 Radon 变换

Radon 变换 1917 年由奥地利著名数学家 Radon 首次提出,并且讨论了 Radon 变换求逆的问题,即在欧氏三维(或二维)空间重建该函数。1984 年 Durrani 讨论了 Radon 变换的基本性质,并建立笛卡尔坐标系下的 Radon 变换公式。

在 1985 年和 1986 年,Harding 和 Hampson 先后将 $\tau-p$ 变换应用到多次波的消除,该方法利用多次波在 $\tau-p$ 域保持良好周期性的特点,通过在 $\tau-p$ 域做预测反褶积来剔除多次波。该方法对短周期的全程多次波压制效果较好,但对长周期的多次波和层间多次波却难以奏效。1994 年 Yilmaz 给出时间、空间域高分辨率最小平方倾斜叠加的方法,该方法需要采用迭代反演求解大型线性算子。

3.2.1.1 Radon 变换的数学原理

二维连续空间—时间($x-t$)域 $d(x, t)$ 的 $\tau-p$ 正变换 $\mu(p, \tau)$ 可写为:

$$\mu(p, \tau) = \int_{-\infty}^{\infty} d(x, t = \tau + px) dx \tag{3.2.1}$$

相应的连续空间—时间域的 $\tau-p$ 反变换公式为:

$$d(x, t) = -\frac{1}{2\pi} \frac{dH}{dt} \int_{-\infty}^{\infty} \mu(p, t - px) dp \tag{3.2.2}$$

式中,H 为 Hilbert 变换算子符号。

在计算机实现中,由于在时间域和空间域的离散采样,不能应用连续函数方程,因此用离散的累加来代替连续域的积分运算;为了消除离散采样的有限孔径的影响,利用最小平方方法计算离散的 $\tau-p$ 变换。

离散 $\tau-p$ 正变换公式为:

$$\mu(p, \tau) = \sum_{x} d(x, t = \tau + px) \tag{3.2.3}$$

离散 $\tau-p$ 反变换公式为:

$$d'(x, t) = \sum \mu(p, \tau = t-px) \tag{3.2.4}$$

对于式(3.2.4),将其写为如下矩阵形式:

$$\boldsymbol{D}' = \boldsymbol{LU} \tag{3.2.5}$$

为了估计 $\boldsymbol{U}$，设 $\boldsymbol{E}$ 为原记录 $\boldsymbol{D}$ 和 $\boldsymbol{D}'$ 之差，即：

$$\boldsymbol{E} = \boldsymbol{D} - \boldsymbol{D}' = \boldsymbol{D} - \boldsymbol{LU} \tag{3.2.6}$$

对式(3.2.6)求平方差，有：

$$S = (\boldsymbol{D} - \boldsymbol{LU})^{\mathrm{T}}(\boldsymbol{D} - \boldsymbol{LU}) \tag{3.2.7}$$

则 $\boldsymbol{U}$ 的最小二乘解为：

$$\boldsymbol{U} = (\boldsymbol{L}^{\mathrm{T}}\boldsymbol{L})^{-1}\boldsymbol{L}^{\mathrm{T}}\boldsymbol{D} \tag{3.2.8}$$

式中，矩阵 $\boldsymbol{D}$ 的维数为 $n_x \times n_t$，其中 n_x 为记录道数，n_t 为时间采样个数；矩阵 $\boldsymbol{U}$ 的维数为 $n_p \times n_\tau$，其中 n_p 为 p 扫描采样个数，n_τ 为 $\tau - p$ 域的 τ 采样个数。矩阵 $\boldsymbol{L}$ 的维数为 $n_x \times n_t \times n_p \times n_\tau$，假设 $n_x = 60$、$n_t = 1000$、$n_p = 6$、$n_\tau = 1000$，则矩阵的维数为 60000×60000，如此高阶数的矩阵，直接对其求解的运算量是非常大的，得到的解也不稳定。

为了降低矩阵维数，将 $x-t$ 域的求逆转换到 $x-f$ 域进行。先对式(3.2.4)两端做快速傅立叶变换，得到：

$$d'(x, \omega) = \sum_p \mu(p, \omega) \mathrm{e}^{-i\omega px} \tag{3.2.9}$$

对于每一个特定的 ω，式(3.2.9)可写为矩阵形式：

$$d' = Lu \tag{3.2.10}$$

其中 L 为复数矩阵形式：

$$L = \begin{pmatrix} \mathrm{e}^{-i\omega p_1 x_1} & \mathrm{e}^{-i\omega p_2 x_1} & \cdots & \mathrm{e}^{-i\omega p_{np} x_1} \\ \mathrm{e}^{-i\omega p_1 x_2} & \mathrm{e}^{-i\omega p_2 x_2} & \cdots & \mathrm{e}^{-i\omega p_{np} x_2} \\ \vdots & \vdots & & \vdots \\ \mathrm{e}^{-i\omega p_1 x_{nx}} & \mathrm{e}^{-i\omega p_2 x_{nx}} & \cdots & \mathrm{e}^{-i\omega p_{np} x_{nx}} \end{pmatrix} \tag{3.2.11}$$

矩阵 L 的维数为 $n_p \times n_x$。对于每一个特定的 ω，都有：

$$u = (L^{\mathrm{T}*}L)^{-1}L^{\mathrm{T}*}d \tag{3.2.12}$$

其中符号 $\mathrm{T}*$ 代表共轭转置；

$$u = [\mu(p_1, \omega), \mu(p_2, \omega), \cdots, \mu(p_{np}, \omega)]^{\mathrm{T}} \tag{3.2.13}$$

$$d = [d(x_1, \omega), d(x_2, \omega), \cdots, d(x_{nx}, \omega)]^{\mathrm{T}} \tag{3.2.14}$$

为了避免 $L^{\mathrm{T}*}L$ 奇异，即方程组的解不稳定，必须加上阻尼因子 β，于是式(3.2.12)变为：

$$u = (L^{\mathrm{T}*}L + \beta I)^{-1}L^{\mathrm{T}*}d \tag{3.2.15}$$

对于所有的 ω 按照式(3.2.15)计算，就可以得到所有的 $\mu(p, \omega)$；再对 $\mu(p, \omega)$ 做快速傅立叶反变换，就可以得到最小二乘意义下的 $\mu(p, \tau)$。

对于式(3.2.12)中的 $L^{T*}d$，

$$L^{T*} = \begin{pmatrix} e^{i\omega p_1 x_1} & e^{i\omega p_1 x_2} & \cdots & e^{i\omega p_1 x_{nx}} \\ e^{i\omega p_2 x_1} & e^{i\omega p_2 x_2} & \cdots & e^{i\omega p_2 x_{nx}} \\ \vdots & \vdots & & \vdots \\ e^{i\omega p_{np} x_1} & e^{i\omega p_{np} x_2} & \cdots & e^{i\omega p_{np} x_{nx}} \end{pmatrix} \tag{3.2.16}$$

如果对式(3.2.3)两端做快速傅立叶变换，得到：

$$\mu(p, \omega) = \sum_x d(x, \omega) e^{i\omega p x} \tag{3.2.17}$$

将式(3.2.17)的右侧写成矩阵形式恰好是 $L^{T*}d$。

对于 $L^{T*}L$：

$$L^{T*}L = \begin{pmatrix} n_x & \sum\limits_{j=1}^{n_x} e^{i\omega(p_1-p_2)x_j} & \sum\limits_{j=1}^{n_x} e^{i\omega(p_1-p_3)x_j} & \cdots & \sum\limits_{j=1}^{n_x} e^{i\omega(p_1-p_{np})x_j} \\ \sum\limits_{j=1}^{n_x} e^{i\omega(p_2-p_1)x_j} & n_x & \sum\limits_{j=1}^{n_x} e^{i\omega(p_2-p_3)x_j} & \cdots & \sum\limits_{j=1}^{n_x} e^{i\omega(p_2-p_{np})x_j} \\ \sum\limits_{j=1}^{n_x} e^{i\omega(p_3-p_1)x_j} & \sum\limits_{j=1}^{n_x} e^{i\omega(p_3-p_2)x_j} & n_x & \cdots & \sum\limits_{j=1}^{n_x} e^{i\omega(p_3-p_{np})x_j} \\ \vdots & \vdots & \vdots & & \vdots \\ \sum\limits_{j=1}^{n_x} e^{i\omega(p_{np}-p_1)x_j} & \sum\limits_{j=1}^{n_x} e^{i\omega(p_{np}-p_2)x_j} & \sum\limits_{j=1}^{n_x} e^{i\omega(p_{np}-p_3)x_j} & \cdots & n_x \end{pmatrix}$$

矩阵 $L^{T*}L$ 既是 Toeplitz 矩阵又是 Hermitian 矩阵，利用矩阵的特点既可以使用 Levinson 递推算法，也可以利用共轭梯度方法求解式(3.2.15)。

利用 τ-p 变换滤波流程，见图 3.2.1。

如前所述，抛物线 Radon 变换与 τ-p 变换类似，只不过其相应的式(3.2.3)、式(3.2.4)、式(3.2.9)、式(3.2.11)分别变为：

$$\mu(p, \tau) = \sum_x d(x, t = \tau + px^2) \tag{3.2.18}$$

$$d'(x, t) = \sum \mu(p, \tau = t - px^2) \tag{3.2.19}$$

$$d'(x, \omega) = \sum_p \mu(p, \omega) e^{-i\omega px^2} \tag{3.2.20}$$

$$L = \begin{pmatrix} \mathrm{e}^{-i\omega p_1 x_1^{\,2}} & \mathrm{e}^{-i\omega p_2 x_1^{\,2}} & \cdots & \mathrm{e}^{-i\omega p_{np} x_1^{\,2}} \\ \mathrm{e}^{-i\omega p_1 x_2^{\,2}} & \mathrm{e}^{-i\omega p_2 x_2^{\,2}} & \cdots & \mathrm{e}^{-i\omega p_{np} x_2^{\,2}} \\ \vdots & \vdots & & \vdots \\ \mathrm{e}^{-i\omega p_1 x_{nx}^{\,2}} & \mathrm{e}^{-i\omega p_2 x_{nx}^{\,2}} & \cdots & \mathrm{e}^{-i\omega p_{np} x_{nx}^{\,2}} \end{pmatrix} \tag{3.2.21}$$

抛物线 Radon 变换的计算过程与 $\tau-p$ 变换类似, 不再赘述。

3.2.1.2　Radon 变换的滤波特性

$\tau-p$ 正变换是沿着一簇直线积分。在理想情况下, $\tau-p$ 正变换可将在 $x-t$ 域中的一条直线, 映射为 $\tau-p$ 域中的一个点(图 3.2.2)。

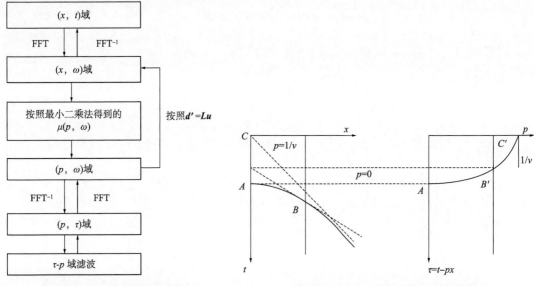

图 3.2.1　$\tau-p$ 变换滤波流程图　　　　　图 3.2.2　$\tau-p$ 正变换的几何示意图

由于地震记录中的子波具有一定的时间延迟, 所以在地震记录中具有直线形态的同相轴经过 $\tau-p$ 正变换后到 $\tau-p$ 域为一个能量团。

图 3.2.3 为理论数值记录。记录中共有 5 条同相轴, 一条水平, 一条向上倾斜, 一条向下倾斜, 一条向上弯曲, 一条向下弯曲。记录共 80 道, 道间隔为 25m, 采样间隔为 2ms, 时窗记录长度为 1s, 所用子波为零相位雷克型子波:

$$w_f(t) = \mathrm{e}^{-(2\pi f t/r)^2} \cos(2\pi f t) \tag{3.2.22}$$

式中, f 为子波的主频; r 为控制子波延迟宽度的参数。

在该数值记录中选择 $f=30$, $r=3$。图 3.2.4 给出了对理论数值记录进行 $\tau-p$ 正变换后的结果。图 3.2.5 是将图 3.2.4 中对应水平同相轴的能量团切除, 再反变换回 $x-t$ 域的结果。由图中可以看出: 相对应的水平同相轴得到了很好的压制。

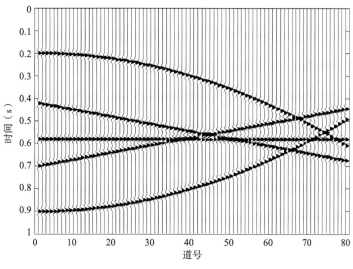

图 3.2.3　理论数值记录

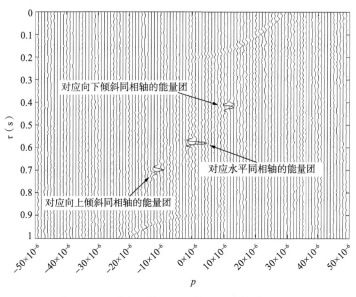

图 3.2.4　对应于图 3.2.3 的 $\tau-p$ 变换域显示图

图 3.2.6 是将图 3.2.4 中对应一条向上倾斜同相轴的能量团切除，再反变换回 $x-t$ 域后的结果。向上倾斜的同相轴得到了较好的压制，但是在同相轴的尾部有少量的残余信号。

抛物线 Radon 变换是沿着一簇抛物线积分。如图 3.2.7 所示，在理想情况下，抛物线 Radon 变换可将 $x-t$ 域中的一条抛物线，映射为 $\tau-p$ 域中的一个点。

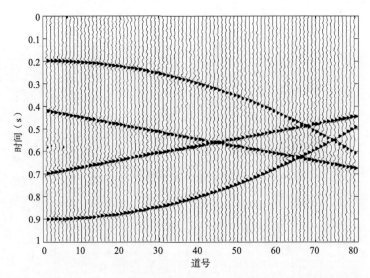

图 3.2.5　对应于图 3.2.3 理论数值记录利用 τ-p 变换去除水平同相轴后的结果

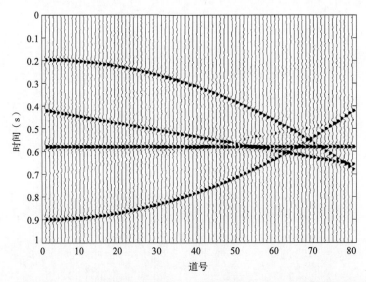

图 3.2.6　对应于图 3.2.3 理论数值记录利用 τ-p 变换去除一条向上倾斜的同相轴后的结果

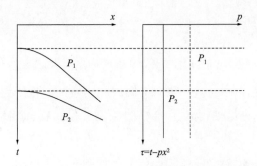

图 3.2.7　抛物线 Radon 正变换的几何示意图

由于地震资料中的子波具有一定的时间延迟，所以具有抛物线形态的同相轴变换到 τ-p 域是一个能量团。图 3.2.8 给出了对图 3.2.3 所示的理论数值记录做抛物线 Radon 正变换后的 τ-p 域显示结果。

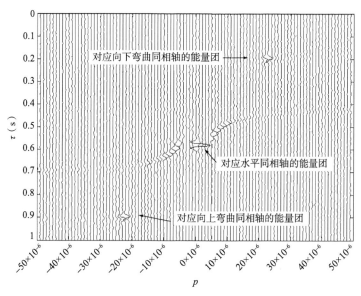

图 3.2.8　对应于图 3.2.3 数值记录的抛物线 Radon 变换域显示图

在图 3.2.8 所示的结果中，将对应水平同相轴的能量团切除，再反变换回 x-t 域，由此处理后的结果如图 3.2.9 所示，相对应的水平同相轴得到了很好的压制。

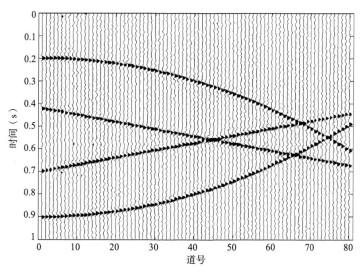

图 3.2.9　对应于图 3.2.3 理论数值记录利用抛物线 Radon 变换去除水平同相轴后的结果

在图 3.2.8 所示的结果中，将对应一条向上倾斜同相轴的能量团切除，再反变换回 x-t 域，经此处理后的结果如图 3.2.10 所示，相对应的向上弯曲的同相轴得到较好的压制，但是在其尾部（即远偏移距处）有少量的残余信号。

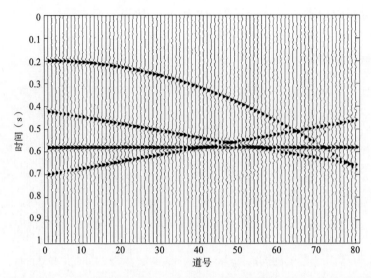

图 3.2.10　对应于图 3.2.3 理论数值记录利用抛物线 Radon 变换去除向上弯曲的同相轴后的结果

由以上的滤波特性实验结果分析，可以得出以下的两点认识：

（1）利用 $\tau-p$ 变换和抛物线 Radon 变换，通过切除变换域中的对应区域，可以压制变换域所对应的时间—空间域中相应形态的信号；

（2）利用 $\tau-p$ 变换和抛物线 Radon 变换对水平同相轴有较好的剔除效果，对非水平同相轴分辨率比较低，即 $\tau-p$ 变换和抛物线 Radon 变换压制水平同相轴的能力强于其压制非水平形态同相轴的能力。

3.2.2　K-L 滤波

K-L 变换也称为特征向量变换或叫霍特林变换，是由 Hotelling 提出的一种可以去掉一个随机向量中的某个元素间相关性的线性变换，并称为主分量法。此后，Karhunen 和 Loeve 在此基础上提出了针对连续信号的类似的变换。这种变换方法派生了一种离散信号变换的方法，也就是 K-L 变换。

1978 年，Hemon C. H 和 Mace D 首先将遥感多谱资料处理中的 K-L 变换方法应用于地震数据处理，压制倾斜方向的相干干扰，增强水平方向的同相轴。1987 年，Jones 综合了 Ulrych，Levy，Oldenburg 的研究成果，并结合自己的工作，全面论述了如何用 K-L 变换提高地震记录的信噪比，提出先按一定道间时差排列同相轴，再进行 K-L 变换的倾斜 K-L 变换方法。

Al-Yahya 认为 K-L 变换是处理分析反射数据的有效工具。1991 年，他提出了两种新的处理手段：（1）以一定倾角滤波并给每个倾角加入线性时差，使同相轴平滑；（2）将地震剖面划分小块，使得每一小块都可以用相对小的矩阵处理。结合上述两种方法，显著降低了计算量，使 K-L 变换能够更有效地用于地震数据处理。

K-L 变换是一种基于目标统计特性的最佳正交变换，该变换把多维空间的信息在低维空间表达出来，消除众多信息间的统计相关性。假设一个实际记录信号表示为有效信号和噪声之和，即 $X = X_s + X_n$，下面对信号进行 K-L 变换。

先把地震记录离散化，即把信号变成一个矩阵，如式(3.2.23)所示，式中的行代表地震道，列代表采样点或者时间，矩阵有 N 个地震道，每个地震道有 M 个采样点。

$$X = \begin{bmatrix} x_{11} & x_{12} & \cdots & x_{1M} \\ x_{21} & x_{22} & \cdots & x_{2M} \\ \vdots & \vdots & & \vdots \\ x_{N1} & x_{N2} & \cdots & x_{NM} \end{bmatrix} \tag{3.2.23}$$

其协方差矩阵为半正定的对称矩阵

$$C = XX^T \tag{3.2.24}$$

求方差矩阵 C 的特征值，并按特征值的大小排列写成 $N×N$ 的对角矩阵，如式(3.2.25)所示。

$$A = \begin{bmatrix} \lambda_1 & & & 0 \\ & \lambda_2 & & \\ & & \ddots & \\ 0 & & & \lambda_N \end{bmatrix} \tag{3.2.25}$$

其中，$\lambda_1 \geq \lambda_2 \geq \cdots \geq \lambda_N$，每个特征值都存在唯一对应的特征向量，每个特征向量都归一化且相互正交，把每个特征矢量作为一组权排成一列，N 组特征矢量组成 $N×N$ 的矩阵，如式(3.2.26)所示

$$K = \begin{bmatrix} k_{11} & k_{12} & \cdots & k_{1N} \\ k_{21} & k_{22} & \cdots & k_{2N} \\ \vdots & \vdots & & \vdots \\ k_{N1} & k_{N2} & \cdots & k_{NN} \end{bmatrix} \tag{3.2.26}$$

我们称 $K = K^T Y$ 为矩阵 X 的 K-L 变换，矩阵 Y 可以写成式(3.2.27)

$$Y = \begin{bmatrix} y_1 \\ y_2 \\ \vdots \\ y_N \end{bmatrix} = \begin{bmatrix} y_{11} & y_{12} & \cdots & y_{1N} \\ y_{21} & y_{22} & \cdots & y_{2N} \\ \vdots & \vdots & & \vdots \\ y_{M1} & y_{M2} & \cdots & y_{MN} \end{bmatrix} \tag{3.2.27}$$

其中 y_1 为矩阵 Y 的第一主分量，依次类推，y_N 为矩阵 Y 的第 N 主分量，每个主分量相互正交。地震波的相干信号（有效信号）主要集中在矩阵 X 的协方差矩阵 C 的前几个较大的特征值对应的主分量上，小特征值对应的分量主要反映噪声的能量。我们可以选择前几个较大的特征值对应的主分量来对地震信号进行数据重构。假设选择前 K 个主分量对信号重构，则重构后的信号为 X_s

$$X_s = \begin{bmatrix} x_{11} & x_{12} & \cdots & x_{1K} \\ x_{21} & x_{22} & \cdots & x_{2K} \\ \vdots & \vdots & & \vdots \\ x_{N1} & x_{N2} & \cdots & x_{NK} \end{bmatrix} \begin{bmatrix} y_{11} & y_{12} & \cdots & y_{1N} \\ y_{21} & y_{22} & \cdots & y_{2N} \\ \vdots & \vdots & & \vdots \\ y_{K1} & y_{K2} & \cdots & y_{KN} \end{bmatrix} \tag{3.2.28}$$

只要选取恰当的 K 值，就可以实现有效信号和噪声分离的目的。

3.2.3 奇异值分解(SVD)滤波重构

Beltrami 和 Jordan 两位学者是奇异值分解的主要创始人。1873 年，Beltrami 发表了关于奇异值分解的第一篇论文；一年后，Jordan 发表了自己对奇异值分解的独立推导，即通过正交替代将双线性形式转换为对角形式。

1889 年，Sylvester 描述了一种将二次型转化为对角型的迭代算法。1907 年 Schmidt 描述了 SVD 的无穷维模拟，并研究了如何获取算子的最优低秩逼近，使数学领域的 SVD 算法变成了一个重要的理论和计算工具。

奇异值分解是分析矩阵奇异性的工具之一。20 世纪 80 年代后期，奇异值分解方法被引入了地理物理领域，它在地球物理反演计算、地震波场的随机噪声压制、VSP 资料的上下行波的波场分离方面有着重要作用。奇异值分解滤波方法已成为地震资料处理中提高信噪比的有效手段。

3.2.3.1 矩阵的奇异值分解可用于地震数据处理的理论依据

设有 N 道地震记录，每道采样点为 M，那么，这 $N×M$ 个数据可以构成一个二维图像，用矩阵表示为 $X_{N×M}$。现在从数学上说明奇异值分解可用于地震资料处理的理论依据。

首先让我们来证明

$$\| X - X_p \|_F^2 = \sum_{i=p+1}^{r} \delta_i^2 \tag{3.2.29}$$

式中，X_p 为奇异值 δ_{p+1}，δ_{p+2}，$\cdots$，δ_r 取值为 0 时的重构矩阵；$\| X \|_F$ 为矩阵 X 的 F 范数；δ_i 为 X 的第 i 个奇异值。

任意一个 $N×M$ 的矩阵 X 的 F 范数定义为

$$\| X \|_F = \left(\sum_{i=1}^{M} \sum_{j=1}^{N} x_{ij}^2 \right)^{\frac{1}{2}} \tag{3.2.30}$$

显然，地震记录数据的总能量为

$$\| X \|_F^2 = \operatorname{tr}\{XX^T\} = \{X^TX\} \tag{3.2.31}$$

其中，$\operatorname{tr}\{A\}$ 称为方阵 A 的迹，它等于方阵 A 的对角线元素之和，迹的另一个性质是

$$\operatorname{tr}\{AB\} = \operatorname{tr}\{BA\} \tag{3.2.32}$$

取最初的 p 个特征图像重构 X 可以表示为

$$X_p = UE_pV^T \tag{3.2.33}$$

其中，$E_p = \operatorname{diag}(\delta_1, \delta_2, \cdots, \delta_p, 0, \cdots, 0)$

由式 (3.2.32) 和式 (3.2.33) 可得

$$\begin{aligned}
\| X - X_p \|_F^2 &= \| UEV^T - UE_pV^T \|_F^2 \\
&= \| U(E - E_p)V^T \|_F^2 \\
&= \operatorname{tr}\{U(E - E_p)V^TV(E - E_p)U^T\} \\
&= \operatorname{tr}\{U(E - E_p)(E - E_p)U^T\} \\
&= \operatorname{tr}\{(E - E_p)U^TU(E - E_p)\} \\
&= \operatorname{tr}\{(E - E_p)(E - E_p)\} = \sum_{i=p+1}^{r} \delta_i^2 \tag{3.2.34}
\end{aligned}$$

因此可得

$$\| X - X_p \|_F^2 = \sum_{i=p+1}^{r} \delta_i^2 \tag{3.2.35}$$

式中，δ_i 为 X 的第 i 个奇异值。

显然，式 (3.2.35) 中若取 $X_p = 0$，则有

$$\| X \|_F^2 = \sum_{i=p+1}^{r} \delta_i^2 \tag{3.2.36}$$

由此可见，地震记录数据的总能量等于奇异值 δ_i 的平方和，且奇异值越大的分量在地震信号中功率贡献也越大，这就为数据压缩提供了可能。从减小误差平方和的观点看，丢掉一些较小的奇异值，所产生的误差较小，由于 δ_i 的值是单调递减的，所以选用的前 p 个特征图像与前 p 个大奇异值相对应。因此，这样重构的地震记录 X_p 与实际地震记录 X 的误差最小。

3.2.3.2　奇异值分解滤波重构原理

设二维地震图像 X 由 N 道地震记录组成，道采样点数为 $M(M>N)$，我们将其表示成

$$X = \begin{pmatrix} x_{11} & \cdots & x_{1N} \\ \vdots & \ddots & \vdots \\ x_{M1} & \cdots & x_{MN} \end{pmatrix} = \{x_{ij}\} \quad (\text{其中 } i=1, 2, \cdots, M; j=1, 2, \cdots, N) \tag{3.2.37}$$

X 经奇异值分解后按能量大小分成若干个特征图像，其分解式可以写成

$$X = \sum_{i=1}^{r} \delta_i u_i v_i^{\mathrm{T}} \tag{3.2.38}$$

式中，上角 T 表示转置号；r 为 X 的秩；u_i 为 XX^{T} 的第 i 个特征向量；v_i 为 XX^{T} 的第 i 个特征向量；δ_i 为 X 的第 i 个奇异值，称 $u_i v_i^{\mathrm{T}}$ 为 X 的第 i 个特征图像。

显然，当 N 道地震数据为线性无关时，它的秩 $r=N$。此时所有的 δ_i 均不为零，因此要完整地重构 X 就需要把所有的特征图像 $u_i v_i^{\mathrm{T}}(i=1,\ 2,\ \cdots,\ N)$ 进行加权求和，即 $X = \sum_{i=1}^{r} \delta_i u_i v_i^{\mathrm{T}}$。这种情况下等于原数据体的维数没有得到压缩。如果 X 的各道地震数据相似，即 N 道记录全部线性相关时，X 的秩 $r=1$，即只用一个特征图像加权，$X=\delta_1 u_1 v_1^{\mathrm{T}}$ 就可以完全重构原数据体 X 了。以上显然是两种特殊情况，一般情况存在一个 $p<r$，按式 (3.2.10) 对特征图像进行加权求和来重构地震记录 X。如果仅用前 p 个特征图像来重构 X，其重构误差为

$$\varepsilon = \sum_{i=p+1}^{r} \delta_i^2 \tag{3.2.39}$$

式中，δ_i 为 X 的第 i 个奇异值。

由以上分析可知，重构地震记录 X 所需要的特征图像的个数依赖于 X 的道与道之间的线性相关性。相关程度越高，所需要的特征图像的个数就越少。最大奇异值对应的子矩阵横向相关性最大，较小奇异值对应的子矩阵横向相关性较小。类似频率域滤波器，依据所用奇异值的分布范围，我们可以定义奇异值分解的低通滤波器 X_{LP}，带通滤波器和高通滤波器 X_{HP}，即

$$X_{\mathrm{LP}} = UX_{1,\ p}V^{\mathrm{T}} = \sum_{i=1}^{r} \delta_i U_i V_i^{\mathrm{T}} \tag{3.2.40}$$

式中，$p<r$，$E_{1,p}=\mathrm{diag}(\delta_1,\ \delta_2,\ \cdots,\ \delta_{p+1},\ 0,\ 0,\ \cdots,\ 0)$。$X_{\mathrm{LP}}$ 可以用来压制不相关的信号；$u^i v_i^{\mathrm{T}}$ 为 X 的第 i 个特征图像；δ_i 为 X 的第 i 个奇异值。

$$X_{\mathrm{BP}} = UX_{p+1,\ q-1}V^{\mathrm{T}} = \sum_{i=p+1}^{q-1} \delta_i U_i V_i^{\mathrm{T}} \tag{3.2.41}$$

式中，$1 \leqslant p < q \leqslant r$，$E_{p+1,q-1}=\mathrm{diag}(0,\ 0,\ \cdots,\ 0,\ \delta_{p+1},\ \cdots,\ \delta_{q-1},\ 0,\ \cdots,\ 0)$。$X_{\mathrm{BP}}$ 可以压制高度相关和高度不相关的信号。

$$X_{\mathrm{HP}} = UX_{q,\ r}V^{\mathrm{T}} = \sum_{i=q}^{r} \delta_i U_i V_i^{\mathrm{T}} \tag{3.2.42}$$

式中，$1 < q \leqslant r$，$E_{q,r}=\mathrm{diag}(0,\ 0,\ \cdots,\ 0,\ \delta_q,\ \cdots,\ \delta_r,\ 0,\ \cdots,\ 0)$。$X_{\mathrm{HP}}$ 可以压制高度相关和比较相关的信号。

奇异值分解滤波重构图像中所含能量的百分比可以用以下各式给出

$$\zeta_{LP} = \frac{\sum_{i-1}^{p} \delta_i^2}{\sum_{i=1}^{r} \delta_i^2} \qquad (3.2.43)$$

$$\zeta_{BP} = \frac{\sum_{i=p+1}^{q-1} \delta_i^2}{\sum_{i=1}^{r} \delta_i^2} \qquad (3.2.44)$$

$$\zeta_{HP} = \frac{\sum_{i=q}^{r} \delta_i^2}{\sum_{i=1}^{r} \delta_i^2} \qquad (3.2.45)$$

式中，ζ_{LP}、ζ_{BP}、ζ_{HP}分别为低通、带通、高通滤波的情况。

3.2.3.3 矩阵奇异值与矩阵横向相关性的关系

下面从实际矩阵的分解重构结果来说明矩阵的奇异值与横向相关性的关系。

图 3.2.11 为一较简单的 800×80 阶矩阵，其中包含一个水平同相轴和一个倾斜同相轴。经奇异值分解后得到一系列奇异值，按大小排列如图 3.2.12 所示，分别用第 1 个及第 2 个至第 80 个奇异值重构矩阵得到图 3.2.13 和图 3.2.14。

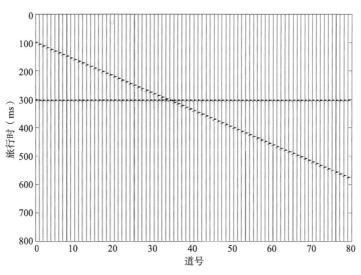

图 3.2.11　简单模型矩阵一(800×80 阶)

从这一组图中可以看出，最大奇异值对应于水平同相轴，倾斜同相轴则基本均匀分布在第 2 个至第 80 个奇异值中。由于在水平方向倾斜同相轴的相关性较小，所以第 2 至第 80 个奇异值明显比第一个奇异值小。又因为倾斜同相轴的斜率不变，所以在水平方向上倾斜同相轴的相关性相差较小，从图 3.2.12 中可以看到第 2 个至第 80 个奇异值大小基本相同。由图 3.2.13可以看出，用最大奇异值重构的矩阵除水平同相轴外，还有少量的处理噪声。

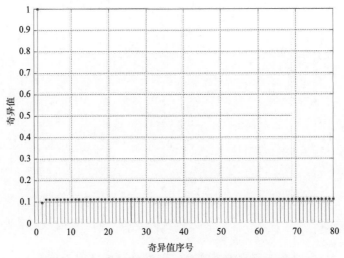

图 3.2.12　对应于图 3.2.11 中矩阵的奇异值分布

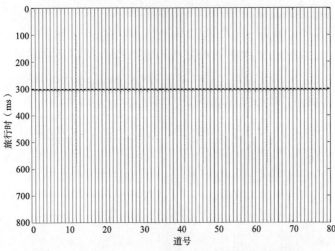

图 3.2.13　由图 3.2.12 中第一个奇异值重构所得矩阵

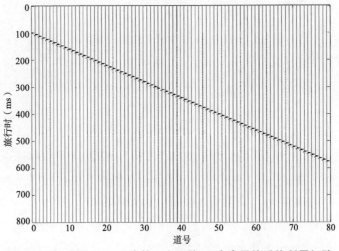

图 3.2.14　由图 3.2.12 中第 2 个至第 80 个奇异值重构所得矩阵

图 3.2.15 为另一简单的 800×80 阶矩阵,其中包含一个水平同相轴和一个双曲线型同相轴,两者有交叉现象。所得的奇异值分布如图 3.2.16 所示,分别用第 1 个及第 2 个至第 80 个奇异值参与重构,得到图 3.2.17 和图 3.2.18。

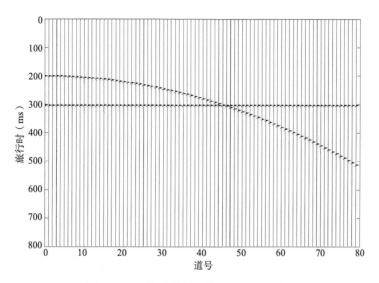

图 3.2.15　简单模型矩阵二(800×80 阶)

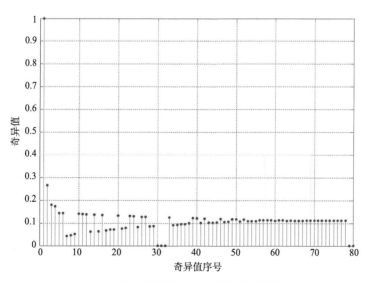

图 3.2.16　对应于图 3.2.15 中矩阵的奇异值分布

从这一组图中可以看出,最大奇异值仍然对应于水平同相轴,双曲线型同相轴则分布在第 2 个至第 80 个奇异值中,且其值明显比第一个奇异值小。由于双曲型同相轴的斜率逐渐变大,所以在水平方向上双曲型同相轴的相关性越来越小,从图 3.2.16 中可以看到第 2 个至第 80 个奇异值大小不再相等而有逐渐减小的趋势。

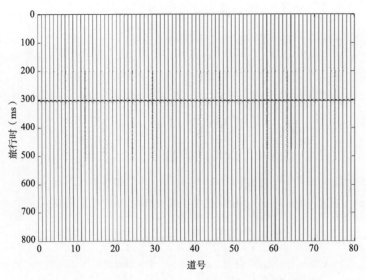

图 3.2.17　由图 3.2.16 中第一个奇异值重构所得矩阵

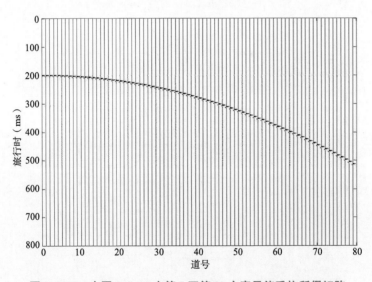

图 3.2.18　由图 3.2.16 中第 2 至第 80 个奇异值重构所得矩阵

　　图 3.2.19 为一较复杂的 800×80 阶矩阵，其中包含两个水平同相轴、一个倾斜同相轴和两个双曲线型同相轴，同相轴间有交叉现象。所得的奇异值分布如图 3.2.20 所示，分别用第 1 个及第 2 个至第 80 个奇异值参与重构，得到图 3.2.21 和图 3.2.22。

　　由这一组图中可以看出，最大奇异值与两组水平同相轴相对应，其他奇异值则对应于三条非水平同相轴。

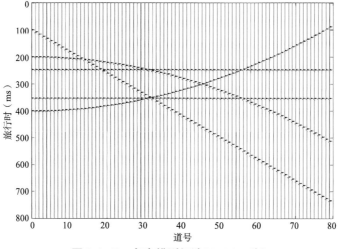

图 3.2.19 复杂模型矩阵(800×80 阶)

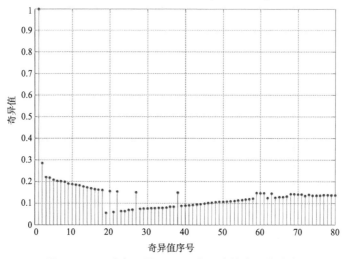

图 3.2.20 对应于图 3.2.19 中矩阵的奇异值分布

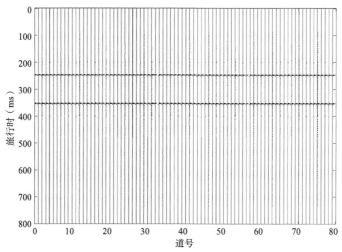

图 3.2.21 由图 3.2.20 中第 1 个奇异值重构所得矩阵

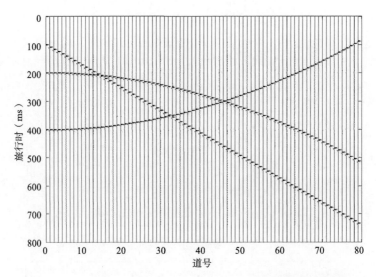

图 3.2.22　由图 3.2.20 中第 2 个至第 80 个奇异值重构所得矩阵

此时由于有多条非水平同相轴，因此第 2 个至第 80 个奇异值的大小有一定的差别。同时我们可以观察到在第 20 个至第 65 个奇异值中，出现了几个波动较大的值，这是由于在这些位置，水平同相轴与非水平同相轴发生交叉，横向相关性较其他无水平同相轴的要大。另外，在用最大奇异值重构的矩阵中，除两组水平同相轴外，其他部位还有一些小的波动，其强度比图 3.2.13 中的小波动要大。当矩阵中非水平的同相轴较多时，用主分量重构的矩阵处理噪声较大，但它与水平同相轴处的值相比仍较小，对奇异值的分布特征影响不大。

由以上分析可知，当地震记录中多次波的同相轴被校平时，它就与奇异值分解后的最大奇异值相对应；其他信号如有效反射波、随机噪声等，由于横向相关性较小，对应于其他的奇异值。这就给利用奇异值分解滤波重构法衰减多次波提供了可能。

3.2.4　$f\text{-}k$ 视速度滤波方法

$f\text{-}k$ 视速度滤波方法是一种常用的压制相干干扰的手段。其基本的发展历程为：1963年，Embree、Fail 和 Grau 首先把 $f\text{-}k$ 滤波引进了地震勘探领域；在 1967 年，Ford 讨论了在二维滤波特别是在 $f\text{-}k$ 滤波时使用格林定理的可能性；1969 年，Nakhamkin 讨论了 $f\text{-}k$ 滤波使用的扇形滤波器；1987 年，Stone 描述了一种 $f\text{-}k$ 域二维空变滤波器；1989 年，Yilmaz 详细讨论了如何在 CMP 道集上利用 $f\text{-}k$ 滤波方法进行多次波衰减。

Yilmaz 在专著中对二维傅立叶变换乃至 $f\text{-}k$ 滤波进行了系统的实验分析：在时间剖面上零倾角的同相轴，在空间波数平面上相当于零波数，而正弦波的峰值振幅相当于脉冲数值；得出对于给定频率的同相轴，倾角越大，振幅越大，也越容易出现空间假频；因为空间假频的存在，处理后会在高频端看到与实际位置不同的陡同相轴。为避免空间假频，在实际勘探中，每炮数据通常用需要的处理资料两倍以上的道数记录，而在资料处理时隔道抽稀，然后再应用空间高截去假频滤波器，这样可以有效避免空间假频。

3.2.4.1 $f-k$ 视速度滤波方法的原理

1）二维傅立叶变换分析

多道处理可以定义为必须同时处理几个地震道，多道处理可根据能够逐道识别的准则，如倾角或动校时差，来识别和压制噪声以及加强信号。二维傅立叶变换是分析和完成多道处理的基础。

由一维傅立叶的讨论，我们知道了频率，特别是时间频率，或单位时间内的周期数，它就是时间变量的傅立叶变换。可是一个地震波场不仅是时间的函数，也是空间变量（偏移距或中心点坐标）的函数。空间变量的傅立叶变换定义为空间频率，即单位距离内的周期数或波数。正如一个给定的正弦波的时间频率是由计数单位时间如 1s 内的波峰数来确定一样，一个倾斜同相轴的波数也是由计数沿水平向单位距离，如 1km 内的波峰数来确定的。正如时间 Nyquist 频率 $K_{Nyq} = 1/2\Delta x$，Nyquist 波数 K_{Nyq} 定义为

$$K_{Nyq} = \frac{1}{2\Delta x} \tag{3.2.46}$$

式中，Δx 为空间采样间隔。

简单地说，二维傅立叶变换的计算过程包含两个一维傅立叶变换，即

输入数据

$p(x, t)$

↓

在时间方向作一维傅立叶变换

$p(x, \omega) = \int p(x, t) \exp(iK_x, x) dt$

↓

在空间方向作一维傅立叶变换

$P(K_x, \omega) = \int p(\omega, x) \exp(iK_x, x) dx$

波场 $p(x, t)$ 的傅立叶变换为

$$P(K_x, \omega) = \iint p(x, t) \exp(iK_x x - i\omega t) dx dt \tag{3.2.47}$$

由方程（3.2.47）所给出的积分可按两步进行，首先对 t 进行傅立叶变换

$$P(x, \omega) = \int p(x, t) \exp(-i\omega t) dt \tag{3.2.48a}$$

然后对 x 进行傅立叶变换，就得到二维变换

$$P(K_x, \ \omega) = \int P(x, \ \omega) \exp(iK_x, \ x) \mathrm{d}x \qquad (3.2.48\mathrm{b})$$

类似地，可以用二维反傅立叶变换从 $P(K_x, \ \omega)$ 重建 $p(x, \ t)$，即

$$p(x, \ t) = \iint P(K_x, \ \omega) \exp(-iK_x, \ x + i\omega t) \mathrm{d}K_x \mathrm{d}\omega \qquad (3.2.49)$$

2）空间假频

在进行 f-k 滤波时，当信号同相轴倾角过大或信号频率过大时都可能发生空间假频现象；根据 Yilmaz 的观点，当地震信号频率 f 一定，倾角超过一定值时，f-k 谱图像会被划入错误的象限；对于给定倾角，当剖面以相同的倾角不同的频率叠加，所有频率成分绘到 f-k 域会成为一个通过原点的直线，零分量在频率轴上，倾角越大，产生假频的概率越大。

将沿测线 X 上检波点间隔 Δx 看作为沿空间 X 方向的空间采样间隔，为了不产生空间假频，必须使沿 X 方向的每个视波长 λ^* 采集两个以上的样值，通过数学计算有：

$$f_{\max} = \frac{v}{2\Delta x \sin\theta} \qquad (3.2.50)$$

式中，$f_{\max}$ 为地震共炮点记录出现空间假频的门槛频率；θ 为波前面的倾角；Δx 为检波点间隔；v 为地震波传播速度。

由此式可算得地震共炮点记录出现空间假频的门槛频率 $f_{\max}$，在进行多道处理时必须要注意空间假频的问题。

3）扇形滤波器

f-k 二维滤波器的种类很多，主要包括扇形滤波器、切饼式滤波器、带通滤波器和切饼带通滤波器等。其中，最常用的滤波器是扇形滤波器，在压制地震数据中的干扰波时，通常将其同相轴校正为水平，它对应于 f-k 域中垂直方向的能量，然后应用扇形滤波器将干扰波能量去除。

扇形滤波器的频—波响应是：

$$H(f, \ k_0) = \begin{cases} 1, & \text{当} \left| \dfrac{f}{k_0} \right| \geqslant v, \ |f| \leqslant f_N \\ 0, & \text{其他} \end{cases} \qquad (3.2.51)$$

f-k 域扇形滤波器的示意图见图 3.2.23。

3.2.4.2　f-k 滤波流程图

综上所述，f-k 滤波流程描述见图 3.2.24。

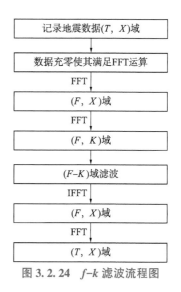

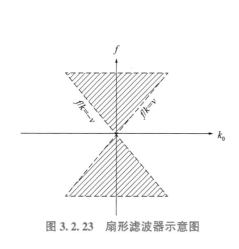

图 3.2.23 扇形滤波器示意图　　　图 3.2.24 *f–k* 滤波流程图

基于叠加速度差异的多次波压制方法通常在 CMP 道集上进行。1982 年，Ryu 提出了基于 *f-k* 视速度滤波法的压制手段，首先在叠加速度谱上拾取多次波能量范围与一次波能量范围间的叠加速度值，然后基于该速度对输入的 CMP 记录进行动校正，多次波同相轴将校正不足，并呈向下弯曲的形态，再应用 *f-k* 视速度滤波法消除相应斜率范围内的多次波信号。1985 年，Thorson 和 Claerbout 提出了速度叠加变换和倾斜叠加变换技术；Hampson 认为以一次波的速度作动校正，多次波同相轴将近似为抛物线，可应用抛物线形式的速度叠加变换手段消除 CMP 记录中的多次波成分。对于该形式的变换而言，能够进行频率域的最小平方约束，不需在时间域求解巨大维数的方程，因此相应处理过程更加稳定；Yilmaz 提出了若对地震记录进行 $t' = t^2$ 的重采样处理，则可将双曲线形式的同相轴转化为抛物线，可应用抛物线形式的速度叠加变换手段消除 CMP 记录中的多次波。事实上，速度叠加变换即为双曲线形式的 Radon 变换，倾斜叠加变换等同于线性的 Radon 变换，而 Hampson 和 Yilmaz 提出的速度叠加变换手段则是基于抛物线形式的 Radon 变换。时至今日，抛物线 Radon 变换多次波衰减方法仍为生产中应用最广泛的多次波压制手段。

抛物线 Radon 变换法衰减多次波的基本过程为：首先根据一次波的叠加速度对 CMP 道集进行动校正处理，将等于(或高于)所选叠加速度的同相轴校正为水平(或向上弯曲的抛物线)，而低于所选叠加速度的多次波同相轴则被校正为近于向下弯曲的抛物线。然后应用抛物线 Radon 变换将动校正后的 CMP 道集变换到 Radon 域，使不同曲率的抛物线同相轴所成的"像"得以分离，切除 Radon 域中多次波同相轴所对应范围的能量，再反变换回时间域即消除了相应的多次波信号。

对于传统的最小平方抛物线 Radon 变换法，因时间和空间上的截断效应，抛物线型同相轴在 Radon 域所成的"像"并非团状，而为"剪刀"形状，其包括水平和倾斜两条长"尾"，水平的一支是由于近偏移距道的截断效应所形成，而倾斜的一支则为远偏移距道的截断效应所导致的结果，两条长"尾"分布于整个数据空间。只有把 Radon 域"剪刀"状能量完全切除，才能滤除时空域中的相应同相轴，这可能损伤有效波，但若仅切除部分"剪刀"状能量，必然导致多次波信号的残余。

1995 年，Sacchi 提出高精度抛物线 Radon 变换通过稀疏约束反演来获得较高的速度分辨率，可使时间和空间的截断效应降低到足够小，在一定程度上克服了最小平方抛物线 Radon 变换的截断效应问题。但该方法稳定性较差，边缘道上常出现振幅突变现象，运算量大，为最小平方抛物线 Radon 变换法的 4~5 倍。

2003 年，为了滤除因截断效应所导致的出现在一次波区域的多次波能量 Wang 提出了一种 Radon 域自适应分离的思路，采用阻尼最小平方算法，先在 Radon 域切除叠加速度等于及高于有效波的能量，返回时空域，则记录中应仅包含多次波同相轴，再应用 Radon 变换获得 Radon 域中多次波的"像"，以此为蒙版，滤除渗入到有效波区域的多次波能量。但因无法获得仅包含多次波能量的蒙版，该方法只在一定程度上解决了 Radon 变换的截断效应问题。在 Radon 域有效波的能量区域进行蒙版滤波，也存在着易损伤有效波信号的问题。

由于需在时间域求解巨大维数的方程，使得双曲线形式的 Radon 变换难以稳定，运算效率极低，尚无法直接应用该形式的 Radon 变换进行多次波的压制。对于文中所述几种形式的抛物线 Radon 变换法，虽在处理效果和计算效率上存在差异，但因基于相同的假设条件，均存在如下问题：

（1）增加了动校正、反动校正等额外的处理步骤，动校正过程存在拉伸效应，影响了多次波的压制效果，会导致处理前后记录的畸变；

（2）经动校正后的多次波同相轴并非严格的抛物线，其在 Radon 域成"像"并不好，从而影响了衰减效果；

（3）无法真正克服 Radon 变换的截断效应，因近偏移距道上的时差较小，常导致强振幅多次波同相轴的严重残余；

（4）无法消除叠加速度接近（或高于）一次波叠加速度的多次波信号。

3.4 基于同相轴追踪的多次波压制方法

3.4.1 基于同相轴追踪的三维多次波衰减

在水平层状介质条件下，三维 CMP 道集中的反射波同相轴符合双曲面规律，甚至在复杂地质环境中，诸如倾斜波阻抗界面、尖灭点等的反射同相轴也可近似看作为双曲面，叠加速度谱的制作过程本质即是应用不同叠加速度的双曲面对 CMP 记录进行扫描叠加。三维 CMP 道集中的一次波和多次波同相轴与其叠加速度之间存在着对应关系，理论上可利用一次波或多次波的叠加速度对 CMP 记录中的一次波或多次波进行追踪。

3.4.1.1 高分辨率多次波叠加速度谱的生成

对输入的 CMP 记录 $d(n, t)$ 作速度叠加变换，将得到横向坐标为叠加速度 v、纵坐标为零偏移距时 τ 的速度域记录，基于三维地震记录的计算公式可表示为

$$u(v, \tau) = \sum_{n=1}^{N} d\left(n, t = \sqrt{\tau^2 + \frac{x_n^2 + y_n^2}{v^2}}\right) \tag{3.4.1}$$

式中，u 为速度域记录；n、N 分别为道号与总道数（$1 \leqslant n \leqslant N$）；$x_n$、$y_n$ 分别为第 n 道记录在 X、Y 方向的偏移距；t 与 τ 分别为旅行时、零偏移距旅行时。

式（3.4.1）给出了离散形式的三维速度叠加变换过程，对记录 $u(v, \tau)$ 取绝对值即可获得三维叠加速度谱 $E(v, \tau)$

$$E(v, \tau) = |u(v, \tau)| \tag{3.4.2}$$

Wang 详细分析了抛物线 Radon 变换的时间与空间截断效应，其结论同样适合于速度叠加变换（等价于双曲 Radon 变换）过程，即叠加速度谱 $E(v, \tau)$ 中的能量形态并非集中于团状，而是包括水平和倾斜两条长"尾"的"剪刀"形状，这既降低了速度谱的分辨率，又会严重影响后续同相轴追踪的精度。与二维情形相比，三维 CMP 记录的地震道空间分布更加不均匀，进一步加重了速度叠加变换的截断效应。为压制叠加能量团的畸变，可对初步计算的叠加速度谱进行同相加权处理。在 Stoffa 提出的二阶同相加权因子的基础上，本节给出了高阶同相加权因子的计算公式

$$s(v, \tau) = \frac{\sum_{L} \left[\sum_{n=1}^{N} d(n, t)\right]^{\lambda}}{L \sum_{L} \sum_{n=1}^{N} |d^{\lambda}(n, t)| + C} \tag{3.4.3}$$

$$t = \sqrt{\tau^2 + (x_n^2 + y_n^2)/v^2}$$

式中，s 为高阶同相加权因子；λ（$\lambda \geqslant 2$）为阶数，λ 值越大则 $s(v, \tau)$ 的分辨率便越高；L 为时窗长度；C 为保证分母不为零的常数，一般可取平均振幅的 $0.001 \sim 0.01$。

利用式（3.4.3）计算的因子 $s(v, \tau)$ 对三维速度谱进行同相加权处理，则可进一步表示为

$$E(v, \tau) = |s(v, \tau)u(v, \tau)| \tag{3.4.4}$$

得到高精度的三维叠加速度谱之后，还需要据此确定多次波的叠加能量范围。一般来说，多次波在低速的海水层（或较浅层介质）中发生多次震荡，其叠加速度通常低于相同时刻的一次波叠加速度。通过叠加速度分析过程可获得一次波叠加速度值 v 随零偏移距时 τ

变化的曲线，可表示为

$$v=f(\tau) \tag{3.4.5}$$

式中，v 为一次波叠加速度值，m/s；τ 为零偏移距时。

为了切除全部的一次波能量，需要给定时变的速度偏移量 $\Delta v(\tau)$，则最终的速度切除线描述为一次波速度值与速度偏移量之和，即

$$c(\tau)=f(\tau)-\Delta v(\tau) \tag{3.4.6}$$

式中，c 为最终的速度切除值；Δv 为速度偏移量，m/s。

通过直接切除一次波叠加速度范围的方式获得只包含多次波同相轴叠加能量的速度谱，即将 $E(v,\tau)$ 中速度值大于 $c(\tau)$ 的范围均设置为 0

$$\begin{cases} E_{\mathrm{m}}(v,\tau)=0 & v(\tau)\geqslant c(\tau) \\ E_{\mathrm{m}}(v,\tau)=E(v,\tau) & v(\tau)<c(\tau) \end{cases} \tag{3.4.7}$$

结合理论模型记录的示例说明多次波速度谱的计算过程。建立长、宽以及最大深度分别为 5000m、5000m 与 2000m 且包含 6 套地层的水平层状介质模型(各层速度和深度值见表 3.4.1)，输入主频为 40Hz 的雷克子波作为震源，基于表 3.4.2 的三维观测系统参数通过射线追踪方法模拟一套含有多次波的地震记录，工区中心位置的 CMP 道集如图 3.4.1(a)所示。

表 3.4.1 三维水平层状模型参数表

层号	速度(m/s)	深度(m)
1	1500	250
2	2000	250
3	2300	220
4	2700	250
5	3100	300
6	3600	300

表 3.4.2 三维海上地震观测系统参数表

参数	数值	参数	数值	参数	数值
震源数	2	震源垂向距离(m)	50	炮间距(m)	25
炮点深度(m)	6.25	电缆数	8	道数	8×165
电缆间距(m)	100	最小偏移距(m)	0	道间距(m)	12.5
电缆深(m)	6.25	采样率(ms)	2	记录长度(ms)	1600

基于图 3.4.1(a)所示的 CMP 记录计算初始叠加速度谱[图 3.4.1(b)]，时间与空间截断效应导致谱中的叠加能量极为分散，其中箭头指向的为 2~5 阶的海底全程多次波。

利用式(3.4.3)对初始速度谱进行同相加权与适度平滑后得到适于等值线追踪的速度谱[图3.4.1(c)]，其上覆实线为拾取的一次波速度曲线，而虚线为偏移量 $\Delta v = 175\text{m/s}$ 的曲线，切除谱中速度高于虚线的部分即可获得仅包含多次波叠加能量的速度谱[图3.4.1(d)]。

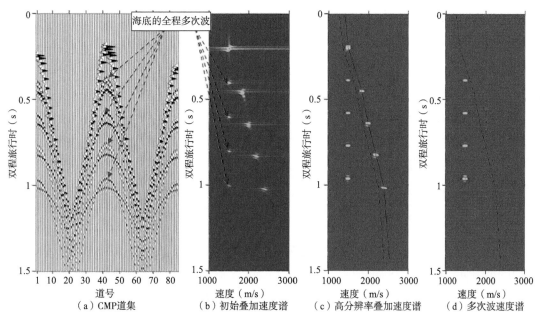

图3.4.1　多次波速度谱的生成

3.4.1.2　多次波同相轴的追踪

由于三维 CMP 道集中的双曲同相轴与叠加速度谱中的能量团一一对应，可利用等值线追踪方法确定谱内的能量团，获得三维 CMP 道集中相应双曲同相轴的旅行时信息。具体实现过程：首先基于多次波叠加速度谱通过等值线追踪方法求出叠加能量团的分布范围，然后寻找到各能量团中的极值能量位置，最后根据该点坐标拟合出时空域中的相应同相轴。

在利用等值线追踪的方法获得叠加速度谱中的各能量团时，由于速度 v 和零偏移距时 τ 的离散采样导致叠加能量的离散，当追踪能量为 $E_0(0<E_0<E_{\max})$ 的等值线时，通常不存在可依次连续追踪的能量值均为 E_0 的样点（或节点）。在追踪等值线时，将根据相邻样点间的能量关系通过线性插值计算出能量为 E_0 的点(图3.4.2)。

在图3.4.2中，样点 A、B、C、D 对应的能量值分别为 E_A、E_B、E_C 和 E_D，假定 E_A、E_B 和 E_D 均大于追踪能量 E_0，而 E_C 小

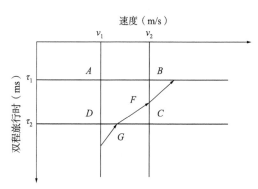

图3.4.2　相邻样点间的线性插值示意图

于 E_0，则要追踪的点 F、G 位于 BC、CD 之间，可通过下述关系式确定

$$\begin{cases} |BF| \cdot (E_0 - E_C) = |FC| \cdot (E_B - E_0) \\ |DG| \cdot (E_0 - E_C) = |GC| \cdot (E_D - E_0) \end{cases} \tag{3.4.8}$$

式中，$|BF|$、$|FC|$、$|DG|$、$|GC|$ 分别为点 B 与点 F、点 F 与点 C、点 D 与点 G、点 G 与点 C 间的距离；E_A、E_B、E_C、E_D 为图 3.4.2 中样点 $ABCD$ 对应的能量值；E_0 为追踪能量。

计算出点 F 和点 G 之后，则可确定相应等值线在矩形网格 $ABCD$ 中的走势，如图 3.3.2 中箭头 GF 所示。

当给定能量值 $E_0(0<E_0<E_{max})$ 后，必可追踪出多条等值线，其为完全封闭曲线或与叠加速度谱边界相接的半封闭曲线。这些封闭等值线（设序号为 i）所包围的就是 CMP 记录相应同相轴所对应能量团的中心部分，极大值 E_{max}^i 必然位于该封闭曲线内，其坐标值 τ_0^i 和 v_0^i 表征了该同相轴的零偏移距时及叠加速度。搜索封闭等值线内部（或半封闭等值线与速度域记录谱边界间区域），寻找到极大值 E_{max}^i，则相应同相轴所经各道的旅行时 t_n^i 可表示

$$t_n^i = \sqrt{(\tau_0^i)^2 + (x_n^2 + y_n^2)/(v_0^i)^2} \tag{3.4.9}$$

式中，i 为同相轴序号（$1 \leqslant i \leqslant I$）；$I$ 为追踪的能量团个数（$I \geqslant 1$）；τ_0^i 为同相轴的零偏移距；v_0^i 为叠加速度，m/s。

3.4.1.3 基于准多次波记录道重排的多次波同相轴压制

给定能量值 $E_0(0<E_0<E_{max})$ 后，可追踪出多个多次波同相轴，将其组成准多次波记录再滤波可显著提高计算效率。对于参数为 (v_0^i, τ_0^i) 的同相轴，沿曲线 t_n^i 截取出来可达到将其校正为水平的目的。现以 t_n^i 为中心、l 为时窗长度截取出原始记录 $d(n, t)$ 中的各道记录，即

$$e_i(n, t) = d\left(n, t + t_n^i - \frac{l}{2}\right) \tag{3.4.10}$$

式中，e_i 为同相轴记录；t 为旅行时（$0 \leqslant t \leqslant l$）。

由于 $e_i(n, t)$ 包含的是以 t_n^i 为中心的记录段，使得各道记录沿起点位置"对齐"，则其中的目标多次波同相轴呈现为水平状态。

为了提高滤波效率，将多次波同相轴记录 $e_i(n, t)$ 沿旅行时方向以一定间隔组合为准多次波记录

$$\begin{cases} m(n, t') = e_i(n, t) \\ t' = t + i(l + \Delta l) \end{cases} \tag{3.4.11}$$

式中，m 为准多次波记录；t' 为旅行时；Δl 为同相轴间距，且 $\Delta l \geqslant 0$；e_i 为同相轴记录。

为了有效剔除所有多次波同相轴，要求各多次波同相轴在原始记录 $d(n, t)$ 中均不相交或重合（部分重合）。

准多次波记录 $m(n, t')$ 包含的多次波同相轴均为水平，而与之相交的一次波同相轴

延续长度较短且处于倾斜状态，则可利用 $f\text{-}k$ 扇形滤波法衰减其中的多次波同相轴，从而得到仅包含一次波的记录 $m'(n, t')$。对于该滤波方法，多次波同相轴在横向上的连续性会严重影响其压制效果，一般来说，多次波同相轴的连续性越好则压制效果越佳。因此，在进行 $f\text{-}k$ 扇形滤波之前，可根据各地震道偏移距 $f_n = \sqrt{x_n^2 + y_n^2}$ 的大小对准多次波记录进行道重排。完成多次波衰减之后，将 $m'(n, t')$ 中的各同相轴重新截取出来，并放回记录 $d(n, t)$ 中各地震道的原时窗位置，则实现了多次波同相轴的追踪压制过程。

利用图 3.4.1(a) 所示的 CMP 记录说明多次波同相轴的追踪与衰减过程。首先通过等值线追踪方法在多次波速度谱中圈定各同相轴的叠加能量团，见图 3.4.3(a) 中的彩色等值线范围，然后追踪出原始记录中彩色曲线①至④标记的多次波同相轴[图 3.4.3(b)]。图 3.4.3(c)(d)(e) 展示了多次波同相轴的压制过程，即首先截取各同相轴合成准多次波记录[图 3.4.3(c)]，记录长度的限制导致椭圆范围内同相轴不连续，然后按照偏移距顺序对该记录进行道重排[图 3.4.3(d)]，再利用 $f\text{-}k$ 扇形滤波消除该记录中处于水平状态的多次波同相轴，滤波结果见图 3.4.3(e)。最后，将图 3.4.3(e) 所示记录中各同相轴截出并放回原始 CMP 记录，得到的结果如图 3.4.3(f) 所示，其中的多次波同相轴均被有效消除。

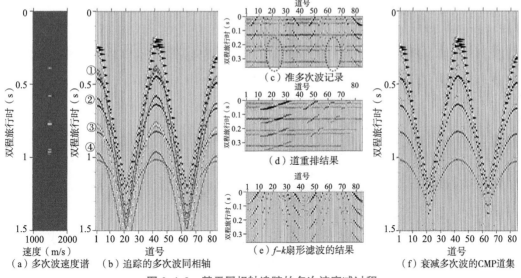

图 3.4.3　基于同相轴追踪的多次波衰减过程

3.4.2　基于同相轴优化追踪的多次波匹配衰减

在基于"反馈环"理论的自由界面多次波预测中，由于野外地震记录中的反射信号具有空变、时变特性，导致预测的多次波与原始记录相比除信号增幅外还具有显著的波形差异，但其同相轴的方向性与原始记录中的基本一致，即具有相同(或相近)的叠加速度。因此，可基于预测记录创建仅含有多次波叠加能量的速度谱，然后利用同相轴追踪技术提取多次波同相轴方向性信息，再应用短时窗的 $f\text{-}k$ 扇形滤波对多次波予以压制。

3.4.2.1 CMP 域多次波同相轴的追踪

谭军等指出 CMP 域中的双曲同相轴与叠加速度谱中的能量团——一对应,可利用等值线追踪方法确定谱内的能量团,进而获得 CMP 记录中相应双曲同相轴的旅行时信息(此过程称为同相轴追踪)。可基于预测记录创建仅含有多次波叠加能量的速度谱,然后利用同相轴追踪技术提取多次波同相轴的旅行时信息,再应用短时窗的 f-k 扇形滤波对多次波予以压制。

利用自由界面多次波预测方法(SRMP)得到多次波记录之后,可据此创建高分辨率的速度谱,即对输入的 CMP 域多次波记录 $m(x, t)$ 以一系列常叠加速度进行动校正和叠加处理,将得到横向坐标为叠加速度 v、纵坐标为零偏移距时 τ 的记录,然后对其取绝对值可得多次波叠加速度谱,相应的计算公式为

$$\begin{cases} E_m(v, \tau) = \left| \sum_{n=1}^{N} m(x_n, t) \right| \\ t = \sqrt{\tau^2 + x_n^2/v^2} \end{cases} \tag{3.4.12}$$

式中,E_m 为多次波叠加速度谱;n 为道号($1 \leqslant n \leqslant N$);$m$ 为准多次波记录;τ 为零偏移距时;x_n 为第 n 道的偏移距;v 为一次波叠加速度值,m/s。

由于时间和空间上的截断效应,速度谱 E_m 中的能量形态并非团状,而是包括水平和倾斜两条长"尾"的"剪刀"形状。上述原因导致了叠加能量团形状的畸变,既降低了速度谱的分辨率,又影响后续同相轴追踪的准确性。为了提高叠加速度谱的分辨率,对初步计算的多次波叠加速度谱引入同相加权处理,以压制速度叠加变换过程的截断效应。同相加权因子的计算公式可表示为

$$b(v, \tau) = \frac{\sum\limits_{l=-L/2}^{l=L/2} \left[\sum\limits_{n=1}^{N} m(x_n, t) \right]^{\lambda}}{\sum\limits_{l=-L/2}^{l=L/2} \left[\sum\limits_{n=1}^{N} |m^{\lambda}(x_n, t)| \right] + C} \tag{3.4.13}$$

式中,b 为同相加权因子;λ 为阶数($\lambda \geqslant 2$),λ 值越大则 $b(v, \tau)$ 的分辨率便越高;时窗的样点数为 $L+1$;C 为保证分母不为零的常数,一般可取平均振幅的 $0.001 \sim 0.01$。

将同相加权过程引入到多次波速度谱的计算过程中,则式(3.4.12)可进一步表示为

$$E_m(v, \tau) = \left| b(v, \tau) \sum_{n=1}^{N} m(x_n, t) \right| \tag{3.4.14}$$

式中,b 为同相加权因子。

对 $E_m(v, \tau)$ 进行适度平滑后,$m(x, t)$ 中叠加速度值 v_0、零偏移距时 τ_0 的双曲线同相轴,将在谱 $E_m(v, \tau)$ 中形成以 (v_0, τ_0) 为中心极值的团状结构能量。应用等值线追踪方法求出该能量团的分布范围,并搜索出其极值点位置,根据该点的坐标 (v_0, τ_0) 拟合出时空域中的相应同相轴,所经各道的旅行时 t_n 为

$$t_n = \sqrt{\tau_0^2 + x_n^2/v_0^2} \tag{3.4.15}$$

多次波记录 $m(x, t)$ 与原始记录 $d(x, t)$ 中的多次波同相轴的几何规律相差不大，追踪到前者中的多次波同相轴后，即可确定出原始记录 $d(x, t)$ 中相应的多次波同相轴。

现基于理论记录示例说明多次波同相轴的追踪过程。首先建立包含 4 套地层的水平层状介质模型，其速度与厚度分别为（1500m/s，230m）、（1700m/s，300m）、（1950m/s，332.5m）及（2200m/s，400m），然后以主频为 35Hz 的雷克子波作为震源，采用有限差分模拟方法生成一套含有多次波的地震记录。该地震记录共 500 炮，每炮含有 160 道，炮间距与道间距均为 10m，最小偏移距为 0。该炮集记录对应的第 500 个 CMP 记录如图 3.4.4(a) 所示。

基于自由界面多次波预测方法获得多次波记录，其对应的第 500 个 CMP 记录如图 3.4.4(b) 所示。根据该记录创建初始多次波速度谱 [图 3.4.4(c)]，通过式 (3.4.14) 对其同相加权与适度平滑处理得到适于等值线追踪的速度谱 [图 3.4.4(d)]。在此基础上，利用等值线追踪方法获得多次波同相轴叠加能量团的范围，见图 3.4.4(c) 中的封闭等值线，据此确定出原始记录中的多次波同相轴，见图 3.4.4(e) 中的彩色曲线 ①到曲线③。

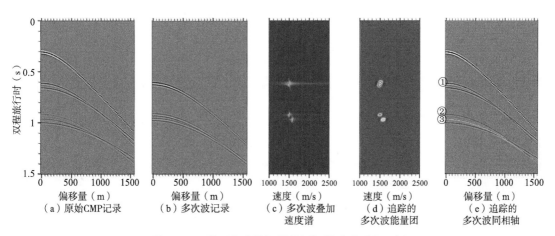

图 3.4.4　基于多次波记录的同相轴追踪过程示例

3.4.2.2　多次波同相轴旅行时误差的校正

在实际资料处理中，由于克希霍夫积分孔径的有限性、二维侧面反射效应以及野外观测误差等原因，预测的多次波可能在同相轴方向性上具有一定差异。一般来说，多次波同相轴方向性的误差主要体现为其参量 v_0 与 τ_0 的差异，可基于对原始记录中相应同相轴的追踪分析对其予以校正，即在多次波同相轴初次追踪后引入了针对原始叠加速度谱的优化分析过程。

为了排除原始记录叠加速度谱中一次波能量对优化分析过程的干扰，需要获得原始记录的多次波速度谱。首先基于式 (3.4.14) 与式 (3.4.15) 创建原始记录 $d(x, t)$ 的叠加速度谱 $E_d(v, \tau)$，然后基于叠加速度谱 $E_m(v, \tau)$ 通过蒙版滤波方法消除 $E_d(v, \tau)$ 的多次波。所谓蒙版滤波就是将两速度谱重叠，其中之一可看作是一个类似于印刷分色的蒙版，以屏蔽另一个谱中相应位置的信号。求取蒙版滤波因子的计算公式为

$$f(v, \tau) = \cfrac{1}{\sqrt{1 + \left[\cfrac{B(v, \tau)}{\varepsilon A(v, \tau)}\right]^{\eta}}} \qquad (3.4.16)$$

式中，f 为蒙版滤波因子；$B(v, \tau)$、$A(v, \tau)$ 分别为 $E_m(v, \tau)$、$E_d(v, \tau)$ 在 (v, τ) 点附近时窗内的统计能量；ε 为均衡 $E_m(v, \tau)$ 和 $E_d(v, \tau)$ 之间能量所取的系数；η 是控制蒙版滤波因子的平滑系数。

$A(v, \tau)$ 与 $B(v, \tau)$ 可表示为 $E_d(v, \tau)$ 与 $E_m(v, \tau)$ 在一定速度、时间范围内的和，即：

$$\begin{cases} A(v, \tau) = \sum\limits_{i=v-\Delta v}^{v+\Delta v} \sum\limits_{j=\tau-\Delta t}^{\tau+\Delta t} E_d(i, j) \\[2mm] B(v, \tau) = \sum\limits_{i=v-\Delta v}^{v+\Delta v} \sum\limits_{j=\tau-\Delta t}^{\tau+\Delta t} E_m(i, j) \end{cases} \qquad (3.4.17)$$

式中，A 为 E_d 在点附近时窗内的统计能量；Δv 与 Δt 分别为沿速度方向、时间方向的最大扫描范围。

得到蒙版滤波因子 $f(v, \tau)$ 之后，可通过减去蒙版滤波结果的方式获得原始记录的多次波速度谱 $E_{dm}(v, \tau)$，即

$$E_{dm}(v, \tau) = [1 - f(v, \tau)] E_d(v, \tau) \qquad (3.4.18)$$

式中，E_{dm} 为通过减去蒙版滤波结果的方式获得原始记录的多次波速度谱。

对于已追踪出的多次波同相轴，以原追踪的极值位置为中心、根据一定的速度与时间范围在速度谱 $E_{dm}(v, \tau)$ 内进行再次扫描，则可获得该同相轴的准确参数 τ_0 及 v_0，然后据此对该同相轴进行衰减。当预测的多次波同相轴存在一定误差时，基于优化分析的衰减处理能够显著改善多次波的消除效果。

对图 3.4.5(a) 所示多次波记录中的同相轴进行时移与旋转，得到具有显著旅行时误差的多次波记录[图 3.4.5(b)]。基于误差多次波记录与原始记录分别创建多次波速度谱与原始速度谱[图 3.4.5(c)]，针对后者通过式(3.4.17)到式(3.4.19)的蒙版滤波得到只含有多次波叠加能量的原始速度谱[图 3.4.5(d)]。在此基础上，利用等值线追踪方法初步获得多次波同相轴叠加能量团的范围，见图 3.4.5(c) 与图 3.4.5(d) 中的封闭等值线，然后在原始速度谱中进行再次优化追踪处理得到原始记录中相应同相轴叠加能量的极值位置[图 3.4.5(d)]，从而确定出准确的多次波同相轴，见图 3.4.5(e) 中的彩色曲线①到曲线③。

3.4.2.3　自由界面多次波的迭代衰减

利用同相轴优化追踪过程可确定出多个多次波同相轴，将其准确参数 τ_0 及 v_0 代入计算所经地震道的旅行时 t_m，可通过 f-k 扇形滤波法进行消除。针对每个多次波同相轴的滤波过程为：(1)在各地震道中以 t_m 为中心截取给定的一个短时窗长度的记录段，使各记录段沿起点位置对齐，从而将目标同相轴校正为水平；(2)以截取的多道记录段作为输入，通过 f-k 扇形滤波法滤

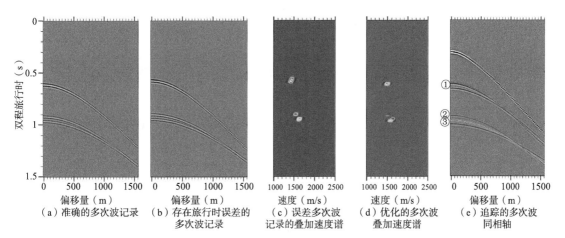

图 3.4.5 误差多次波同相轴的优化追踪过程示例

出已被校正为水平的同相轴；(3)将滤波后的记录反重排，并放回各地震道的原时窗位置。

对于野外地震记录而言，多次波同相轴的速度叠加能量通常具有明显差异，仅通过一次的追踪压制过程难以消除原始记录 $d(x, t)$ 中的所有多次波同相轴，可采用迭代的多次波同相轴追踪与衰减过程，其基本步骤如下：

(1) 为了保证同相轴追踪过程的稳定性，需要确定同相轴密度 N_m 与谱能量阈值 E_0 参量。其中 N_m 为单位长度时窗内多次波同相轴数目的平均值，E_0 用以界定所追踪同相轴的叠加能量范围。可通过对地震记录与叠加速度谱的观察分析给定 N_m 与 E_0 的值；

(2) 进行多次迭代的同相轴优化追踪与衰减处理，对于第 n 次迭代($n \geq 1$)，基于多次波剩余记录 $m^{n-1}(x, t)$ 创建叠加速度谱 $E_m^n(v, \tau)$，若谱中振幅极值 E_{max} 不小于 E_0 表示记录中仍存在较强的多次波同相轴，进行追踪衰减

$$\begin{cases} d^n(x, t) = d^{n-1}(x, t) \sim d_m^n(x, t) \\ m^n(x, t) = m^{n-1}(x, t) \sim m_k^n(x, t) \end{cases} \tag{3.4.19}$$

式中，符号"~"为针对各同相轴的短时窗 f-k 扇形滤波过程；$d^n(x, t)$ 与 $m^n(x, t)$ 为第 n 次迭代后去除追踪同相轴后的记录；$d^0(x, t)$ 与 $m^0(x, t)$ 为第 n 次迭代去掉的多次波同相轴，第一次迭代($n=1$)时 $d^0(x, t)$ 与 $m^0(x, t)$ 分别为原始记录 $d(x, t)$ 与多次波记录 $m(x, t)$；

(3) 重复步骤(2)，直至剩余速度谱中的极值 E_{max} 小于阈值 E_0 为止。详细的处理步骤见图 3.4.6 所示的流程图。

图 3.4.7 的示例展示了多次波同相轴的衰减过程。图 3.4.7(a) 中的彩色曲线①到曲线③表示原始记录中追踪的多次波同相轴，图 3.4.7(b) 说明多次波同相轴的压制过程，即首先截取同相轴曲线①，对其实施短时窗 f-k 视速度滤波处理后放回原记录，再先后截取多次波同相轴曲线②、曲线③进行相同的处理步骤。最终结果如图 3.4.7(c) 所示，其中多次波同相轴已被完全消除，而一次波信号并未受到损伤。

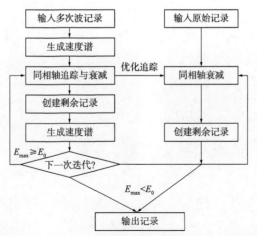

图 3.4.6　多次迭代的多次波同相轴追踪与衰减流程图

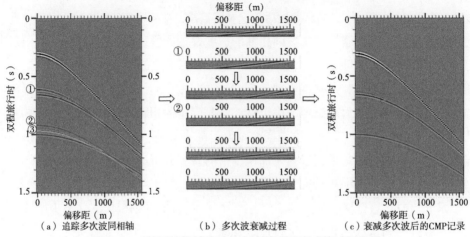

（a）追踪多次波同相轴　　　　　（b）多次波衰减过程　　　　　（c）衰减多次波后的CMP记录

图 3.4.7　基于同相轴追踪的多次波匹配衰减的过程示例

3.5 基于时差和视速度差异多次波压制方法的局限性

视速度滤波类算法不需要多次波的预测环节，可直接高效地实现多次波的剔除，但该方法在以下方面存在不足：

（1）增加了动校正、反动校正等额外的处理步骤，且动校正过程存在拉伸效应，不仅影响了多次波的压制效果，还会导致处理前后记录的畸变；

（2）经动校正后的多次波同相轴并非严格的抛物线，其在 Radon 域成"像"并不好，影响衰减效果；

（3）无法真正克服 Radon 变换的截断效应，因近偏移距道上的时差较小，常导致强振幅多次波同相轴的严重残余；

（4）无法消除叠加速度接近(或高于)一次波叠加速度的多次波信号。

基于波场延拓的
多次波预测

基于波场延拓理论的多次波预测方法，是压制海上地震资料中的海底多次波的常规方法。该方法在建立了水层模型(或海底模型)的基础上，利用波场延拓方法，使海面上接收的地震波场在水层中传播相应的双程旅行时，原来的一次波变为二阶的海底多次波，特定阶次的多次波将成为下一阶的海底多次波。本章主要研究基于波场延拓理论的多次波预测方法。

4.1 波场延拓的基本原理

波场延拓法是基于波动理论来实现的，是波动方程成像理论的重要应用，因此求解波动方程是波场延拓理论的关键。

4.1.1 克希霍夫积分

惠更斯最早提出了波场延拓的概念，认为地震波在某一刻的波前可以利用某一时刻波前面上二次震源所产生的波前包络求得。该原理理论上非常直观，但对于新的波前上的振幅问题以及波场的传播规律，却无法给出明确的结论。为此，克希霍夫定量地讨论了从现

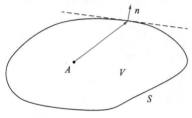

图 4.1.1　克希霍夫—亥姆霍兹
积分几何示意图

有波场计算一个新波场的详细过程(图 4.1.1)。

由于地震数据是在地表或者地下某个固定深度采集的，沿着波前方向测量波场对于地震勘探而言没有什么实际意义。克希霍夫定量地给出了从现有波场预测一个新波场的计算过程。如图 4.1.1 所示，设有一闭曲面 S，曲面 S 围成空间 V，在空间 V 内有一点 A，目的是利用闭曲面 S 上测量的波场重构 A 点的压力波场。由此导出了克希霍夫—亥姆霍兹积分公式，即

$$P_A = -\frac{1}{4\pi} \oiint_S \left[P \frac{\partial G}{\partial \boldsymbol{n}} - G \frac{\partial P}{\partial \boldsymbol{n}} \right] \mathrm{d}S \qquad (4.1.1)$$

式中，P_A 是 A 点在频率域的压力场值；$\boldsymbol{n}$ 是曲面 S 的外法向单位矢量；P 为压力波场；G 为格林函数；$\dfrac{\partial P}{\partial \boldsymbol{n}}$ 是法向导数。

由式(4.1.1)可知，除了 S 上测量的压力场值 P 以外，法向导数 $\partial P/\partial \boldsymbol{n}$ 也是求取 P_A 的关键。分析该公式的意义可知，法向导数 $\partial P/\partial \boldsymbol{n}$ 就是质点在曲面 S 上的振动速度与一个比例系数的乘积；G 称为格林函数，它描述了位于 A 处的点源在曲面 S 上的响应。从上面的分析可以看出，要想计算 A 点的压力，需要知道曲面上的压力波场 P 和曲面上质点振动速度。要想计算由点源 A 在曲面 S 处产生的波场，还需要了解 V 中介质的相关属性(如波场在介质中的传播速度等)。

4.1.2 瑞雷积分

通过对式(4.1.1)的分析可知，实际地震勘探过程是无法完全满足该式所要求的条件，不仅无法同时提供上式中的两种波场，而且实际地震观测也是在一定深度上进行的。克希霍夫—亥姆霍兹方程对于实际的波场延拓而言并不适用。

下面讨论观测面如图4.1.2所示的情况，并且假设此观测面的深度为常数z_0，则可以将方程(4.1.1)改写为

$$P_A = \frac{1}{4\pi}\int_S P\frac{\partial G}{\partial z}\mathrm{d}S \qquad (4.1.2)$$

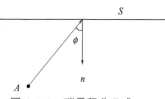

图4.1.2　瑞雷积分Ⅱ式几何示意图

分析式(4.1.2)可知，当S变成一个平面时，只需通过S上测量的压力场值P就可以得到P_A；当平面的法向方向向下时，就可以将方程(4.1.1)中的负号去除。此时假设S平面之下的介质可以是速度为常数c的均匀介质，则可以得到格林函数G，其在频率域的表达式为

$$G = \frac{\mathrm{e}^{-2\pi jkr}}{r} \qquad (4.1.3)$$

式中，$k=f/c$代表波数；r为平面S上的一点到A点的距离；j为虚数单位。

将式(4.1.3)代入式(4.1.2)，可以导出著名的瑞雷积分Ⅱ式，即

$$P_A = \frac{1}{2\pi}\int_S P\frac{1+2\pi jkr}{r^2}\cos\phi\,\mathrm{e}^{-2\pi jkr}\mathrm{d}S \qquad (4.1.4)$$

式中，角度ϕ的含义如图4.1.2所示。

利用傅立叶反变换将式(4.1.4)转换到时间域，可得

$$P_A = \frac{1}{2\pi}\int_S\left\{\frac{\cos\phi}{cr}\left[\frac{\partial P}{\partial t}\right]+\frac{\cos\phi}{r^2}[P]\right\}\mathrm{d}S \qquad (4.1.5)$$

式中，ϕ为A点与曲面的外法向单位矢量的夹角式。

在二维的情况下，需要对式(4.1.5)进行适当的修改。可近似表达为

$$P(x_A, z_A, f) = \sqrt{jk}\int_x P(x, z_S, f)\cos\phi\,\frac{\mathrm{e}^{-2\pi jkr}}{\sqrt{r}}\mathrm{d}x \qquad (4.1.6)$$

式中，A点的坐标为(x_A, x_Z)，沿深度z_S和x轴方向观测波场，比例因子$\sqrt{j}$表示45°相移。

由以上分析可知，要得到A点波场P_A，需要在已知平面S上的压力波场P的情况下，通过对平面S上每一点乘上与波场位置相关的振幅因子和时移因子，并将此过程所得结果相加才可以得到A点波场P_A，这就是瑞雷积分Ⅱ式的物理意义。

将二维情况下的瑞利积分Ⅱ式简写为如下形式

$$P(x_A, z_A, f) = \int_x P(x, z_S, f) W(x_A, x, z_A, z_S, f) \mathrm{d}x \qquad (4.1.7)$$

以这种方式表达的波场延拓公式中，输出点(x_A, x_z)沿给定的曲线$x_Z(x_A)$变换。可以看出，尽管曲线$x_Z(x_A)$的形态是任意的，但是上式中的积分却是沿水平方向进行的。通过将波场延拓改写成式(4.1.7)的形式，可以更加直观地发现，波场延拓过程就是含有一个非稳态的褶积算子W的空间褶积过程。

4.1.3 波场延拓

下面将根据一个简单理论模型实验，进一步讨论波场正向延拓的数值实现过程。如图4.1.3所示为一个速度为1500m/s均匀介质的理论模型，图中蓝色箭头解释了各个波场的意义，炮点位于$x = 500$m处，检波器位于深度为500m的平面上，接收到的波场如图4.1.3(a)所示。将讨论图中A点($x = 250$m，$z = 700$m)的波场。根据式(4.1.3)求取A点对应$x = 500$m观测面上各点的格林函数G，如图4.1.3(b)所示，代表A处点源在观测面$z = 500$m上的响应。根据式(4.1.6)进一步计算在深度$z = 500$m上波场的垂直导数，在横向的每个位置上将两个波场根据时间进行褶积，所得结果如图4.1.3(c)所示，它代表瑞雷积分Ⅱ式的被积函数，将所有结果相加从而得到A点波场P_A，图4.1.3(d)显示了所有褶积地震相加后的最终结果。需要注意的是，只有稳态点附近的能量才对求和结果有影响，图4.1.3(c)中黑色箭头表示稳态点处的射线路径，它与褶积结果中局部倾角为0处相对应，见图4.1.3(c)中红色点箭头所指向的位置。

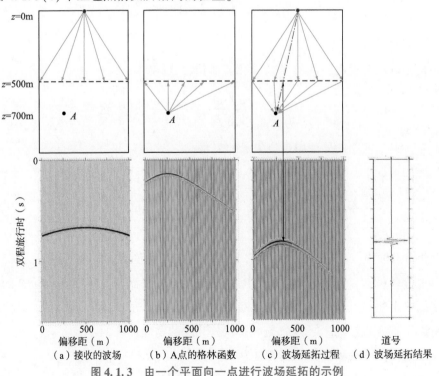

图4.1.3 由一个平面向一点进行波场延拓的示例

分析上述过程可知，点 A 可以位于深度 500m 之下的任何位置，可以选择一系列的输出点，并由这些点构成一个新的平面，从而达到将波场由一个平面延拓至另一个平面的目的。

图 4.1.4，显示了 $z=500$m 上的波场延拓至倾斜界面的整个过程。图 4.1.4(a)显示了与图 4.1.3(a)相同的波场。按照上述延拓得到 A 点波场的过程，对倾斜界面上所有点进行相同处理，得到图 4.1.4(b)中所示结果，即由 500m 深度波场延拓所得的倾斜界面上的波场，其中每一道都是由图 4.1.4(a)中所有道的加权和；图 4.1.4(c)为正演模拟得到的倾斜界面上的波场，与图 4.1.4(b)相对比，二者几乎一致，只是在图 4.1.4(b)两端波场边界处出现了一些假象，见红色箭头所指位置。

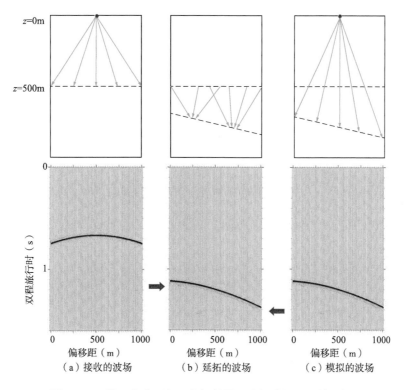

图 4.1.4　从一个水层向一个倾斜界面进行波场延拓的示例

4.1.4　通过波场延拓实现自由界面多次波预测

当我们利用数据驱动的自由界面多次波预测方程进行多次波预测时，地震数据中子反射所起的作用与瑞雷积分Ⅱ式中的格林函数一致。在计算出全部格林函数的情况下，便可实现自由界面多次波的预测。

对于二维情况，式(4.1.7)中的非平稳空间褶积因子 $W(x_A, x, z_A, z_S, f)$ 简化为由激发点至检波点的 $X_0(x_r, x_k, f)$，将该式改写为自由界面多次波预测方程

$$M_0(x_r, \ x_s, \ f) = - \int_{x_k} X_0(x_r, \ x_k, \ f) P(x_k, \ x_s, \ f) \mathrm{d}x_k \qquad (4.1.8)$$

式中，M_0 是预测的一阶自由界面多次波波场；x_s 和 x_r 分别代表炮点与检波点的位置；x_k 代表进行求和的横坐标；负号代表地表(或海面)向下的反射系数。

图 4.1.5 展示式(4.1.8)所描述的多次波预测过程，需要注意的是，在图中只考虑了 X_0 中的一个同相轴和 P 中一个同相轴的射线路径，沿着地表坐标 x_k 的求和就意味着考虑了所有可能的射线路径组合，而且积分后能够获得正确的多次波预测结果。

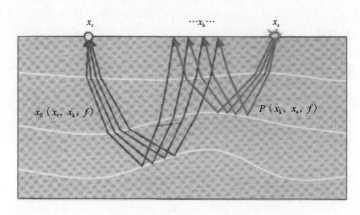

图 4.1.5　共炮点道集数据 P 与一次反射共接收点道集
X_0 的空间褶积实现自由界面多次波的预测

根据自由界面多次波预测的实现过程，可将式(4.1.8)拓展为三维自由界面多次波预测方程，即

$$M_0(x_s, \ y_s, \ x_r, \ y_r, \ f) = \sum_{y_k} \sum_{x_k} X_0(x_r, \ y_r, \ x_k, \ y_k, \ f) P(x_k, \ y_k, \ x_s, \ y_s, \ f)$$

$$(4.1.9)$$

式中，x_s 与 y_s 表示炮点的空间坐标；x_r 与 y_r 表示接收点的空间坐标；f 表示频率；M_0 是预测的一阶自由界面多次波波场；P 表示原始地震记录的波场；X_0 表示构建的一次波地震波场，作为参与多次波预测的预测因子；x_k 与 y_k 表示参与求和运算的波场 P 中接收点、X_0 中炮点的空间坐标。

式(4.1.8)与式(4.1.9)分别给出了利用瑞雷积分Ⅱ式导出的自由界面多次波预测方程，与 1997 年 Berkhout 与 Verschuur 提出的迭代形式的自由界面多次波预测公式相比，更具有普适性。一方面，若从原始数据中抽取相应炮—检对记录构成共接收点道集 X_0，则式(4.1.8)与式(4.1.9)描述了经典自由界面多次波预测方法；另一方面，只要我们能够利用某种方法构建具有较高精度的共接收点道集 X_0，即可实现自由界面多次波的预测，从而拓展多次波预测方法。

4.2 基于模型的海底多次波预测

基于模型的海底多次波预测是指利用海底地质模型和地震波传播理论，预测海底多次波的方法。

4.2.1 基于射线追踪正演模拟的海底多次波预测

射线追踪技术作为成熟且应用广泛的正演模拟方法，在海底较为平坦的情况下，可高效地模拟界面相关的一次反射波波场。将模拟地震波场构成的共接收点道集 X_0 代入式(4.1.9)中，即可实现三维海底多次波的预测。

4.2.1.1 射线路径的求取

为获得一次反射波的传播路径，需要借助基于层状介质模型的射线追踪处理，关键问题是射线路径求取与旅行时计算，据此合成来自目标反射界面的一次波波场。

（1）射线与反射界面交点的求取。

可通过多种方法确定射线与界面的交点：①令射线沿给定方向传播定步长，在每次传播中判断是否到达界面；②利用两条直线方程描述射线和界面线元，通过方程联立判断是否相交并求取交点；③采用向量计算的手段计算交点，即将射线和界面线元视作两个向量，根据向量间的关系求取两者的公共点（即交点）。现以第三种方法为例说明射线与反射界面交点的计算过程。

在图 4.2.1 中，E 为向量 CD 与向量 AB 的交点，由于向量 $AE//EB$，因此有 $(AC+kCD)//(BC+kCD)$，其中 k 为常数，可根据该平行关系得到以下公式

$$\begin{cases} (AC+kCD)\times(BC+kCD) = 0 \\ CE = kCD \end{cases} \quad (4.2.1)$$

式中，符号"×"表示向量叉乘运算。若已知 A、B、C 和 D 点的坐标，可通过式(4.2.1)确定 E 点的坐标。

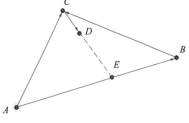

图 4.2.1　射线与反射界面交点的求取

（2）反射射线的求取。

在图 4.2.2 中，向量 CD 表示入射射线，向量 AB 为反射界面线元，向量 DE 代表反射射线，其中 $|CD| = |DE|$。从图中可看出入射射线与界面的夹角、反射射线与界面夹角互为相反数，因此两者的点积相等，而两者的叉积互为相反数，从而可得到下式

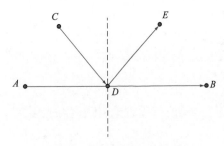

图 4.2.2　反射射线的求取

$$\begin{cases} \boldsymbol{CD} \cdot \boldsymbol{AB} = \boldsymbol{DE} \cdot \boldsymbol{AB} \\ \boldsymbol{CD} \times \boldsymbol{AB} = -\boldsymbol{DE} \times \boldsymbol{AB} \end{cases} \quad (4.2.2)$$

式中，"·"表示向量的点积运算，"×"表示向量叉乘运算。因此，若已知向量 $\boldsymbol{AB}$ 和 $\boldsymbol{CD}$，即可根据式(4.2.2)确定唯一的 $\boldsymbol{DE}$。

（3）透射射线的求取。

斯奈尔定律描述了射线在不同介质中的传播方向（角度），即射线入射角和与透射角的关系，可表示为

$$P = \frac{\sin\alpha}{v_1} = \frac{\sin\beta}{v_2} \quad (4.2.3)$$

式中，P 表示射线参数；α 为入射角；β 为透射角；v_1 与 v_2 分别代表入射射线和透射射线所在介质的 P 波速度。

在图 4.2.3 所示的地震波射线透射示意图中，向量 $\boldsymbol{CD}$、$\boldsymbol{DE}$ 分别表示入射射线、透射射线，α、β 分别为入射角和透射角，由向量间的点乘运算可知

$$\begin{cases} \boldsymbol{CD} \cdot \boldsymbol{AB} = |\boldsymbol{CD}||\boldsymbol{AB}|\cos\left(\frac{\pi}{2}-\alpha\right) = |\boldsymbol{CD}||\boldsymbol{AB}|\sin\alpha \\ \boldsymbol{DE} \cdot \boldsymbol{AB} = |\boldsymbol{DE}||\boldsymbol{AB}|\cos\left(\frac{\pi}{2}-\beta\right) = |\boldsymbol{DE}||\boldsymbol{AB}|\sin\beta \end{cases}$$

$$(4.2.4)$$

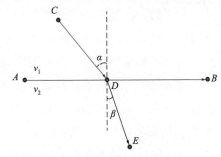

图 4.2.3　透射射线的求取

由于 $|\boldsymbol{CD}||\boldsymbol{AB}| = |\boldsymbol{DE}||\boldsymbol{AB}|$，因此能够得到

$$\frac{\boldsymbol{CD} \cdot \boldsymbol{AB}}{\boldsymbol{DE} \cdot \boldsymbol{AB}} = \frac{\sin\alpha}{\sin\beta} = \frac{v_1}{v_2} \quad (4.2.5)$$

同理，由向量叉积公式可获得另一个方程

$$\frac{\boldsymbol{CD} \times \boldsymbol{AB}}{\boldsymbol{DE} \times \boldsymbol{AB}} = \frac{\cos\alpha}{\cos\beta} \quad (4.2.6)$$

将式(4.2.5)与式(4.2.6)联立，则能够根据入射向量与界面线元向量确定唯一的透射向量。

（4）运动学射线追踪的实现过程。

由于层状介质模型有多个反射界面，而每一炮中存在多个接收点，需将射线追踪分解为多个针对某一反射界面、单接收点的基本步骤，然后针对所有接收点、所有反射界面重复该步骤。针对定检波器追踪单一界面的反射波可分为 3 个步骤：（1）地震射线逐

层向下透射到达目标反射界面；（2）在目标界面上发生反射；（3）再向上透射最终到达检波点。

通过简单模型实验展示具体射线追踪过程与效果。首先建立如图4.2.4所示包含4层介质的倾斜界面层状模型，模型大小为2000m×2500m，各层纵波速度v_p由上至下依次为1500m/s、2000m/s、3000m/s、4000m/s，横波速度v_s和介质密度ρ由以下公式给出

$$\begin{cases} v_s = \dfrac{v_p}{\sqrt{3}} \\ \rho = 0.31 v_p^{0.25} \end{cases} \tag{4.2.7}$$

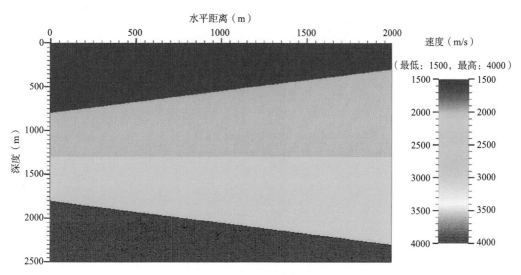

图4.2.4 倾斜界面层状模型示例

为展示地震射线空间分布规律，采取中间放炮、双边接收的观测系统，其中炮点位于模型顶面中心位置。具体参数如表4.2.1所示。

表4.2.1 观测系统参数

炮点位置(m)	1000
道数	281
道间距(m)	6.25
检波点的起始位置(m)	125
检波点的终止位置(m)	1875

图4.2.5显示了模型中第三个反射界面的射线传播过程。根据射线传播路径与模型速度可计算从炮点到达检波点的旅行时，进而获得三个反射界面的旅行时—偏移距曲线，见图4.2.6。

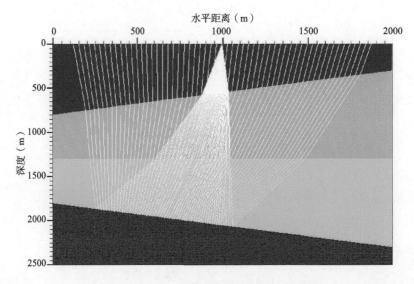

图 4.2.5　第三个反射界面的射线传播过程

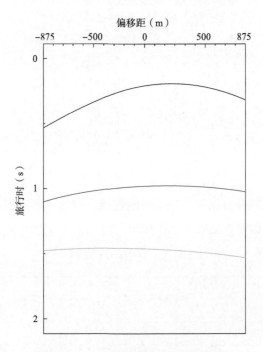

图 4.2.6　三个反射界面的时距曲线

4.2.1.2　几何扩散参数的求取

地震波在传播过程中，波前曲率会不断变化，其能量会随着传播距离的增加而减小，因此需要考虑几何扩散效应对地震波振幅的影响。

通过下述四个公式求得几何扩散参数 L

$$
\begin{cases}
\Delta_\lambda = \dfrac{v_{\lambda+1}}{v_\lambda}\dfrac{\cos^2\theta_\lambda}{\cos^2\theta'_\lambda} \\[2mm]
L_1 = \left(l_1 + \displaystyle\sum_{j=2}^{K} l_j \prod_{i=1}^{j-1}\Delta_i\right)^{1/2} \\[2mm]
L_2 = \left(\dfrac{1}{v_1}\displaystyle\sum_{j=1}^{K} l_j v_j\right)^{1/2} \\[2mm]
L = L_1 L_2
\end{cases}
\tag{4.2.8}
$$

式中，l_i 为第 i 段射线的长度；v_i 为波沿第 i 段射线传播的速度；θ_i 为第 i 段射线在界面上的入射角；θ'_i 为第 i 段射线在界面上的透射角或反射角；i、j 为各段射线的序号。具体变量意义见图 4.2.7。

通过式(4.2.8)的计算可以得到三个反射界面的几何扩散参数，并绘制出几何扩散参数曲线如图 4.2.8 所示。

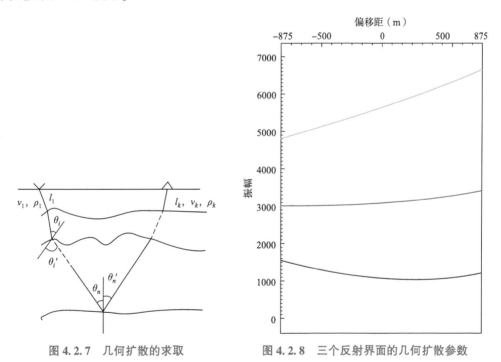

图 4.2.7　几何扩散的求取　　　　图 4.2.8　三个反射界面的几何扩散参数

4.2.1.3　反射、透射系数的计算

当地震波到达速度界面时，会发生反射和透射，一般而言界面之间的波阻抗差越大，反射越强，透射越弱。为了定量地描述地震波到达界面时的反射、透射情况，引入了反射系数与透射系数。

在平面波入射的假设条件下，反射系数与透射系数可通过解 Zoeppritz 方程来求取，在界面两边均为各向同性完全弹性介质情况下，两者满足以下公式

$$\begin{cases} c^R = -1 + 2P_1D^{-1}(\alpha_2\beta_2P_2X^2 + \beta_1\alpha_2\rho_1\rho_2P_4 + q^2p^2P_2P_3P_4) \\ c^T = 2\alpha_1\rho_1P_1D^{-1}(\beta_2P_2X + \beta_1P_4Y) \end{cases} \tag{4.2.9}$$

式中，c^R 为反射系数；c^T 为透射系数。

式中的各参量为

$$\begin{cases} D = \alpha_1\alpha_2\beta_1\beta_2p^2Z^2 + \alpha_2\beta_2P_1P_2X^2 + \alpha_1\beta_1P_3P_4Y^2 + q^2p^2P_1P_2P_3P_4 \\ \qquad + \rho_1\rho_2(\beta_1\alpha_2P_1P_4 + \alpha_1\beta_2P_2P_3), \\ q = 2(\rho_2\beta_2^2 - \rho_1\beta_1^2), \\ X = \rho_2 - qp^2, \quad Y = \rho_1 + qp^2, \quad Z = \rho_2 - \rho_1 - qp^2, \\ p = \sin\theta_i/V_i, \quad P_i = (1 - V_i^2p^2)^{1/2}, \\ V_1 = V_{P1}, \quad V_2 = V_{S1}, \quad V_3 = V_{P2}, \quad V_4 = V_{S2} \quad (i = 1, 2, 3, 4) \end{cases} \tag{4.2.10}$$

式中，α、β 和 ρ 分别表示 P 波速度、S 波速度和密度；下标 1 和下标 2 分别对应着入射线/反射线所在介质的 P 波和 SV 波；下标 3 和下标 4 分别对应着透射线/反射线所在介质的 P 波和 SV 波。

根据上述公式计算反射系数和透射系数，速度与密度参数设置见表 4.2.2。

表 4.2.2　速度与密度参数表

项目	1	2	3	4	5	6	7
V_{P1}/V_{P2}	0.62	0.71	0.79	0.86	0.92	0.96	0.99
ρ_1/ρ_2	0.79	0.83	0.88	0.91	0.94	0.97	0.99

令射线入射角由 0 渐增到 $\pi/2$，角度步长为 0.01，反射系数的模随上层、下层介质速度比、密度比的变化如图 4.2.9 所示。

在射线追踪过程中，当射线到达某反射界面时，根据式(4.2.9)和式(4.2.10)计算相应的反射、透射系数；然后将所经过界面的反射、透射系数进行累乘，最终得到射线历经所有反射界面的综合系数。图 4.2.10 显示的为基于图 4.2.4 模型进行射线追踪的反射、透射系数的绝对值(模)。

在图 4.2.10 中，蓝色曲线为第一个反射界面的反射系数绝对值，由于炮点位于模型顶面中间位置，即中部射线的入射角度小，因此相应的反射系数值较大；随着检波点向模型两侧移动，入射角随之增大，而反射系数则逐渐减小；当入射角大于发生全反射的临界角时，反射系数又逐渐增大。

综合考虑几何扩散与反射、透射的影响，并利用褶积的方法合成地震记录，由于反射系数与透射系数均为复数值，因此要计算复地震道形式的子波，其实部采用雷克型子波，虚部则为该子波的希尔伯特变换。雷克型子波波形见图 4.2.11，表达式为

$$w(t) = e^{-(2\pi f_m/\gamma)^2 t^2} \cos(2\pi f_m t) \qquad (4.2.11)$$

式中，f_m 为主频；t 为旅行时；r 为控制波形形状、宽度的常数。

最终合成的地震记录见图 4.1.12。

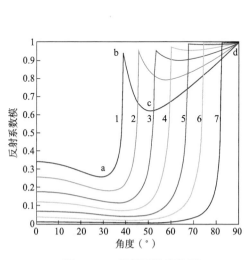

图 4.2.9 反射系数变化图

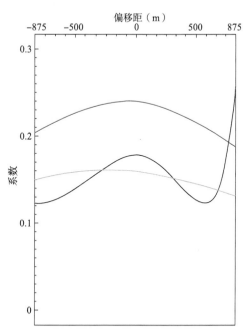

图 4.2.10 三个反射界面的反射、
透射综合效应的绝对值

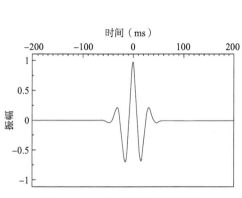

图 4.2.11 雷克型子波波形图

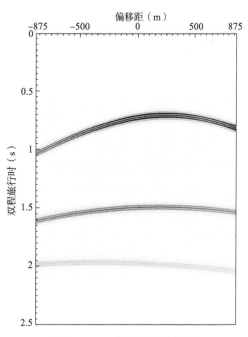

图 4.2.12 合成的地震记录

103

4.2.1.4 基于三维射线追踪正演模拟的多次波预测

对于三维地震处理而言，建立适于射线追踪的层速度模型是工作量巨大、过程极为复杂的任务。事实上，地震记录中的多次波通常与海底、基底或石灰岩等强波阻抗界面有关，建立相应单界面的速度(或平均速度)模型，通过射线追踪获得其一次反射波场，在此基础上利用式(4.1.2)描述自由界面多次波预测方程实现海底多次波的预测，是行之有效的多次波预测方法。

为了获得与实际情况较为接近的射线追踪正演模拟结果，要求：

(1)基于式(4.2.3)的斯奈尔定律求取射线传播的透射角与反射角(即确定射线的传播方向)；

(2)根据射线传播的距离计算几何扩散系数，见式(4.2.8)；

(3)将强波阻抗界面上下地层的速度设为常数(一般取该层速度的平均值)，通过求解Zoeppritz方程计算地震波到达地层界面时的反射、透射系数(包括海面的反射系数)，见式(4.2.9)与式(4.2.10)。

对于式(4.1.9)所描述的自由界面多次波预测方程，利用射线追踪技术构建其缺少的一次波地震波场$X_0(x_r, y_r, x_k, y_k)$，然后将其代入式(4.1.9)中通过空间褶积实现多次波的预测，具体的流程见图4.2.13。在射线追踪过程中，炮点的空间坐标为x_k与y_k，接收点的空间坐标为x_r与y_r，而x_k与y_k表示参与求和运算的坐标，因此地震记录$X_0(x_r, y_r, x_k, y_k)$是一个共接收点道集。上述过程属于模型驱动的自由界面多次波预测范畴，其预测多次波的类型取决于模型，通常为与海底或其他强反射界面相关的全程及微屈多次波。

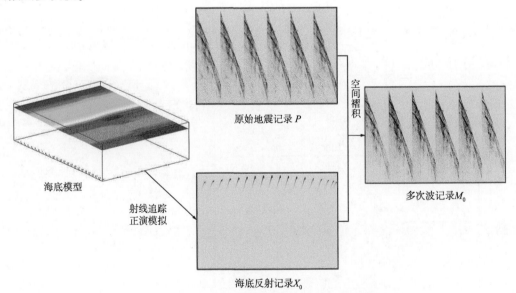

图4.2.13 基于射线追踪正演模拟的海底多次波预测流程

4.2.2 基于克希霍夫正演模拟的海底或强界面相关多次波预测

当地下波阻抗界面起伏较为剧烈时，射线追踪技术可能无法获得所有路径的反射波，因此需要研发一种更具稳定性的正演模拟方法。在众多正演模拟方法中，克希霍夫积分正演可以基于复杂的反射界面求取具有较高精度的一次反射波，利用该方法获得共接收点道集 X_0，从而实现基于复杂波阻抗界面的全程与微屈多次波的预测。

4.2.2.1 克希霍夫绕射公式的推导

克希霍夫积分解决了利用闭合曲面 S 上的波场值及其法向导数得到闭合曲面围成的内部空间一点 P 上的波场值的问题，即曲面外部震源对内部空间点波场的影响。现利用该积分公式，讨论闭合曲面内部震源对曲面外部观测点波场值的贡献，由此导出惠更斯—菲涅耳定理，并确定其中倾斜因子的具体表达式。

已知在闭合曲面 S 内存在一点震源，利用积分解求曲面外任意一点的波场值。该问题要解决的是外部空间问题。只要将闭合曲面 S 的内法线方向作为正方向，就可以利用克希霍夫积分公式来求解。

如图 4.2.14 所示，设闭合曲面 S 内 P_0 点有一点震源，A 为 S 上任意一点，观测点 P 位于曲面 S 以外。根据惠更斯原理，震源 P_0 发出的波传到曲面 S 上各点，曲面 S 上各点就又作为新的震源发出球面子波，称为二次元波。P 点的波场就可以看成是由曲面 S 上各点发出的二次元波在 P 点汇集而成的。

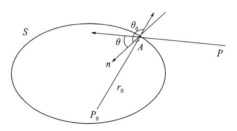

图 4.2.14 点源的绕射示意图

设 P_0 点的震源函数为 $Ae^{j\omega t}$，传到曲面 S 上任意一点 A 时，A 点的波场为

$$\phi = Ae^{j\omega t} \cdot \frac{1}{r_0} e^{-jkr_0} \qquad (4.2.12)$$

式中，ϕ 为 S 平面上任意点 A 波场；r_0 为震源 P_0 点到 A 点的距离；$k = \omega/C$，为圆波数；因子 $1/r_0$ 表示球面扩散；因子 $e^{-jkr_0} = e^{(-j\omega r_0)/C}$，表示从 P_0 点到 A 点的时间延迟。

引入经典的克希霍夫积分公式，即

$$\varphi(P, t) = \frac{1}{4\pi} \iint_S \left\{ \frac{1}{r}\left[\frac{\partial \varphi}{\partial n}\right] + \frac{1}{Cr}\frac{\partial r}{\partial n}\left[\frac{\partial \varphi}{\partial t}\right] + \frac{1}{r^2}\frac{\partial r}{\partial n}[\varphi] \right\} \mathrm{d}S \qquad (4.2.13)$$

计算其中各项值，设 P 点到 A 点的距离为 r，有

$$[\varphi] = \varphi \cdot e^{-jkr} = Ae^{j\omega t} \cdot \frac{1}{r_0} e^{-jkr_0} e^{-jkr}$$

根据方向导数的定义，有

$$\begin{cases} \dfrac{\partial r}{\partial n} = \mathrm{grad} r \cdot \boldsymbol{n}^0 \\[3mm] \dfrac{\partial r_0}{\partial n} = \mathrm{grad} r_0 \cdot \boldsymbol{n}^0 \end{cases} \tag{4.2.14}$$

式中，$\boldsymbol{n}^0$ 为曲面 S 的内法线方向 $\boldsymbol{n}$ 的单位向量。

容易证明

$$\mathrm{grad} r = \frac{\boldsymbol{r}}{\|\boldsymbol{r}\|}$$

$$\mathrm{grad} r_0 = \frac{\boldsymbol{r}_0}{\|\boldsymbol{r}_0\|}$$

且其模均为 1。若 r_0 和 r 与 $\boldsymbol{n}$ 的夹角分别为 θ_0 和 θ。显然有

$$\frac{\partial r}{\partial n} = \mathrm{grad} r \cdot \boldsymbol{n}^0 = \|\mathrm{grad} r\| \cdot \|\boldsymbol{n}^0\| \cdot \cos\theta = \cos\theta$$

$$\frac{\partial r_0}{\partial n} = \mathrm{grad} r_0 \cdot \boldsymbol{n}^0 = \|\mathrm{grad} r_0\| \cdot \|\boldsymbol{n}^0\| \cdot \cos\theta_0 = \cos\theta_0$$

由于

$$\frac{\partial \varphi}{\partial n} = \frac{\partial \varphi}{\partial r_0} \frac{\partial r_0}{\partial n} = A e^{j\omega t} \left[-\frac{1}{r_0{}^2} e^{-jkr_0} - \frac{jk}{r_0} e^{-jkr_0} \right] \cos\theta_0$$

故

$$\frac{1}{r} \frac{\partial \varphi}{\partial n} = A e^{j\omega t} \frac{1}{r r_0} \left[-\frac{1}{r_0} e^{-jkr_0} - jk e^{-jkr_0} \right] \cos\theta_0 \tag{4.2.15}$$

式中，θ_0 为 r_0 与面元法向矢量 n 的夹角。

由于

$$\left[\frac{\partial \varphi}{\partial t} \right] = j\omega A \frac{1}{r_0} e^{j\omega t} e^{-jk(r_0 + r)}$$

考虑到 $k = \omega / C$，故有

$$\frac{1}{Cr} \frac{\partial r}{\partial n} \left[\frac{\partial \varphi}{\partial t} \right] = \frac{jk}{r_0 r} A e^{j\omega t} e^{-jk(r_0 + r)} \cos\theta \tag{4.2.16}$$

式中，θ 为 r 与面元法向矢量 n 的夹角。

以及

$$\frac{1}{r^2} \frac{\partial r}{\partial n} [\varphi] = \frac{1}{r^2 r_0} A e^{j\omega t} e^{-jk(r_0 + r)} \cos\theta \tag{4.2.17}$$

将式(4.2.15)、式(4.2.16)和式(4.2.17)代入克希霍夫积分公式(4.2.13)，得到

$$\varphi(P,\ t)=\frac{1}{4\pi}\iint_S\left\{\frac{1}{rr_0}Ae^{j\omega t}e^{-jk(r_0+r)}\left[-\left(\frac{1}{r_0}+jk\right)\cos\theta_0+\left(\frac{1}{r}+jk\right)\cos\theta\right]\right\}\mathrm{d}S$$

$$(4.2.18)$$

式中，j 为虚数单位。

式(4.2.18)就是克希霍夫绕射公式，也称为惠更斯—菲涅耳定理，其物理含义可以概括为：空间任意一点 P 的波场值都是闭合曲面 S 上各点作为新震源发出的二次元波在该点叠加的结果，参与叠加的各元波对 P 点波场所起的贡献大小不同。式中是对闭合曲面的积分，被积函数中 $Ae^{j\omega t}$ 为震源函数，$1/(r*r_0)$ 为从震源 P_0 点到绕射点 A 再到观测点 P 的球面扩散因子，$e^{-jk(r_0+r)}$ 为从 P_0 点到点 A 再到点 P 的时间延迟。

4.2.2.2 反射波场的计算

野外地震数据采集的过程通常是在地表(或海面)上激发震源，然后在地表(或海面)上接收地震记录，我们更关心在这种观测方式下获得的反射波场。在了解了惠更斯—菲涅耳定理以后，即可讨论利用克希霍夫绕射公式计算反射波场的方法。

如图 4.2.15 所示，震源位于地面 P_0 点，而接收点位于 P 点，假设地下界面 S 水平，界面深度为 h，界面反射系数为 ξ。按照射线理论，接收到的反射波应来自界面上一点 A；根据波动理论，地面上 P 点的反射波是由来自界面 S 上各点(如图中的 A 点)的广义绕射波叠加而成的。叠加公式就是克希霍夫绕射公式。

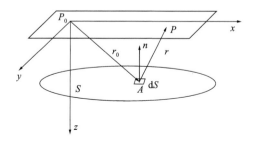

图 4.2.15　一个绕射点在任意观测点 P 处形成扰动的示意图

若震源函数由简谐波 $Ae^{j\omega t}$ 变为脉冲波 $f(t)$，设 $f(t)$ 的频谱为 $F(\omega)$，即

$$\begin{cases}F(\omega)=\displaystyle\int_{-\infty}^{+\infty}f(t)e^{-j\omega t}\mathrm{d}t\\[3mm]f(t)=\dfrac{1}{2\pi}\displaystyle\int_{-\infty}^{+\infty}F(\omega)e^{j\omega t}\mathrm{d}\omega\end{cases}$$

$$(4.2.19)$$

则以 $F(\omega)\mathrm{d}\omega/2\pi$ 替代式(4.2.18)中的 A，利用傅立叶逆变换就可以得到反射波场。此时有

$$\varphi(P, t) = \frac{1}{4\pi} \int_{-\infty}^{+\infty} \frac{F(\omega)}{2\pi} d\omega \oiint_S \left\{ \frac{1}{rr_0} \xi e^{j\omega\left(t-\frac{r_0+r}{C}\right)} \left[\frac{\cos\theta}{r} - \frac{\cos\theta_0}{r_0} + j\frac{\omega}{C}(\cos\theta-\cos\theta_0) \right] \right\} dS$$

$$= \frac{1}{4\pi} \left\{ \frac{1}{2\pi} \int_{-\infty}^{+\infty} j\omega \cdot F(\omega) e^{j\omega\left(t-\frac{r_0+r}{C}\right)} d\omega \oiint_S \frac{\xi(\cos\theta-\cos\theta_0)}{Crr_0} dS + \right.$$

$$\left. \frac{1}{2\pi} \int_{-\infty}^{+\infty} F(\omega) e^{j\omega\left[t-\frac{r_0+r}{C}\right]} d\omega \oiint_S \frac{\xi}{rr_0}\left(\frac{\cos\theta}{r} - \frac{\cos\theta_0}{r_0} \right) dS \right\}$$

$$= \frac{1}{4\pi} \left\{ \frac{df\left(t-\frac{r_0+r}{C}\right)}{dt} \oiint_S \frac{\xi(\cos\theta-\cos\theta_0)}{Crr_0} dS + f\left(t-\frac{r_0+r}{C}\right) \oiint_S \frac{\xi}{rr_0}\left(\frac{\cos\theta}{r} - \frac{\cos\theta_0}{r_0} \right) dS \right\}$$

$$= \frac{1}{4\pi} \left\{ \left(\frac{df}{dt}\right) \oiint_S \frac{\xi}{Crr_0}(\cos\theta-\cos\theta_0) dS + [f] \oiint_S \frac{\xi}{rr_0}\left(\frac{\cos\theta}{r} - \frac{\cos\theta_0}{r_0} \right) dS \right\}$$

$$(4.2.20)$$

式中，$[\cdot]$ 表示函数的推迟位，即 $[df/dt] = df[t-((r_0+r)/C)]/dt$、$[f] = f[t-(r+r_0)/C]$；$\xi$ 为地下水平界面 S 的反射系数；C 为地震波速度；r_0 为泡点到绕射点的距离；r 为绕射点至接收站的距离。

在式(4.2.20)中，角度 θ 与 θ_0 的定义如图 4.2.16 所示，对于入射波而言，界面方向指向震源点向上；对于绕射波而言，界面法线方向背离场点向下。

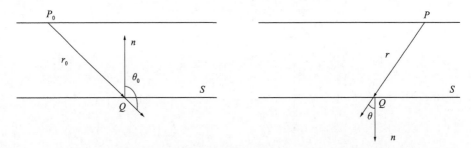

（a）入射线与法向的关系图　　　　　　（b）绕射线与法向的关系图

图 4.2.16　关系图

当 r，r_0 很大时，式(4.2.20)中的第二个积分项为高阶微量，则可予以略去，则有

$$\varphi(P, t) = \frac{1}{4\pi}\left[\frac{df}{dt}\right]\oiint_S \frac{\xi}{Crr_0}(\cos\theta - \cos\theta_0) dS \qquad (4.2.21)$$

式中，θ 为 r 与面元法向矢量 $\boldsymbol{n}$ 的夹角；θ_0 为 r_0 与面元法向矢量 $\boldsymbol{n}$ 的夹角。

4.2.2.3　基于克希霍夫正演模拟的多次波预测

对于公式(4.1.9)所描述的自由界面多次波预测方程，利用克希霍夫积分正演方法构建其缺少的一次波地震波场 $X_0(x_r, y_r, x_k, y_k)$，这为实现自由界面多次波预测提供了另一途径。在模拟过程中，炮点的空间坐标为 x_k 与 y_k，接收点的空间坐标为 x_r 与 y_r，而 x_k 与 y_k 表示参与求和运算的坐标，因此地震记录 $X_0(x_r, y_r, x_k, y_k)$ 是一个共接收点道集。

克希霍夫积分正演模拟需要具备海底或地下某强波阻抗界面的深度与速度（或平均速度），因此式(4.1.9)所描述的多次波预测过程需要事先建立界面模型，然后通过克希霍夫积分正演模拟构建其缺少的一次波地震波场 $X_0(x_r, y_r, x_k, y_k)$，将其代入式(4.1.9)中通过空间褶积实现多次波的预测，具体的流程见图4.2.17。

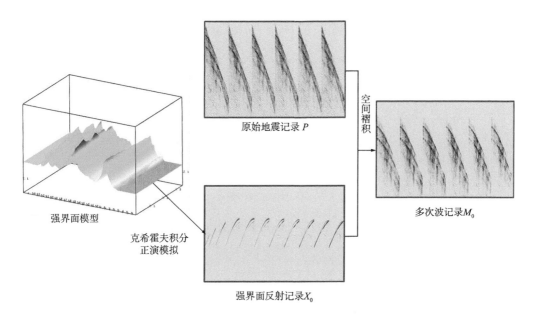

图 4.2.17　基于克希霍夫积分正演模拟的强界面相关多次波预测流程

在海上常用的三维采集系统中，联络测线方向的震源间距（即航行线间距）较为稀疏，且受缆数的限制，该方向的检波点数极少，炮检距范围也很有限。直接抽取多次波预测必需的地震道基于自由界面多次波迭代预测过程进行三维多次波的预测是不现实的。在这种情况下，若能够建立较为精确的模型，据此获得能够适应于"多次波贡献道"求取的一次波地震记录，这是实现三维自由界面多次波预测的有效途径。

4.2.3　基于单程波方程的海底多次波预测

4.2.3.1　单程波波场延拓原理

根据频率—波数的二维声波方程

$$\frac{\partial^2 P(k_x, z, \omega)}{\partial z^2} + k_z^2 P(k_x, z, \omega) = 0 \tag{4.2.22}$$

$$k_z = \sqrt{\frac{\omega^2}{c^2} - k_x^2} \tag{4.2.23}$$

式中，P 为波场；k_x、k_z 和 ω 分别为 x、z 方向的圆波数和圆频率；c 为介质的速度。

沿深度轴的波场延拓公式为

$$P(k_x,\ z+\Delta z,\ \omega)=P(k_x,\ z)\,\mathrm{e}^{\pm ik_z\Delta z} \tag{4.2.24}$$

式中，±代表了上行波还是下行波。

令 F 表示对应于 x, t 的傅立叶正变换，F^* 表示对应于 k_x、ω 的傅立叶逆变换过程。由海平面向起伏海底的延拓过程如下

$$P(k_x,\ z_i,\ \omega)=Fp(x,\ z_i,\ t) \tag{4.2.25}$$

$$P(k_x,\ z_{i+1},\ \omega)=P(k_x,\ z_i)\,\mathrm{e}^{\pm ik_z\Delta z} \tag{4.2.26}$$

$$p(x,\ z_{i+1},\ t)=F^*P(k_x,\ z_{i+1},\ \omega) \tag{4.2.27}$$

式中，$p(x,\ z_i,\ t)$ 为 z_i 面的波场。

通过式(4.2.25)、式(4.2.26)和式(4.2.27)的计算就可以完成由海平面向起伏海底的波场延拓并记录下海底处的数据道 $g(x,\ z_{i+1},\ t)$。

由起伏海底向海平面的延拓过程如下

$$P(k_x,\ z_i,\ \omega)=F\big[p(x,\ z_i,\ t)+g(x,\ z_i,\ t)\big] \tag{4.2.28}$$

$$P(k_x,\ z_{i-1},\ \omega)=P(k_x,\ z_i)\,\mathrm{e}^{\pm ik_z\Delta z} \tag{4.2.29}$$

$$p(x,\ z_{i-1},\ t)=F^*P(k_x,\ z_{i-1},\ \omega) \tag{4.2.30}$$

通过式(4.2.28)、式(4.2.29)和式(4.2.30)的计算可以完成从海底到海平面的波场延拓。

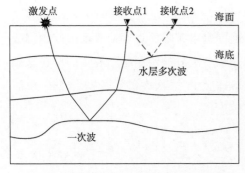

图 4.2.18　典型水层多次波传播示意图

4.2.3.2　基于单程波方程的海底多次波预测

水层多次波的传播路径相对固定，仅发生在海面与海底之间，如图 4.2.18 所示。根据水层多次波波场的传播路径，可以分为两部分：第一部分是下行波波场的传播（蓝色虚线），其物理意义是将海面检波器接收到的信号沿时间递增的方向向下传播；第二部分是上行波波场的传播（红色虚线），可以理解为在空间域下行波波场与海底模型相互响应，产生向上传播的反射波场。本文通过单程波方程的波场延拓理论，实现对水层多次波路径的预测和拟合。

将 $P_D(x,\ y,\ z,\ t)$ 记作水层多次波的下行波场，则在海面处的初始下行波场可表示为

$$P_D(x,\ y,\ z,\ t)=-D(x,\ y,\ t) \tag{4.2.31}$$
$$z=0$$

式中，$P_D(x,\ y,\ z,\ t)$ 为采集到的地震数据；"－"（负号）是由海水自由表面的全反射产生

的；t 为波场传播时间项，描述波场的传播时间；x、y、z 为观测系统采集空间坐标，$z=0$ 表示为海平面位置。

在频率波数域，根据波场传播公式计算出水层多次波的下行波波场：

$$P_{\mathrm{D}}(k_x,\ k_y,\ z+\Delta z,\ \omega)=-D(k_x,\ k_y,\ \omega)\,\mathrm{e}^{-ik_z\Delta z} \tag{4.2.32}$$

$$k_z=\pm\sqrt{\frac{\omega^2}{v^2}-k_x^2-k_y^2} \tag{4.2.33}$$

式中，k_x 和 k_y 分别表示为 x，y 方向上的傅立叶正变换后的波数；ω 为角频率；v 为地震波在海水中的传播速度，通常传播速度约为 1500m/s；Δz 为每次向下延拓的步长。当下行波场向下传播至海底界面时，在海底反射系数 $R(k_x,\ k_y,\ z)$ 作用下，可以看成是一个"二次震源"，用 $R(k_x,\ k_y,\ z)\Delta P_{\mathrm{D}}$ 表示，此时波场会向上传播，海底界面处的上行波波场记作 P_{U}。

$$P_{\mathrm{U}}(k_x,\ k_y,\ z-\Delta z,\ \omega)=-R(k_x,\ k_y,\ z)\cdot P_{\mathrm{D}}(k_x,\ k_y\omega)\,\mathrm{e}^{ik_z\Delta z} \tag{4.2.34}$$

式中，P_{U} 为海底界面的上行波场；P_{D} 为水层多次波的下行波场。

根据公式(4.2.34)，海底反射系数 $R(k_x,\ k_y,\ z)$ 仅影响到预测水层多次波的振幅项，与水层多次波的走时和频谱无关。水层多次波的振幅项误差可以通过后续的自适应相减进行幅值匹配调整。在预测水层多次波的过程中，根据海底的压实程度，反射系数的取值范围在 0.4~0.7 之间。

在海面检波器位置接收到的上行波场，即为预测得到的水层多次波模型

$$\begin{cases} M(x,\ y,\ z,\ t)=P_{\mathrm{U}}(x,\ y,\ z,\ t) \\ z=0 \end{cases} \tag{4.2.35}$$

对比式(4.2.32)和式(4.2.34)可知，当输入的地震数据为完整的波场时，且已知海底深度模型准确的前提下，预测得到的多次波和实际地震记录中的多次波具有相同的相位和振幅变化。以模拟的二维地震记录为例，分析了本文方法预测水层多次波的准确性，如图 4.2.19 所示。其中，图 4.2.19(a)展示了有限差分方法正演模拟的单炮记录，除第一条同相轴为一次波外，其他轴均为水层多次波；图 4.2.19(b)为有限差分方法正演的水层多次波数据，而图 4.2.19(c)展示了单程波方程预测出的水层多次波模型。由于预测水层多次波过程中，海底模型和海底反射系数是准确的，图 4.2.19(b)的理论水层多次波和图 4.2.19(c)的预测水层多次波的振幅和相位是非常吻合的。分别抽取图 4.2.19(a)、图 4.2.19(b)和图 4.2.19(c)数据的同一位置的单道进行对比，如图 4.2.20 所示。图中的黑色虚线代表理论模型数据，蓝色虚线代表真实的水层多次波数据，红色虚线代表预测出的水层多次波模型数据，通过观察振幅变化关系，进一步证明文本方法的预测多次波的保真性。在实际地震资料处理时，难以获得准确的海底模型，并且容易出现明显的边界反射干扰，影响多次波的预测精度。

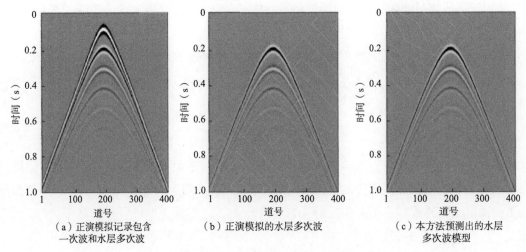

（a）正演模拟记录包含   （b）正演模拟的水层多次波   （c）本方法预测出的水层
一次波和水层多次波   多次波模型

图 4.2.19　理论模型多次波波场模拟

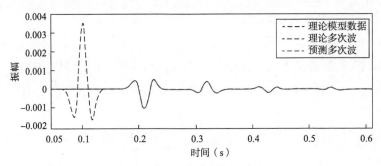

图 4.2.20　理论模型单道对比分析

4.3　基于模型驱动的层间多次波预测

一般来说，当地下存在多重强波阻抗界面时，地震记录中便会发育与这些强界面相关的层间多次波，会影响精确的速度分析过程，并可能误导对弱振幅构造的地震地质解释结果。长期以来，人们围绕着传统的多次波压制方法展开研究，形成了一系列层间多次波衰减方法，其中扩展 SRME 方法在生产中得到了广泛的应用。

4.3.1　基于扩展 SRME 方法的层间多次波预测

1982 年 Berkhout 提出了一种去除层间多次波的思路，即首先利用全波场重建基准面方法把所有炮点和接收点都延拓到产生层间多次波的反射界面上，该界面就变成了新的"自由界面"，从而可利用基于"反馈环"理论的 SRME 方法预测并衰减层间多次波。

在 1997 年 Berkhout 和 Verschuur 认为不需要把所有炮点和接收点都延拓到产生层间多

次波的界面上，只将层间多次反射的向下传播部分延拓至合适的深度处即可。2005 年 Berkhout 等利用 CFP(Common Focus Point, 共聚焦点)道集来代替传统 SRME 方法中的炮集记录，将表面多次波衰减方法推广到了层间多次波的压制处理中。Verschuur 在 2010 年进一步总结了模型驱动的扩展 SRME 方法的实现过程：(1)利用 CFP 算子将地表接收到的地震记录数据外推，创建与目标反射界面相关的 CFP 道集；(2)切除 CFP 道集中目标界面及其上部的所有反射信息；(3)将 CFP 道集代替炮集记录进行多次波预测，得到的是与目标反射界面有关的层间多次波记录。

该方法在实际地震资料处理中遇到了困难，是因为：(1)野外地震记录的偏移剖面中通常存在数量众多的反射同相轴，且各反射同相轴在横向上存在明显差异(旅行时、振幅与相位均会变化，甚至发生尖灭)，这妨碍对相应强波阻抗界面的识别分析；(2)在未消除地震记录中的层间多次波之前，难以建立精确的目标反射界面模型；(3)针对 CFP 道集的切除任务工作量大，难以适用于实际地震数据(尤其是三维地震资料)的处理；(4)针对地震记录中的各反射界面依次进行模型建立与多次波的预测处理，其计算量与任务复杂度均是无法接受的。

4.3.2 基于克希霍夫正演模拟的层间多次波预测

利用全波场重建基准面方法可把所有的炮点与接收点都延拓到产生层间多次波的界面上，地下的反射界面就变成了新的"自由界面"了。在 Berkhout 和 Verschuur 在 1997 年所提出的自由界面多次波预测方程的基础上(图 4.3.1)，可直接给出与界面 n 相关的层间多次波预测方程

$$M^{(i)}(z_n, z_n) = \overline{P}^{(i-1)}(z_n, z_n)\overline{P}(z_n, z_n)$$

$$(4.3.1)$$

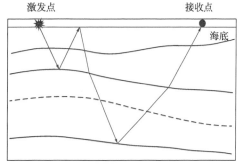

图 4.3.1　重建基准面反馈预测建立层间多次传播路径的示意图

式中，i 为多次波迭代预测衰减的次数；$\overline{P}^{(i-1)}(z_n, z_n)$ 为震源与虚接收点均位于自由界面 n 上的波场；$\overline{P}_{n-1}(z_n, z_0)$ 为接收点、虚震源均在界面 n 上的波场。

完成与反射界面 n 有关的层间多次波预测之后，需将预测波场 $M^{(i)}(z_n, z_n)$ 的炮点与接收点再延拓回自由界面上，得到层间多次波波场为 $M_{n-1}^{(i)}(z_0, z_0)$。在第 i 次迭代中，其匹配衰减过程可表示为

$$P_n^{(i)}(z_0, z_0) = P_{n-1}(z_0, z_0) - A_n(f)M_{n-1}^{(i)}(z_0, z_0) \tag{4.3.2}$$

式中，$A_n(f)$ 为预测出的层间多次波与实际层间多次波的匹配衰减算子。将经过层间多次

波匹配衰减的地震波场$P_n^{(i)}(z_0, z_0)$的炮点与接收点都延拓到反射界面n上，得到用于式(4.2.32)下一次迭代预测的$\overline{P}^{(i)}(z_n, z_n)$。

1997年Berkhout和Verschuur认为不需要把所有炮点和接收点都延拓到产生层间多次波的界面(譬如海底)上，而只将层间多次反射的向下传播部分延拓至合适的深度处即可，相应的层间多次传播路径如图4.3.2所示。在进行层间多次波预测前，需将震源端子反射(左侧子反射)的接收点、检波点端子反射(右侧子反射)的炮点延拓至海底即可，而且不需对预测后的多次波记录进行逆基准面校正。

对于图4.3.2所示层间多次波的传播路径，令震源端子反射(左侧子反射)其接收点处由海底传播至海面的旅行时为Δt_1，检波点端子反射(右侧子反射)的接收点处由海面传播至海底的旅行时为Δt_2。当产生层间多次波的界面埋深较浅，且该界面较为平坦时，Δt_1和Δt_2相差不大，此时可将震源端子反射(左侧子反射)的旅行时增加Δt_1，而检波点端子反射(右侧子反射)的旅行时减少Δt_2，此时的层间多次传播路径示意见图4.3.3。在这种情况下，不需将震源端子反射(左侧子反射)的接收点、检波点端子反射(右侧子反射)的炮点延拓，其多次波预测结果与图4.3.2所示的预测过程相差不大。

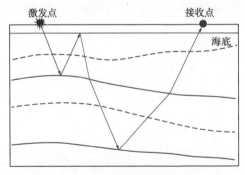

图4.3.2　部分延拓反馈预测的层间
多次传播路径示意图

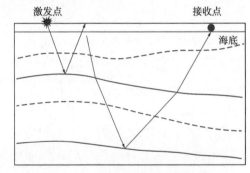

图4.3.3　不需延拓反馈预测的层间
多次传播路径示意图

对于图4.3.3所示层间多次波的传播路径，包括两个子反射，左侧子反射存在于原始地震记录所代表的波场中，右侧子反射其震源与接收点均位于海底上，在具备多重强界面模型的情况下，可以通过克希霍夫积分正演模拟方法来构建。此时，层间多次波预测方程可表示为

$$M_0(x_s, y_s, x_r, y_r, f) = \sum_{y_k} \sum_{x_k} \overline{X}_0(x_r, y_r, x_k, y_k, f) P(x_k, y_k, x_s, y_s, f)$$

$$(4.3.3)$$

式中，x_s与y_s表示炮点的空间坐标；x_r与y_r表示接收点的空间坐标；f表示频率；M_0是预测的一阶自由界面多次波波场；P表示原始地震记录的波场；$\overline{X}_0$表示模拟的震源与接收点

均位于海底的一次波地震波场，作为参与多次波预测的预测因子；x_k 与 y_k 表示参与求和运算的波场 P 中接收点、X_0 中炮点的空间坐标。通过上面的计算便可得到预测的层间多次波，图 4.3.4 为基于克希霍夫积分正演模拟的层间多次波预测流程。

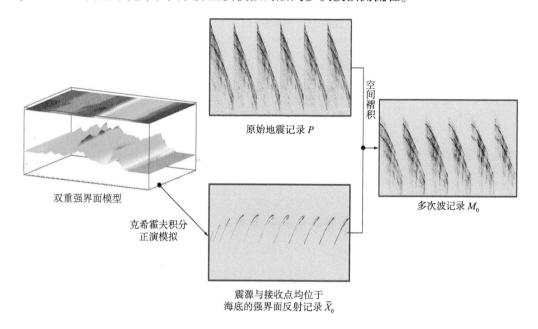

图 4.3.4　基于克希霍夫积分正演模拟的层间多次波预测流程

4.4　f-k 域或 τ-p 域多次波预测

在地震信号处理中，傅立叶变换是应用最为广泛的变换之一。它将信号分解为不同频率的指数函数（即正弦和余弦）。对于具有两个变量（如 CMP 道集的时间和炮检距）的函数来讲，f-k 变换就是两个变量的双重傅立叶变换。首先，把地震数据 $d(x, t)$ 由时间域变换到频率域，即

$$D(x, f) = \int\limits_{-\infty}^{+\infty} d(x, t) \mathrm{e}^{-2\pi j f t} \mathrm{d}t \tag{4.4.1}$$

然后对空间方向再进行傅立叶变换，由空间域变换到波数域，即

$$D(k_x, f) = \int\limits_{-\infty}^{+\infty} D(x, f) \mathrm{e}^{+2\pi j k_x x} \mathrm{d}x \tag{4.4.2}$$

在式（4.4.1）和式（4.4.2）中，d 为时空域数据；D 为 f-k 域数据；x、t 分别为偏移距与旅行时；f 为频率；k_x 为 x 方向的波数。

傅立叶变换在实际地震数据处理中总是采用离散形式。一个由宽带子波组成的双曲线同相轴可以看作是由许多不同角度的平面波构成，其在 f–k 域中扩展为一个三角形区域。

利用两个与上面类似的变换，可以首先将波数—频率域数据变换到频率—空间域

$$D(x, f) = \int_{-\infty}^{+\infty} D(k_x, f) e^{-2\pi j k_x x} dk_x \qquad (4.4.3)$$

再由频率—空间域变换回时间—空间域

$$d(x, t) = \int_{-\infty}^{+\infty} D(x, f) e^{2\pi j f t} df \qquad (4.4.4)$$

f–k 域常被用来分析不同的地震波的时间特性和速度特性。

4.5 波场延拓类方法的局限性

波场延拓法是模型驱动的多次波预测方法，其最大的优点是能够压制速度与一次波相近的海底多次波，但该方法存在以下不足：

（1）只能压制海底多次波，限制了该方法的应用；

（2）需要建立可靠的海水深度模型，只有在精确地求取鸣震旅行时、海底反射系数和地震子波的情况下才能获得较好的效果，而针对实际资料的海底反射系数及地震子波较为困难；

（3）由于海底可能并非单一的界面，而是复杂的薄互层，导致预测的多次波可能存在振幅、相位及旅行时的差异，从而会影响最终的衰减效果。

5

基于反馈环理论的
多次波预测

5.1 反馈环理论

5.1.1 反馈环理论概述

1997 年，Verschuur 和 Berkhout 系统地总结了自由界面多次波衰减方法的理论，提出了反馈环的概念，并报告了该方法在实际资料处理中的应用情况。本节所讨论的多次波压制方法，也是基于反馈环理论实现的，并系统介绍了反馈环理论的基本思想，并对基于该理论进行多次波压制中存在的问题进行了简要分析。

地震波场指与当前观测区域相关的地震波的集合。在反馈环理论中，地震波场(不缺失反射信号)可通过如下方法获得：对定观测区域进行多炮实验，并记录下该区域所有位置的反射信号。考虑二维地震勘探情形，首先把 N 个检波器等间距地排列在指定的观测段上，然后将炮点分别置于接收点 1、接收点 2……接收点 N 处激发并接收，由此可获得 N 个炮集记录。将这 N 个炮集记录按激发的先后顺序排列，即获得了相对于该观测段的地震波场数据体。图 5.1.1 说明了获取理论地震波场的实验过程。

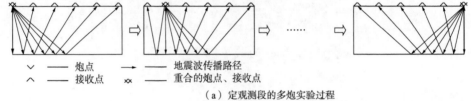

（a）定观测段的多炮实验过程

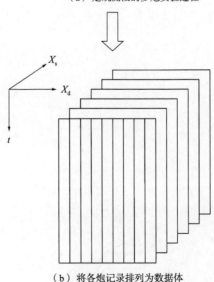

（b）将各炮记录排列为数据体

图 5.1.1　定观测段理论地震波场的获取

图 5.1.1(a)展示了获得指定观测段理论地震波场的过程，将各炮集记录按激发的先后顺序排列即获得了三维的波场数据体，如图 5.1.1(b)所示，其中 X_s 表示炮的空间方向，X_d 表示各接收点的排列方向，t 为记录的时间方向。在上述地震实验中，炮间距等于接收道间隔。

为了减少计算量，对图 5.1.1(b)所示数据体中的各道记录进行傅立叶变换处理，即将所得数据体由时间域转换到频率域，如图 5.1.2(a)所示。提取图 5.1.2(a)所示数据体某频率的切片，即可获得"单频"的波场数据，见图 5.1.2(b)。其为 $N×N$ 维的方阵，横坐标方向为炮点方向，纵坐标方向为接收点方向。观察该方阵，其每一行为单频的共接收点道集记录，每一列为单频的共炮点道集记录，对角线为单频的共偏移距道集记录。上述矩阵描述了整个观测段的单频率成分，可独立完成地震波场的正演运算过程。文中沿用 Berkhout 提出的算子符号表示该矩阵，其形式类似于"$\mathbf{P}^-(z_0)$"，而"z_0"表示波场测量时各接收点的深度，"$-$"则表示上行波场。

事实上，在野外地震勘探(尤其海上勘探)中通常无法获得上文中描述的理论波场。这是由于接收排列的长度为定长，且随炮点的移动而移动；同时最小偏移距大于零，炮间距不一定等于接收道间隔，从而导致部分观测点炮、道的缺失。考虑单边排列接收情形(类似于海上二维勘探过程)，最小偏移距不为零，但炮间距等于接收道间隔，则图 5.1.2(b)所示的单频波场数据将因部分接收点的缺失而成为下三角矩阵，如图 5.1.3 所示，其中阴影部分为实际接收的单频波场，对角线(图 5.1.3 中虚线)下方位置数据的缺失则是因最小偏移距不为零所致。

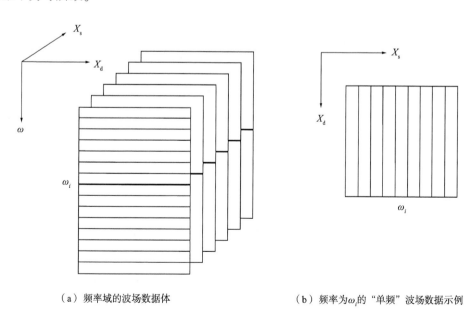

（a）频率域的波场数据体　　　　　　　　（b）频率为 ω_i 的"单频"波场数据示例

图 5.1.2　单频波场数据的提取

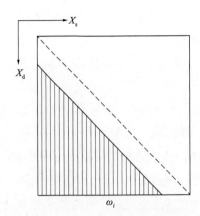

图 5.1.3　海上二维勘探的"单频"波场示例（频率为 ω_i）

5.1.2　基于波动理论的多次波压制方法

根据给定的模型或地震资料，通过基于波动理论的方法模拟或预测特定类型的多次波，然后在实际资料中匹配衰减预测的多次波信息，此为该类多次波压制方法的基本思想。

基于波动理论的多次波压制方法主要分为三大类：波场外推法、反馈环法和逆散射级数法。根据所依赖的先验信息，可认为波场外推法是模型驱动的；反馈环法和逆散射级数法是根据叠前反演理论预测多次波，为数据驱动的。

5.1.2.1　波场外推法

波场外推法基于波场延拓理论，主要用于压制海上地震资料中的海底多次波（Water-bottom Multiples）。基本原理为：通过波场延拓，使海面上接收的地震波场再在海水层中传播相应的双程旅行时，原来的一次波变为二阶的海底多次波，特定阶次的多次波将成为下一阶的海底多次波，然后应用自适应滤波法从原始记录中滤除预测的多次波成分。波场外推法最大的优点是在有效保持一次波信号的同时，能够显著压制速度与一次波相近的海底多次波。但是，该方法存在明显不足：（1）只能压制海底多次波，限制了该方法的应用；（2）需要建立可靠的海水深度模型，只有在精确地求取鸣震旅行时、海底反射系数和地震子波的情况下才能获得较好的效果。在实际资料处理中，这不仅计算量大，而且海底反射系数模型及子波形态难以准确估计；（3）由于海底可能并非单一的界面，是复杂的薄互层，导致预测的多次波与实际记录中的相比可能存在振幅、相位及旅行时的差异，从而影响了最终的衰减效果。

5.1.2.2　反馈环法

与模型驱动的波场外推法不同，反馈环法是一种基于数据驱动的多次波衰减方法，所预测和压制的多次波主要是自由界面多次波。

1976 年，Riley 和 Claerbout 首先提出了一种用来衰减一维地震记录（零偏移距单道地震记录）中自由界面多次波的方法；Berkhout 在 1982 年提出了二维地震记录的自由界面多次波正演方法，该方法能够适应复杂的地下介质情况，并且考虑了震源和检波器的特性；Verschuur 在 1992 年根据最小平方准则成功消除了预测的自由界面多次波，并且初步给出了自由界面因子的计算方法，使自由界面多次波衰减方法能够真正地应用于实际；Verschuur 和 Berkhout 在 1997 年系统地总结了自由界面多次波衰减方法的理论，提出了"反馈环"的概念，并报告了该技术在野外资料中的应用情况；2002 年，Dedem 和 Verschuur 又将该方法发展到三维的地震资料处理中。

5.1.2.3 逆散射级数法

与反馈环法一样，衰减多次波的逆散射级数法也是一种数据驱动方法。逆散射理论的发展与散射理论的发展密不可分。所谓逆散射问题就是通过探测散射体的外部场来估计其内部结构。散射理论起源于物理学领域，早在 19 世纪，卢瑟福等人就研究了 α 粒子的散射实验。量子理论的出现，为散射理论提供了广阔的发展空间。20 世纪 50 年代，许多学者注意到量子理论与波动理论存在诸多相似之处，便将散射理论引入到波动理论中，探讨散射理论在波动方程上的应用。此后，散射理论及逆散射理论得到了众多地球物理学家的重视，对它的研究也越来越深入。Morses 和 Razavy 分别在 1956 年和 1975 年引入了 Lippman-Schwinger 级数以求解量子物理的逆散射问题；Stolt 和 Jacobs 在 1980 年将量子物理学的散射理论引入到地震偏移、反演处理中，并推导了基于 Lippman-Scbwinger 级数的逆散射反演公式；此后，Carvalho 等在 1991 年提出了基于散射理论衰减层间多次波的方法；随后，Carvalho 等在 1992 年提出了与反演相关的逆散射级数概念，采用点散射模型来预测自由界面多次波和层间多次波，从模型实验结果来看，这种多次波预测方法较其他方法优越。

反馈环法与逆散射级数法不需要地下信息，因为由其可精确估计出所有子反射。但是如果构成某多次波信号的子反射存在观测误差或缺失则会导致其无法被正确预测。当地下构造复杂时，子反射缺失的可能性也随之增大，通常无法获得较好的多次波预测结果。反馈环法和逆散射级数法的计算量均较大，目前尚无法应用逆散射级数法对实际三维资料进行多次波的预测与压制处理。

5.2 自由界面多次波预测

5.2.1 基于格林函数的海底/强界面相关多次波预测

研究克希霍夫积分正演与格林函数理论，根据较为精确的海底/强界面模型构建多次波预测算子，通过原始数据与多次波预测算子的空间褶积实现海底/强界面多次波的预测。

主要包括克希霍夫积分正演与格林函数理论、海底多次波预测算子的构建、海底多次波预测研究：

（1）克希霍夫积分正演与格林函数理论研究。

本项研究包括海底模型的建立、面元的剖分、克希霍夫积分正演、格林函数理论研究等。

（2）多次波预测算子的构建研究。

本项研究包括绕射面元尺度的稳定性分析、绕射叠加的菲涅耳带研究、反射界面倾角估计及其影响分析等。

（3）海底/强界面相关多次波预测研究。

本项研究包括多次波预测方程的推导、多次波预测中积分孔径范围的优化分析、自由界面因子的估计等。

5.2.2　波场延拓描述的自由界面多次波预测方程

5.2.2.1　克希霍夫积分

惠更斯最早提出了波场延拓的概念，认为地震波在某一刻的波前可以利用某一时刻波前面上二次震源所产生的波前包络求得。该原理理论上非常直观，但对于新的波前上的振幅问题以及波场的传播规律，却无法给出明确的结论。为此，克希霍夫定量地讨论了从现有波场计算一个新波场的详细过程(图 5.2.1)。

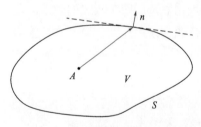

图 5.2.1　克希霍夫—亥姆霍兹
积分几何示意图

由于地震数据是在地表或者地下某个固定深度采集的，沿着波前方向测量波场对于地震勘探而言没有什么实际意义。克希霍夫定量地给出了从现有波场预测一个新波场的计算过程，如图 5.2.1 所示。设有一闭曲面 S，曲面 S 围成空间 V，在空间 V 内有一点 A，目的是利用闭曲面 S 上测量的波场重构 A 点的压力波场。由此导出了如下克希霍夫—亥姆霍兹积分公式，即

$$P_A = -\frac{1}{4\pi} \oint_S \left[P \frac{\partial G}{\partial n} - G \frac{\partial P}{\partial n} \right] \mathrm{d}S \tag{5.2.1}$$

式中，P_A 为 A 点在频率域的压力场值；n 是曲面 S 的外法向单位矢量；P 为 S 上测量的压力场值；G 为格林函数。

由式(5.2.1)可知，除了 S 上测量的压力场值 P 以外，法向导数 $\partial P/\partial n$ 也是求取 P_A 的关键。分析该公式可知，法向导数 $\partial P/\partial n$ 就是质点在曲面 S 上的振动速度与一个比例系数的乘积；格林函数 G 描述了位于 A 处的点源在曲面 S 上的响应。从上面的分析可以看出，要想计算 A 点的压力，需要已知曲面上的压力波场 P 和曲面上质点振动速度。要想计算由点源 A 在曲面 S 处产生的波场，还需要了解 V 中介质的相关属性（如波场在介质中的

传播速度等)。

5.2.2.2 瑞雷积分

通过对式(5.2.1)的分析可知，实际地震勘探过程是无法完全满足该式所要求的条件，不仅无法同时提供式中的两种波场，而且实际地震观测也是在一定深度上进行的。克希霍夫—亥姆霍兹方程对于实际的波场延拓而言并不适用。

下面讨论观测面如图 5.2.2 所示的情况，并且假设此观测面的深度为常数 z_0，可以将方程(5.2.1)改写为

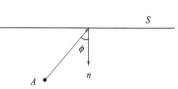

$$P_A = \frac{1}{4\pi} \int_S P \frac{\partial G}{\partial z} \mathrm{d}S \qquad (5.2.2)$$

图 5.2.2　瑞雷积分Ⅱ式
几何示意图

分析式(5.2.2)可知，当 S 变成一个平面时，只需通过 S 上测量的压力场值 P 就可以得到 P_A；当平面的法向方向向下时，就可以将式(5.2.1)中的负号去除。假设 S 平面之下的介质可以是速度为常数 c 的均匀介质，可以得到格林函数 G，其在频率域的表达式为

$$G = \frac{\mathrm{e}^{-2\pi jkr}}{r} \qquad (5.2.3)$$

式中，$k=f/c$ 代表波数；r 表示平面 S 上的一点到 A 点的距离；f 为频率，Hz。

将式(5.2.3)代入式(5.2.2)，可以导出著名的瑞雷积分Ⅱ式，即

$$P_A = \frac{1}{2\pi} \int_S P \frac{1 + 2\pi jkr}{r^2} \cos\phi \mathrm{e}^{-2\pi jkr} \mathrm{d}S \qquad (5.2.4)$$

式中，角度 ϕ 的含义见图 5.2.2 所示。

利用傅立叶反变换将式(5.2.4)转换到时间域，可得

$$P_A = \frac{1}{2\pi} \iint_S \left\{ \frac{\cos\phi}{cr} \left[\frac{\partial P}{\partial t} \right] + \frac{\cos\phi}{r^2} [P] \right\} \mathrm{d}S \qquad (5.2.5)$$

在二维的情况下，需要对方程(5.2.4)进行适当的修改。可近似表达为

$$P(x_A, z_A, f) = \sqrt{jk} \int_x P(x, z_S, f) \cos\varphi \frac{\mathrm{e}^{-2\pi jkr}}{\sqrt{r}} \mathrm{d}x \qquad (5.2.6)$$

式中，A 点的坐标为 (x_A, x_Z)，沿深度 z_S 和 x 轴方向观测波场，比例因子 $\sqrt{j}$ 表示 45° 相移。

由以上分析可知，要得到 A 点波场 P_A，则需要在已知平面 S 上的压力波场 P 的情况下，通过对平面 S 上每一点乘上与波场位置相关的振幅因子和时移因子，并将此过程所得结果相加才可以得到 A 点波场 P_A，这就是瑞雷积分Ⅱ式的物理意义。

将二维情况下的瑞雷积分Ⅱ式简写为如下形式

$$P(x_A, z_A, f) = \int_x P(x, z_S, f) W(x_A, x, z_A, z_S, f) \mathrm{d}x \qquad (5.2.7)$$

以这种方式表达的波场延拓公式中，输出点 (x_A, x_z) 沿给定的曲线 $x_z(x_A)$ 变换。可以看出，尽管曲线 $x_z(x_A)$ 的形态是任意的，但是式 (5.2.7) 中的积分却是沿水平方向进行的。通过将波场延拓改写成式 (5.2.7) 的形式，可以更加直观地发现，波场延拓过程就是含有一个非稳态的褶积算子 W 的空间褶积过程。

5.2.2.3　波场延拓

下面将根据一个简单理论模型实验，进一步讨论波场正向延拓的数值实现过程。

如图 5.2.3 所示为一个速度为 1500m/s 均匀介质的理论模型，图中蓝色箭头解释了各个波场的意义，炮点位于 $x = 500$m 处，检波器位于深度为 500m 的平面上，接收到的波场如图 5.2.3 (a) 所示。将讨论图中 A 点 ($x = 250$m，$z = 700$m) 的波场。求取 A 点对应 $x = 500$ 观测面上各点的格林函数 G，如图 5.2.3 (b) 所示，代表 A 处点源在观测面 $z = 500$m 上的响应。根据方程 (5.2.6) 进一步计算在深度 $z = 500$m 上波场的垂直导数，在横向的每个位置上将两个波场根据时间进行褶积，所得结果如图 5.2.3 (c) 所示，它代表了瑞雷积分 II 式的被积函数，将所有结果相加从而得到 A 点波场 P_A，图 5.2.3 (d) 显示了所有褶积地震相加后的最终结果。需要注意的是，只有稳态点附近的能量才对求和结果有影响，图 5.2.3 (c) 中黑色箭头表示稳态点处的射线路径，它与褶积结果中局部倾角为 0 处相对应，见图 5.2.3 (c) 中红色点箭头所指向的位置。

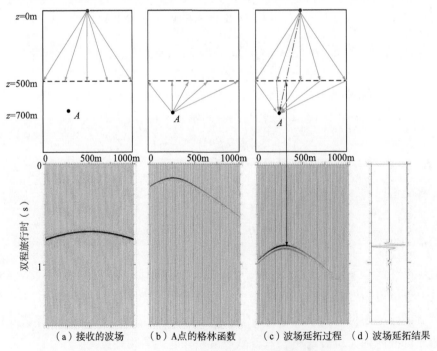

（a）接收的波场　　（b）A 点的格林函数　　（c）波场延拓过程　　（d）波场延拓结果

图 5.2.3　由一个平面向一点进行波场延拓的示例

分析上述过程可知，点 A 可以位于深度 500m 之下的任何位置，可以选择一系列的输出点，并由这些点构成一个新的平面，从而达到将波场由一个平面延拓至另一个平面的目的。

图 5.2.4 显示 $z = 500m$ 上的波场延拓至倾斜界面的整个过程。图 5.2.4(a)显示了与图 5.2.3相同的波场。按照上述延拓得到 A 点波场的过程，对倾斜界面上所有点进行相同处理，得到图 5.2.4(b)中所示结果，即由 500m 深度波场延拓所得的倾斜界面上的波场，其中每一道都是由图 5.2.4(a)中所有道的加权和；图 5.2.4(c)为正演模拟得到的倾斜界面上的波场，与图 5.2.4(b)相对比，两者几乎一致，只是在图 5.2.4(b)两端波场边界处出现了一些假象，见红色箭头所指位置。

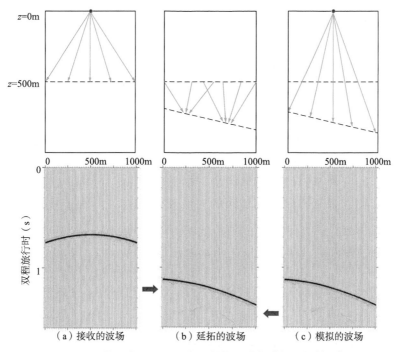

图 5.2.4　从一个水层向一个倾斜界面进行波场延拓的示例

5.2.2.4　通过波场延拓实现自由界面多次波预测

事实上，当我们利用数据驱动的自由界面多次波预测方程进行多次波预测时，地震数据中子反射所起的作用与瑞雷积分Ⅱ式中的格林函数一致。因此，在计算出全部格林函数的情况下，便可实现自由界面多次波的预测。

对于二维情况，将方程(5.2.7)中的非平稳空间褶积因子 $W(x_A, x, z_A, z_s, f)$ 简化为由激发点至检波点的 $X_0(x_r, x_k, f)$，可将该式改写为自由界面多次波预测方程

$$M_0(x_r, x_s, f) = -\int_{x_k} X_0(x_r, x_k, f) P(x_k, x_s, f) \, dx_k \tag{5.2.8}$$

式中，M_0 是预测的一阶自由界面多次波波场；x_s 和 x_r 分别代表炮点与检波点的位置；x_k 代表进行求和的横坐标；负号代表地表(或海面)向下的反射系数。

图 5.2.5 展示了式(5.2.8)所描述的多次波预测过程，需要注意的是，在图中只考虑了 X_0 中的一个同相轴和 P 中一个同相轴的射线路径，沿着地表坐标 x_k 的求和就意味着考

虑了所有可能的射线路径组合，而且积分后将能够获得正确的多次波预测结果。

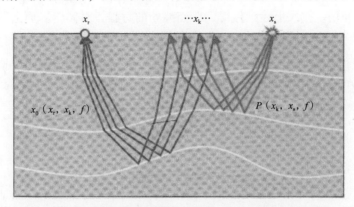

图 5.2.5　共炮点道集数据 P 与一次反射共接收点道集
X_0 的空间褶积实现自由界面多次波的预测

根据自由界面多次波预测的实现过程，可将公式(5.2.8)拓展为三维自由界面多次波预测方程，即

$$M_0(x_s,\ y_s,\ x_r,\ y_r,\ f) = \sum_{y_k}\sum_{x_k} X_0(x_r,\ y_r,\ x_k,\ y_k,\ f) P(x_k,\ y_k,\ x_s,\ y_s,\ f)$$

(5.2.9)

式中，x_s 与 y_s 为炮点的空间坐标；x_r 与 y_r 为接收点的空间坐标；f 为频率；M_0 是预测的一阶自由界面多次波波场；P 为原始地震记录的波场；X_0 为构建的一次波地震波场，作为参与多次波预测的预测因子；x_k 与 y_k 为参与求和运算的波场 P 中接收点、X_0 中炮点的空间坐标。

式(5.2.8)与式(5.2.9)分别给出了利用瑞雷积分 II 式导出的自由界面多次波预测方程，与迭代形式的自由界面多次波预测公式相比，更具有普适性。一方面，若从原始数据中抽取相应炮—检对记录构成共接收点道集 X_0，则式(5.2.8)与式(5.2.9)描述了经典自由界面多次波预测方法；另一方面，只要能够利用某种方法构建具有较高精度的共接收点道集 X_0，即可实现自由界面多次波的预测，从而拓展了多次波预测方法。

5.2.2.5　基于三维射线追踪正演模拟的多次波预测

对于三维地震处理而言，建立适于射线追踪的层速度模型是工作量巨大、过程极为复杂的任务。事实上，地震记录中的多次波通常与海底、基底或石灰岩等强波阻抗界面有关，因此建立相应单界面的速度(或平均速度)模型，通过射线追踪获得其一次反射波场，在此基础上利用式(5.2.9)描述自由界面多次波预测方程实现海底多次波的预测，是行之有效的多次波预测方法。

为了获得与实际情况较为接近的射线追踪正演模拟结果，要求：

(1) 基于斯奈尔定律求取射线传播的透射角与反射角(即确定射线传播的传播方向)；

(2) 根据射线传播的距离计算几何扩散系数；

（3）将强波阻抗界面上下地层的速度设为常数（一般取该层速度的平均值），通过求解 Zoeppritz 方程计算地震波到达地层界面时的反射、透射系数（包括海面的反射系数）。

对于式（5.2.9）所描述的自由界面多次波预测方程，利用射线追踪技术构建其缺少的一次波地震波场 $X_0(x_r, y_r, x_k, y_k)$，然后将其代入式（5.2.9）中通过空间褶积实现多次波的预测，具体的流程见图 5.2.6。在射线追踪过程中，炮点的空间坐标为 x_k 与 y_k，接收点的空间坐标为 x_r 与 y_r，而 x_k 与 y_k 表示参与求和运算的坐标，因此地震记录 $X_0(x_r, y_r, x_k, y_k)$ 是一个共接收点道集。上述过程属于模型驱动的自由界面多次波预测范畴，其预测多次波的类型取决于模型，通常为与海底或其他强反射界面相关的全程及微屈多次波。

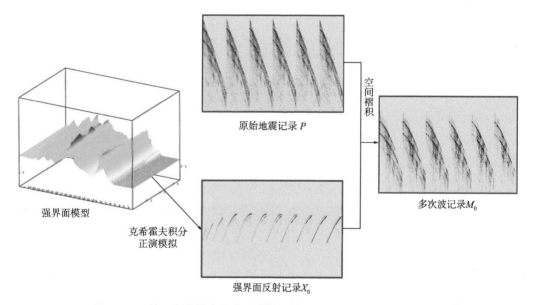

图 5.2.6 基于克希霍夫积分正演模拟的强界面相关多次波预测流程

5.2.3 基于克希霍夫正演模拟的多次波预测

针对勘探区域，在具有海底或强界面模型的情况下，可模拟震源位置为 P_0、接收点为 P 的地震记录。对于式（5.2.9）所描述的自由界面多次波预测方程，利用克希霍夫积分正演方法构建其缺少的一次波地震波场 $X_0(x_r, y_r, x_k, y_k)$，这为实现自由界面多次波预测提供了另一途径。在模拟过程中，炮点的空间坐标为 x_k 与 y_k，接收点的空间坐标为 x_r 与 y_r，而 x_k 与 y_k 表示参与求和运算的坐标，因此地震记录 $X_0(x_r, y_r, x_k, y_k)$ 是一个共接收点道集。

克希霍夫积分正演模拟需要具备海底或地下某强波阻抗界面的深度与速度（或平均速度），因此式（5.2.9）所描述的多次波预测过程需要事先建立界面模型，然后通过克希霍夫积分正演模拟构建其缺少的一次波地震波场 $X_0(x_r, y_r, x_k, y_k)$，将其代入式（5.2.9）中通过空间褶积实现多次波的预测，具体的流程见图 5.2.6。

在海上常用三维采集系统中，联络测线方向的震源间距（即航行线间距）较为稀疏，且受缆数的限制该方向的检波点数极少、炮检距范围也很有限。因此，直接抽取多次波预测必需的地震道基于自由界面多次波迭代预测过程进行三维多次波的预测是不现实的。在这种情况下，若能够建立较为精确的模型，据此获得能够适应于"多次波贡献道"求取的一次波地震记录，这是实现三维自由界面多次波预测的有效途径。

5.3 数据驱动的扩展 SRME 层间多次波预测

与模型驱动的波场外推法不同，反馈环法是一种基于数据驱动的多次波衰减方法，所预测和压制的多次波主要是自由界面多次波。

Dragoset 详细探讨了自由界面多次波正演的过程，从本质上讲，自由界面多次波的正演基于惠更斯原理，具体实现可由克希霍夫积分描述。为改进自由界面多次波迭代衰减的效果，Wang 在 2004 年提出了一种基于反演的多次波预测方法，不要求外推出缺失的近偏移距地震道，但须给定一个经过多次波衰减的地震记录作为初始值；在处理中需对每个频率成分的波场矩阵求逆，由于该过程通常难于稳定、显著增加了计算量，限制了该方法的应用。概括来讲，目前在理论和实际应用中压制多次波的反馈环法主要存在如下问题：

（1）采用迭代形式的多次波衰减过程，既增加了损伤一次波信号的可能性，又显著降低了运算效率；

（2）地震道的缺失会严重影响该方法的多次波压制效果，而现有的地震道外推与内插方法尚存在着插值精度与计算效率的问题；

（3）传统的多次波匹配衰减方法难以在有效压制多次波的同时保持好一次波信号的特征，特别是对远偏移距道中自由界面多次波的压制而言，往往难以达到令人满意的效果。

SRME 方法的多次波预测过程完全是一种数据驱动模式的，如果缺乏准确的采样数据，必然导致该处理过程的失败。为了获得作为预测算子的记录，除直接插值外，人们还提出了基于模型进行正演的办法。尽管多次波的预测会依赖于模型的精度，但由于摒弃了记录中一次波或多次波同相轴属于某种类型曲线方程的假设，这类方法仍具有显著优势。2005 年，Lokshtanov 提出了一种基于地下模型的以波动方程为基础、在 $\tau-p$ 域实现的预测方法，能够适应于各种水深的多次波衰减；Zhao 等在高斯波束域采用波场外推法，沿着某一角度传播的数据利用本身作为算子进行外推，该算子代表了水层中以该角度发生反射的地震波；Pica 等建立了数据驱动和模型驱动的变种方法，首先利用叠前时间偏移对海底及海底以下的反射界面进行成像，然后将偏移数据体进行反偏移以合理精度重建所期望的多次波贡献道。但是并未给出可获得合理精度叠前记录的反偏移方法。众所周知，由于原始地震记录中包含多次波干扰，难以直接建立准确的地下模型或获得准确的反偏移结果，所以此类方法在实际应用中遇到了困难。

5.3.1 商业软件系统叠前域衰减多次波记录的优化处理

5.3.1.1 线性干扰剔除

输入数据存在振幅较强的直达波、折射波等线性干扰,其一方面会影响多次波的压制效果,另一方面会影响对有效波同相轴的识别分析。针对商业软件系统叠前域衰减多次波后的炮集记录,进行了基于视速度滤波的线性干扰压制,得到了如图 5.3.1、图 5.3.2 与图 5.3.3 所示的炮集记录,中、远偏移距道中的有效信号得以突显出来,便于进行一次波同相轴的追踪分析。

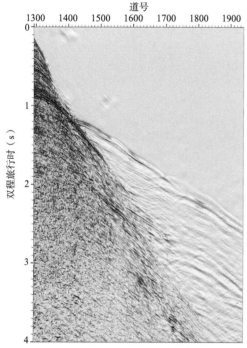
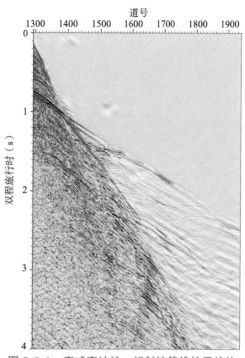

图 5.3.1 衰减直达波、折射波等线性干扰的炮集记录示例(线号 20,炮号 555,缆号 3)　　图 5.3.2 衰减直达波、折射波等线性干扰的炮集记录示例(线号 20,炮号 610,缆号 3)

5.3.1.2 基于分频、分倾角差异化参数的绕射多次波自适应相减

HK 工区的强反射界面崎岖不平,某些位置存在明显的尖断点,使得地震资料中发育有振幅较强的绕射多次波。因侧面反射影响、积分孔径的有限性、野外观测误差及无法获得准确的自由界面因子等诸多因素,使得预测的绕射多次波与原始地震记录中的多次波存在显著差异,最终导致匹配衰减效果不佳。

为保持一次波信号不受损伤的情况下达到有效压制存在显著误差的绕射多次波的目的,基于预测的自由界面多次波记录,利用曲波域分频、分倾角扩展滤波法进行了多次波的自适应相减,图 5.3.4、图 5.3.5 与图 5.3.6 显示了利用曲波域分频、分倾角扩展滤波的炮集记录。通过对比可知,输入数据中的绕射多次波受到了明显压制(图 5.3.1、图 5.3.2、图 5.3.3),其中的弱有效信号得以突显出来。

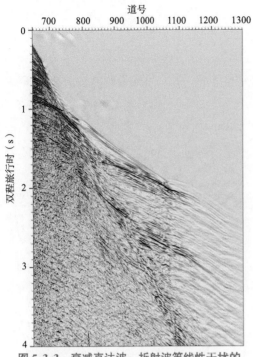

图 5.3.3 衰减直达波、折射波等线性干扰的
炮集记录示例(线号 20,炮号 705,缆号 2)

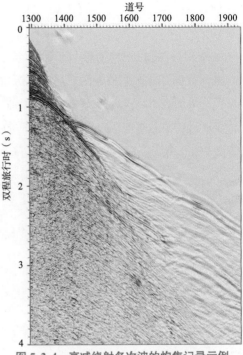

图 5.3.4 衰减绕射多次波的炮集记录示例
(线号 20,炮号 555,缆号 3)

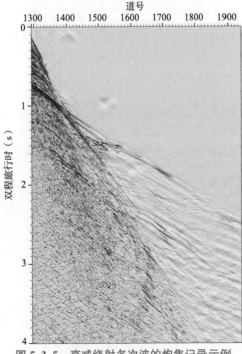

图 5.3.5 衰减绕射多次波的炮集记录示例
(线号 20,炮号 610,缆号 3)

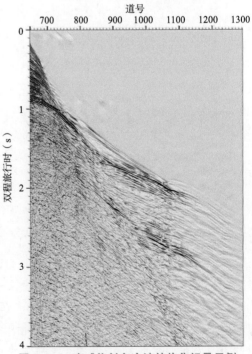

图 5.3.6 衰减绕射多次波的炮集记录示例
(线号 20,炮号 705,缆号 2)

图 5.3.7 至图 5.3.10 展示了 2 组绕射多次波压制结果的对比,其中图 5.3.7 与图 5.3.9 显示的为衰减绕射多次波前的共检波器道集,图 5.3.8 与图 5.3.10 给出了曲波域分频、分倾角扩展滤波的绕射多次波压制结果。通过对比可知,输入记录中的多次波受到了明显压制,剖面的信噪比显著提升。

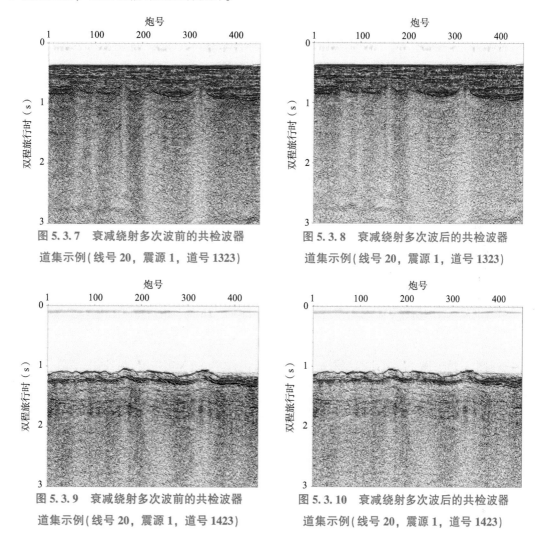

图 5.3.7　衰减绕射多次波前的共检波器
道集示例(线号 20,震源 1,道号 1323)

图 5.3.8　衰减绕射多次波后的共检波器
道集示例(线号 20,震源 1,道号 1323)

图 5.3.9　衰减绕射多次波前的共检波器
道集示例(线号 20,震源 1,道号 1423)

图 5.3.10　衰减绕射多次波后的共检波器
道集示例(线号 20,震源 1,道号 1423)

5.3.1.3　残余多次波的匹配衰减

对于存在多重强波阻抗界面的 HK 工区地震资料,即便经过上述商业软件系统与新研发方法的多次波压制,图 5.3.4、图 5.3.5、图 5.3.6、图 5.3.8 与图 5.3.10 所示的地震数据中仍然存在着明显的多次波残余。为此,输入残余多次波记录,利用曲波域扩展滤波法进行残余多次波的匹配衰减。

图 5.3.11、图 5.3.12 与图 5.3.13 显示利用曲波域扩展滤波衰减残余多次波的炮集记录,图 5.3.14 与图 5.3.15 显示的为消除残余多次波前的共检波器道集记录。与图 5.3.4、图 5.3.5、图 5.3.6、图 5.3.8 与图 5.3.10 所示的输入记录相比,数据中的多次波受到了

明显压制，箭头指向的一次波同相轴连续性明显变好，资料的信噪比显著提高。

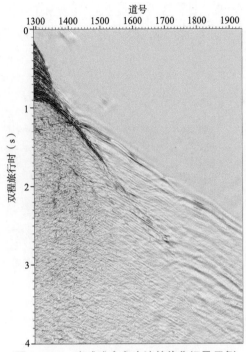

图 5.3.11　衰减残余多次波的炮集记录示例
（线号 20，炮号 555，缆号 3）

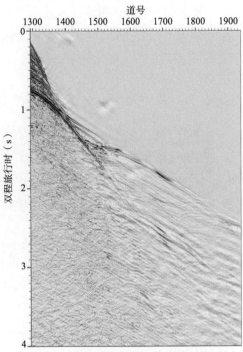

图 5.3.12　衰减残余多次波的炮集记录示例
（线号 20，炮号 610，缆号 3）

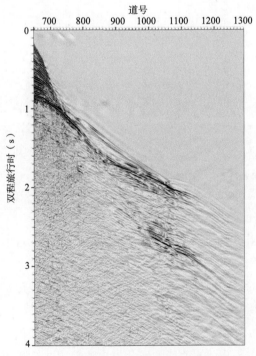

图 5.3.13　衰减残余多次波的炮集记录示例（线号 20，炮号 705，缆号 2）

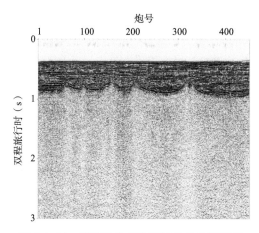

图 5.3.14 衰减残余多次波后的共检波器道
集示例(线号 20，震源 1，道号 1323)

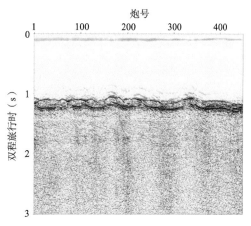

图 5.3.15 衰减残余多次波后的共检波器道
集示例(线号 20，震源 1，道号 1423)

5.4 三维自由界面多次波预测

近年来，反偏移方法或技术得到了一定的应用。Santos 与 Schleicher 等在 2000 年提出了基于深度偏移剖面的克希霍夫积分真振幅反偏移方法，Qiu 与 Tan 等在 2019 年发展了时域克希霍夫反偏移方法，将其用于成像剖面预测与克希霍夫反偏移结合的层间多次波预测。鉴于时域克希霍夫反偏移创建炮集记录的有效性，将通过该方法来较为精确地模拟多次波贡献道的一次反射波记录，并在传统自由界面多次波迭代方程的基础上，引入由模拟记录形成的多次波预测因子与消除理论震源子波影响的自由界面因子，给出该三维自由界面多次波衰减方法在实际生产应用中的处理思路。

5.4.1 基于时域克希霍夫反偏移的三维自由界面多次波预测

自由界面多次波预测(SRMP)通过两个子反射的空间褶积来实现自由界面多次波的预测，如果缺少包含某子反射的地震道，将导致无法预测到基于该子反射的多次波信号。在海上常用的三维拖缆地震采集系统中，联络测线方向的震源间距(即航行线间距)较为稀疏，且受缆数的限制该方向的检波点数极少、炮检距范围也很有限。因此，直接抽取多次波预测所必需的地震道(称为多次波的贡献道)，基于自由界面多次波迭代预测过程进行三维多次波的预测是不现实的。为了克服联络测线方向多次波贡献道采样严重不足的问题，项目组提出了基于克希霍夫反偏移来较为精确地模拟多次波贡献道的一次反射波记录。

5.4.1.1 三维自由界面多次波预测的基本原理

Verschuur 在 2010 年给出了迭代形式的三维自由界面多次波预测方程

$$M_0^{(i)}(x_s, y_s, x_r, y_r, f) = \sum_{y_k} \sum_{x_k} P(x_s, y_s, x_k, y_k, f) P_0^{(i-1)}(x_k, y_k, x_r, y_r, f)$$

$$(5.4.1)$$

式中，i 表示迭代次数；x_s 与 y_s 表示炮点的空间坐标，x_r 与 y_r 表示接收点的空间坐标，f 表示频率；$M_0^{(i)}$ 是第 i 次迭代预测的自由界面多次波波场，下标 0 表示观测位置处于自由界面；P 表示原始地震记录的波场，$P_0^{(i-1)}$ 是衰减多次波后的地震波场，其经过 $i-1$ 次的迭代处理，作为参与多次波预测的预测因子，第一次迭代时通常令 $P_0^{(0)}(x_k, y_k, x_r, y_r, f) = P(x_k, y_k, x_r, y_r, f)$；$x_k$ 与 y_k 表示参与求和运算的波场 P 中接收点、$P_0^{(i-1)}$ 中炮点的空间坐标。

从计算过程上看，式(5.4.1)描述了炮点和检波点具有相同空间采样密度的空间域二维褶积过程：预测炮点与检波点坐标分别为 (x_s, y_s) 和 (x_r, y_r) 炮点—检波点地震道的多次波，需要输入炮点[坐标为 (x_s, y_s)]固定、检波点变化的炮集记录 P 与检波点固定[坐标为 (x_r, y_r)]、炮点变化的共接收点道集记录 $P_0^{(i-1)}$，并要求前者中的接收点与后者中的炮点坐标具有相同的空间采样密度。但在海上三维拖缆地震采集系统中，联络测线方向的震源间距(即航行线间距)较为稀疏，从而无法通过直接抽取地震道的方式来组成共接收点道集 $P_0^{(i-1)}$。受接收缆数的限制，联络测线方向的检波点数极少而且稀疏，炮检距范围也很有限，因此常规拖缆地震获得的炮集记录亦无法满足自由界面多次波预测的需要。

5.4.1.2　时域克希霍夫反偏移

由于无法通过抽取地震道的方式来构成共接收点道集 $P_0^{(i-1)}$，因此需要通过某种计算过程创建该道集，这成为三维自由界面多次波预测的首要问题。一般来说，野外地震观测系统设计的基本要求是获得具有一定成像精度的偏移数据体，为基于偏移成果来构建多次波预测所必需的地震道奠定基础。当地下为简单的水平层状介质时，可以选取叠加剖面中位于炮点与检波点中心位置的地震道，然后根据叠加速度做反动校正来创建该共接收点道集中的地震道。当地下结构较为复杂时，可引入偏移成像的逆过程——反偏移，通过这一准"正演"过程来构建多次波预测贡献道。

克希霍夫反偏移的积分过程与克希霍夫积分成像中的类似，克希霍夫反偏移的积分公式

$$d(\xi, t) = \frac{1}{2\pi} \iint \mathrm{d}s w_d(\eta, \xi) \frac{\partial i(\eta)}{\partial z} \bigg|_{\tau = \iota(\eta, \xi)}$$

$$(5.4.2)$$

式中，$d(\xi, t)$ 为反偏移建立的叠前记录，ξ 为一个炮—检对 (s, r) 的坐标；$i(\eta)$ 为深度偏移剖面，$w_d(\eta, \xi)$ 为克希霍夫积分的权重因子，η 为成像剖面中样点的坐标；$\mathrm{d}s$ 为积分的面元。

为了降低式(5.4.2)对初始速度模型的要求，可利用克希霍夫叠前时间偏移的反过程

来构建满足多次波预测精度的地震道。利用叠前时间偏移剖面代替式(5.4.2)中的深度偏移剖面 $i(\eta)$，偏移剖面对深度 z 的导数应修改为其对旅行时 τ 的导数。引入叠前时间偏移的"直射线"模型射线追踪过程，时域克希霍夫反偏移公式可表示为

$$d(\xi,\ t) = \frac{1}{2\pi} \iint \mathrm{d}s w_\mathrm{d}(\eta,\ \xi) \frac{\partial i(\eta)}{\partial \tau}\bigg|_{\tau = t(\eta,\ \xi)} \tag{5.4.3}$$

由于需要创建的是作为多次波预测因子的共接收点道集，而式(5.4.2)和式(5.4.3)表示的是针对炮—检对 ξ 的处理过程，因此引入空间坐标即可通过时域克希霍夫反偏移来创建多次波预测所需的地震数据

$$d(x_\mathrm{k},\ y_\mathrm{k},\ x_\mathrm{r},\ y_\mathrm{r},\ t) = \frac{1}{2\pi} \iint \mathrm{d}s w_\mathrm{d}(\eta,\ x_\mathrm{k},\ y_\mathrm{k},\ x_\mathrm{r},\ y_\mathrm{r}) \frac{\partial i(\eta)}{\partial \tau}\bigg|_{\tau = t(\eta,\ x_\mathrm{k},\ y_\mathrm{k},\ x_\mathrm{r},\ y_\mathrm{r})}$$
$$\tag{5.4.4}$$

式中，x_k 与 y_k 表示炮点的空间坐标，x_r 与 y_r 表示接收点的空间坐标。由式(5.4.4)可知，在针对炮集中一道数据进行多次波预测时，x_r 与 y_r 是固定值，因此 $d(x_\mathrm{k},\ y_\mathrm{k},\ x_\mathrm{r},\ y_\mathrm{r},\ t)$ 表示共接收点道集记录。

理论上，在给定速度模型(速度场)的前提下，即可基于式(5.4.3)根据输入的地震剖面生成炮集记录，该过程可视为偏移成像的"反过程"。但这里需要注意的是，反偏移过程中的积分权重因子 $w_\mathrm{d}(\eta,\ \xi)$ 与时间偏移成像中的具有一定差别，其应采用更为精确的克希霍夫积分绕射叠加来计算(图5.4.1)，即

$$w_\mathrm{d}(\eta,\ x_\mathrm{k},\ y_\mathrm{k},\ x_\mathrm{r},\ y_\mathrm{r}) = \frac{\cos\theta_0 + \cos\theta}{v(\eta) r r_0} \tag{5.4.5}$$

式中，r_0、r 分别为入射射线、绕射射线的传播距离；θ_0 与 θ 分别为 r_0、r 与面元法向矢量 n 的夹角；$v(\eta)$ 表示地震波速。

反偏移过程中的旅行时仍然根据"直射线"模型的射线追踪来计算，其可表示为

$$t(\eta,\ \xi) = \frac{r_0 + r}{v(\eta)} \tag{5.4.6}$$

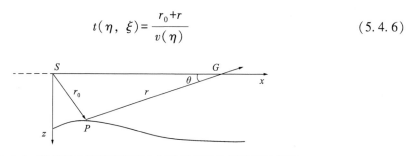

图5.4.1 克希霍夫反偏移的积分权重因子的几何关系示意图

5.4.1.3 基于时域克希霍夫反偏移的三维自由界面多次波预测

利用时域克希霍夫反偏移构建的道集 D(D 为 d 的频率域记录)来代替多次波预测所需

的预测因子$P_0^{(i-1)}$，若反偏移过程中输入的为一次波的成像数据体与偏移速度场，得到的将为仅含一次波的叠前记录，此时多次波预测与压制的迭代次数i可取1，则式（5.4.1）可表示为

$$M_0(x_{\mathrm{s}},\ y_{\mathrm{s}},\ x_{\mathrm{r}},\ y_{\mathrm{r}},\ f)$$
$$= \sum_{y_{\mathrm{k}}} \sum_{x_{\mathrm{k}}} P(x_{\mathrm{s}},\ y_{\mathrm{s}},\ x_{\mathrm{k}},\ y_{\mathrm{k}},\ f) D(x_{\mathrm{k}},\ y_{\mathrm{k}},\ x_{\mathrm{r}},\ y_{\mathrm{r}},\ f) \tag{5.4.7}$$

式中，$D(x_{\mathrm{k}},\ y_{\mathrm{k}},\ x_{\mathrm{r}},\ y_{\mathrm{r}},\ f)$表示构建的一次波地震记录，可视为自由界面多次波预测因子。

由于式（5.4.7）中引入了与野外震源不同的地震子波，为了提高多次波预测结果的精度与记录分辨率，应消除该子波的影响。海上地震勘探的自由界面（海面）的反射系数可设为-1，须对多次波预测结果进行相位校正。将消除子波影响与多次波记录相位校正结合在一起，得到频率域的自由界面因子计算表达式

$$A(f) = \left[W(f) \right]^{-1} \cdot (-1) = -\left[W(f) \right]^{-1} \tag{5.4.8}$$

式中，$W(f)$为基于反偏移记录提取的地震子波$w(t)$的傅立叶变换。

将式（5.4.8）引入自由界面多次波预测过程，则式（5.4.7）可表示为

$$M_0(x_{\mathrm{s}},\ y_{\mathrm{s}},\ x_{\mathrm{r}},\ y_{\mathrm{r}},\ f)$$
$$= A(f) \sum_{y_{\mathrm{k}}} \sum_{x_{\mathrm{k}}} P(x_{\mathrm{s}},\ y_{\mathrm{s}},\ x_{\mathrm{k}},\ y_{\mathrm{k}},\ f) D(x_{\mathrm{k}},\ y_{\mathrm{k}},\ x_{\mathrm{r}},\ y_{\mathrm{r}},\ f) \tag{5.4.9}$$

式（5.4.9）即为引入了多次波预测因子与自由界面因子的多次波预测方程，该过程在频率域中进行，预测流程见图5.4.2。基于式（5.4.9）获得多次波记录后，即可通过匹配衰减方法消除原始地震记录中的多次波（图5.4.2）。

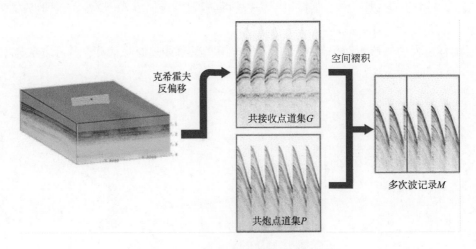

图5.4.2　自由界面多次波预测流程

5.4.2　基于时域克希霍夫绕射叠加正演的三维多次波预测

SRME 方法自身的理论基础是基于三维的，自然适用于全三维数据自由界面多次波的预测与衰减。但是，应用该方法要求必须具有足够范围且足够道数的地震记录（理论上讲其最好仅含有一次反射波）。只有满足这一条件才能通过子反射的空间褶积来比较精确地实现自由界面多次波的预测。在海上常用三维采集系统中，联络测线方向的震源间距（即航行线间距）较为稀疏，且受缆数的限制该方向的检波点数极少、炮检距范围也很有限。因此，直接抽取多次波预测必需的地震道进行三维多次波的预测是不现实的。

本书在传统克希霍夫绕射理论的基础上引入叠前时间偏移剖面中的反射振幅、偏移速度等参量，提出基于叠前时间偏移剖面（三维情形为三维数据体）与偏移速度场的时域克希霍夫绕射叠加正演理论与方法，从而利用克希霍夫绕射叠加一拟波动理论方法来较为精确地模拟三维自由界面多次波预测缺少的一次反射波记录。然后在传统自由界面多次波迭代方程的基础上，引入由模拟记录形成的多次波预测因子与消除理论震源子波影响的自由界面因子，拟推导新的三维自由界面多次波预测方程。

5.4.3　三维 SRME 基本理论及其在应用中的问题

自由界面多次波的预测过程是 SRME 方法的核心，相应的理论与实用技术的发展经历一维→二维→三维的过程。

Verschuur 给出了自由界面多次波迭代预测过程的离散表达式，二维情形的相应表达式可以写成

$$M_0^{(i)}(x_r, x_s, f) = \sum_{x_k} P_0^{(i-1)}(x_r, x_k, f) P(x_k, x_s, f) \tag{5.4.10}$$

式中，$M_0^{(i)}$ 为第 i 次迭代所预测出的多次波记录；$P_0^{(i-1)}$ 为 $i-1$ 次迭代后经过匹配衰减的一次波记录；P 为共炮点道集记录。通常只进行一次迭代，并取 $P_0^{(0)}(x_r, x_k, f) = P(x_k, x_s, f)$，预测过程可以描述为地震数据在时—空域对自身的褶积。

很容易将式（5.4.10）推广为三维情形下的自由界面多次波迭代预测方程

$$M_0^{(i)}(x_r, y_r, x_s, y_s, f)$$

$$= \sum_{y_k} \sum_{x_k} P_0^{(i-1)}(x_r, y_r, x_k, y_k, f) P(x_k, y_k, x_s, y_s, f) \tag{5.4.11}$$

式（5.4.11）描述了空间域的二维褶积过程。经过分析可知：$P_0^{(i-1)}(x_r, y_r, x_k, y_k, f)$ 为共检波点道集记录，其中 (x_k, y_k)、(x_r, y_r) 分别为炮点与接收点坐标；而 $P(x_k, y_k, x_s, y_s, f)$ 为共炮点道集记录，其中 (x_s, y_s)、(x_k, y_k) 分别为炮点与接收点坐标。式（5.4.11）的空间褶积过程要求炮点和检波点在观测区域具有相同的采样密度，只有在这种情况下，方可有效避免空间"假频"现象，进而得到有效的多次波预测结果。

现通过定观测区域内一道(一个炮检组合)多次波记录的预测过程说明式(5.4.11)的物理意义。如图5.4.3所示,在选择的震源位置处放炮,利用分布在地表的密集网格中的检波点进行接收,得到的炮记录代表了式(5.4.11)右边的第二项$P(x_k, y_k, x_s, y_s, f)$。然后,使用与共炮点记录中相同的网格,在所选的检波点位置模拟出一个共检波点道集,此时密集网格中的每一点都相当于一个次级震源,被所选的检波点接收,从而得到了式(5.4.11)右边的第一项$P_0^{(0)}(x_r, y_r, x_k, y_k, f)$。将这两个道集的数据进行逐道褶积,就得到具有密集采样的多次波贡献道集,再对多次波有贡献的道叠加之后,就可获得该炮检点组合的多次波预测道。

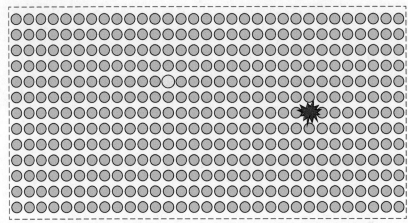

图5.4.3 通过模拟的方式预测一道(一个炮检组合)多次波记录的过程(据 Verschuur)

对于实际的海上三维地震观测系统而言,直接利用式(5.4.11)进行三维自由界面多次波预测是不现实的。这是因为式(5.4.11)中4个空间坐标中一般只有两个可得到正确采样,即纵测线方向的炮点和纵测线方向的检波点坐标;而联络测线方向的检波点坐标只能进行粗略采样,并且联络测线方向的炮检距范围也是有限的。

图5.4.4至图5.4.6显示了三维海上实际地震资料的观测系统信息。图5.4.4展示了接收排列示意图,野外观测采用6缆接收,缆间距为100m,其值远大于纵测线方向的道间距(12.5m)。而且,联络测线方向的震源间距(即航行线间距)极为稀疏,其介于300~600m之间(图5.4.5中红色航线间距),这导致了炮点的分布密度远小于共检波点的分布密度。此外,由于野外观测过程中部分炮记录的接收电缆存在羽角,使得图5.4.6中的共检波点道集的覆盖次数分布呈现不均匀状态(最小为0,最大为310次)。当基于较少的多次波贡献道进行求和时,只会得到带有假频并且振幅失真的多次波预测结果,因此无法直接基于式(5.4.11)进行自由界面多次波的预测。

为此,摒弃了从野外炮集记录中抽取共检波点道集$P_0^{(0)}(x_r, y_r, x_k, y_k, f)$的处理方式,而是基于所研究的时域克希霍夫绕射叠加方法通过正演模拟获得。然后在式(5.4.11)的基础上,引入由模拟记录形成的多次波预测因子与自由界面因子,推导新的三维自由界面多次波预测方程。

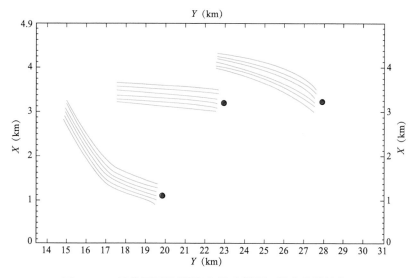

图 5.4.4　接收排列示意图(红星为震源，绿点为检波点)

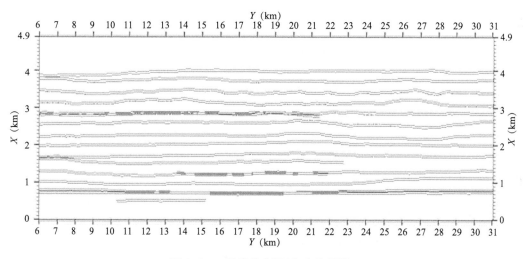

图 5.4.5　航线分布图(红点为震源)

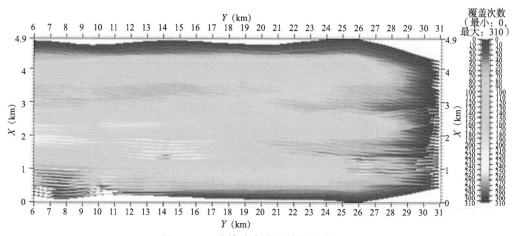

图 5.4.6　共检波点道集的覆盖次数图

5.4.4 时域克希霍夫绕射叠加正演

在传统克希霍夫绕射理论的基础上引入叠前时间偏移剖面中的反射振幅、偏移速度等参量，提出基于叠前时间偏移剖面(三维情形为三维数据体)与偏移速度场的克希霍夫绕射叠加正演理论与方法，从而据此较为精确地模拟三维自由界面多次波预测缺少的一次反射波记录。

5.4.4.1 齐次波动方程的克希霍夫积分解

设在声学介质中一个区域 Ω 的封闭曲面 S 上，已知纵波的位移位 φ 和它的方向导数 $\partial\varphi/\partial n$，要求确定区域 Ω 中任意一点 P 上的位移位 $\varphi(P, t)$。用 $\boldsymbol{n}$ 表示曲面 S 的外法线。波的震源可能位于曲面 S 以外，其作用归结为在曲面 S 上给出的边界条件 $\varphi(S)$ 和 $\partial\varphi(S)/\partial n$。显然，待求的位函数满足齐次波动方程

$$\nabla^2\varphi - \frac{1}{C^2}\frac{\partial^2\varphi}{\partial t^2} = 0 \tag{5.4.12}$$

式中，C 为波速；t 为旅行时。

为求解函数 φ，采用傅立叶变换法，即用傅立叶积分表示 φ 为

$$\begin{cases} \varphi(P, \omega) = \int\limits_{-\infty}^{+\infty} \varphi(P, t)\,\mathrm{e}^{-j\omega t}\mathrm{d}t \\ \varphi(P, t) = \frac{1}{2\pi}\int\limits_{-\infty}^{+\infty} \varphi(P, \omega)\,\mathrm{e}^{j\omega t}\mathrm{d}\omega \end{cases} \tag{5.4.13}$$

式中，$\varphi(P, \omega)$ 为 $\varphi(P, t)$ 的谱函数；j 为虚数单位。

谱函数不仅取决于频率 ω，也是观测点 P 坐标的函数。对一个简谐分量得到解以后，再经傅立叶积分便可以获得待求的未知函数 $\varphi(P, t)$。

将式(5.4.13)代入式(5.4.12)并变换微分与积分次序，得到亥姆霍兹方程

$$\nabla^2\varphi(P, \omega) + k^2\varphi(P, \omega) = 0 \tag{5.4.14}$$

式中，k 为波数，$k = \dfrac{\omega}{c}$。

先要解决的问题是利用闭合曲面 S 上的波场值来求曲面内部任意一点 P 的波场值。曾经接触过的联系曲面上和曲面内波场的公式(或定理)有高斯公式和格林函数。前者是针对矢量函数的，后者可以由两个标量函数来实现。因此，考虑第二格林公式，即

$$\iiint\limits_{\Omega}(u\,\nabla^2 v - v\,\nabla^2 u)\,\mathrm{d}\Omega = \oiint\limits_{S}(u\,\nabla v - v\,\nabla u)\cdot\mathrm{d}S \tag{5.4.15}$$

式中，u，v 为任意具有二阶连续偏导数的标量解析函数。

考虑到 $\mathrm{d}S = n^0\mathrm{d}S$，根据方向导数和梯度的关系，$\nabla u\cdot n^0 = \partial u/\partial n$，故式(5.4.15)可以写为

$$\iiint_{\Omega}(u\,\nabla^2 v - v\,\nabla^2 u)\mathrm{d}\Omega = \oiint_{S}\left(u\,\frac{\partial v}{\partial n} - v\,\frac{\partial u}{\partial n}\right)\mathrm{d}S \tag{5.4.16}$$

为了能够使用式(5.4.16)，除了待求解的函数 ϕ（φ 的傅立叶变换）以外，还需要另外一个辅助函数。注意到式(5.4.16)中的 u 和 v 函数地位的对等性，所选取的另一个函数也应具有某些与函数 φ 类似的性质，这样会简化求解过程。

考虑到待求函数 φ 是亥姆霍兹方程式(5.4.14)的解，选取另一个辅助函数 ψ 也是亥姆霍兹方程的解。最简单的是点源的解，在频率域就是

$$\psi(P,\omega) = \frac{1}{r}\mathrm{e}^{-jkr} \tag{5.4.17}$$

式中，r 为 P 到空间一点的距离。

这样的函数 ψ 称为格林函数。显然，它也满足亥姆霍兹方程，即

$$\nabla^2\psi(P,\omega) + k^2\psi(P,\omega) = 0 \tag{5.4.18}$$

但应指出的是，函数 ψ 在 $r=0$（即点 P）处是不满足格林公式所要求的条件的。$r=0$ 是它的一个奇异点。为解决这一问题，围绕奇异点（即点 P）用一个小球面 S_1 将它与区域 Ω 分开，除去小球面内部空间外，都将适用式(5.4.16)。设小球半径为 R，小球面用 S_1 表示，则区域 Ω 由两个闭合曲面所限定，即外曲面 S 和内曲面 S_1。将 φ 和 ψ 代入式(5.4.16)，在 $(S+S_1)$ 围成的区域 Ω 内有

$$\iiint_{\Omega}(\varphi\,\nabla^2\psi - \psi\,\nabla^2\varphi)\mathrm{d}\Omega = \oiint_{S}\left(\varphi\,\frac{\partial\psi}{\partial n} - \psi\,\frac{\partial\varphi}{\partial n}\right)\mathrm{d}S + \oiint_{S_1}\left(\varphi\,\frac{\partial\psi}{\partial n} - \psi\,\frac{\partial\varphi}{\partial n}\right)\mathrm{d}S$$

$$\tag{5.4.19}$$

由式(5.4.14)可得 $\nabla^2\varphi = -k^2\varphi$；由式(5.4.18)可得 $\nabla^2\psi = -k^2\psi$。将这些关系式代入式(5.4.19)左侧，可得

$$\iiint_{\Omega}(\varphi\,\nabla^2\psi - \psi\,\nabla^2\varphi)\mathrm{d}\Omega$$

$$= \iiint_{\Omega}(-k^2\varphi\psi + k^2\varphi\psi)\mathrm{d}\Omega = 0 \quad (5.4.20)$$

对等式(5.4.19)右端的第 2 项积分做一些变换，考虑到对曲面 S_1 来讲，外法线方向 $\boldsymbol{n}$ 与其半径方向 R 相反，即 $\partial/\partial n = -\partial/\partial R$，如图 5.4.7 所示。面积元 $\mathrm{d}S$ 利用立体角素 $\mathrm{d}\Lambda$ 表示为 $R^2\mathrm{d}\Lambda$。$\mathrm{d}\Lambda$ 的变化范围为 0 到 4π。可以得到

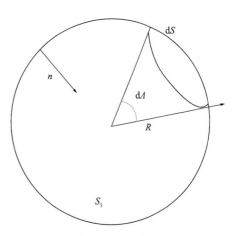

图 5.4.7 立体角素

$$\oiint_{S_1}\left(\varphi\,\frac{\partial\psi}{\partial n}-\psi\,\frac{\partial\varphi}{\partial n}\right)\mathrm{d}S$$

$$=\oiint_{S_1}\left[\varphi\left(\frac{1}{R^2}\mathrm{e}^{-jkR}+\frac{jk}{R}\mathrm{e}^{-jkR}\right)-\frac{1}{R}\mathrm{e}^{-jkR}\,\frac{\partial\varphi}{\partial n}\right]R^2\mathrm{d}\Lambda \qquad (5.4.21)$$

将 R^2 乘入，上式可整理为

$$\oiint_{S_1}\left[\varphi\left(\mathrm{e}^{-jkR}+jkR\mathrm{e}^{-jkR}\right)-R\mathrm{e}^{-jkR}\,\frac{\partial\varphi}{\partial n}\right]\mathrm{d}\Lambda \qquad (5.4.22)$$

由于曲面 S_1 无穷小，当 $R\rightarrow0$ 时，$\mathrm{e}^{-jkR}\rightarrow1$。式(5.4.22)右端的被积函数中只剩下第一项 $\varphi\mathrm{e}^{-jkR}\rightarrow\varphi(P,\omega)$，它与立体角无关。对圆球面 S_1 来讲，$\mathrm{d}\Lambda$ 的范围为 0 到 4π，因此

$$\oiint_{S_1}\left[\varphi\left(\mathrm{e}^{-jkR}+jkR\mathrm{e}^{-jkR}\right)-R\mathrm{e}^{-jkR}\,\frac{\partial\varphi}{\partial n}\right]\mathrm{d}\Lambda=\int_0^{4\pi}\varphi(P,\omega)\mathrm{d}\Lambda=4\pi\varphi(P,\omega) \qquad (5.4.23)$$

于是，式(5.4.19)变为

$$\oiint_S\left(\varphi\,\frac{\partial\psi}{\partial n}-\psi\,\frac{\partial\varphi}{\partial n}\right)\mathrm{d}S+4\pi\varphi(P,\omega)=0 \qquad (5.4.24)$$

即

$$\varphi(P,\omega)=-\frac{1}{4\pi}\oiint_S\left(\varphi\,\frac{\partial\psi}{\partial n}-\psi\,\frac{\partial\varphi}{\partial n}\right)\mathrm{d}S \qquad (5.4.25)$$

计算式(5.4.25)中的导数，由于 $k=\dfrac{\omega}{C}$，故有

$$\frac{\partial\psi}{\partial n}=\frac{\partial}{\partial n}\left(\frac{1}{r}\mathrm{e}^{-jkr}\right)=\frac{\partial}{\partial n}\left(\frac{1}{r}\mathrm{e}^{-j\frac{\omega}{C}r}\right)$$

$$=-\frac{j\omega}{Cr}\mathrm{e}^{-j\frac{\omega}{C}r}\,\frac{\partial r}{\partial n}-\frac{1}{r^2}\mathrm{e}^{-j\frac{\omega}{C}r}\,\frac{\partial r}{\partial n} \qquad (5.4.26)$$

将式(5.4.25)代入式(5.4.26)，可得

$$\varphi(P,\omega)=\frac{1}{4\pi}\oiint_S\left(\frac{1}{r}\,\frac{\partial\varphi}{\partial n}\mathrm{e}^{-j\frac{\omega}{C}r}+\frac{j\omega}{Cr}\,\frac{\partial r}{\partial n}\varphi\mathrm{e}^{-j\frac{\omega}{C}r}+\frac{1}{r^2}\varphi\,\frac{\partial r}{\partial n}\mathrm{e}^{-j\frac{\omega}{C}r}\right)\mathrm{d}S \qquad (5.4.27)$$

将式(5.4.27)代入傅立叶积分变换式(5.4.13)中，进行傅立叶逆变换，如式中的第一项

$$\frac{1}{2\pi}\int_{-\infty}^{+\infty}\frac{\partial\varphi}{\partial n}\mathrm{e}^{-j\frac{\omega}{C}r}\mathrm{e}^{j\omega t}\mathrm{d}\omega=\frac{1}{2\pi}\int_{-\infty}^{+\infty}\frac{\partial}{\partial n}\varphi(P,\omega)\mathrm{e}^{j\omega\left(t-\frac{r}{C}\right)}\mathrm{d}\omega \qquad (5.4.28)$$

令 $l=t-\dfrac{r}{C}$ 进行变量替换，则式(5.4.28)可转化为

$$\frac{1}{2\pi}\int_{-\infty}^{+\infty}\frac{\partial}{\partial n}\varphi(P,\omega)\mathrm{e}^{j\omega l}\mathrm{d}\omega=\frac{\partial}{\partial n}\varphi(P,l)=\frac{\partial}{\partial n}\varphi\left(P,t-\frac{r}{C}\right) \qquad (5.4.29)$$

最终得到点 P 处位移位的时间函数表达式为

$$\varphi(P,\ t)=\frac{1}{4\pi}\oint_{S}\left\{\frac{1}{r}\left[\frac{\partial\varphi}{\partial n}\right]+\frac{1}{Cr}\frac{\partial r}{\partial n}\left[\frac{\partial\varphi}{\partial t}\right]+\frac{1}{r^2}\frac{\partial r}{\partial n}[\varphi]\right\}\mathrm{d}S \qquad (5.4.30)$$

式中，$[\cdot]$ 表示函数的推迟位，$[\varphi]=\varphi(t-r/C)$；r 表示观测点 P 到曲面 S 上任意一点的距离；n 为曲面 S 的外法线方向。

这就是齐次波动方程的克希霍夫积分解。该积分解最早是由德国著名学者克希霍夫在 1883 年给出的。已知曲面 S 上的位函数 φ 和它的方向导数 $\partial\varphi/\partial n$，利用积分解式 (5.4.30) 就可以确定内部空间 Ω 内任意一点上位移位函数的值。由分布在闭合曲面 S 外部空间的震源在内部空间 Ω 产生的波场，可以根据在曲面 S 上的位函数及其法向偏导数值来确定，而无须已知震源函数。在曲面 S 上给定的边界条件代替了震源的作用。

5.4.4.2 克希霍夫积分绕射公式的推导

克希霍夫积分解决了利用闭合曲面 S 上的波场值及其法向导数得到闭合曲面围成的内部空间一点 P 上的波场值的问题，即曲面外部震源对内部空间点波场的影响。利用该积分公式，讨论闭合曲面内部震源对曲面外部观测点波场值的贡献，由此导出熟知的惠更斯-菲涅耳定理，并确定其中倾斜因子的具体表达式。

已知在闭合曲面 S 内存在一点震源，利用积分解求曲面外任意一点的波场值。该问题要解决的是外部空间问题。只要将闭合曲面 S 的内法线方向作为正方向，就可以利用克希霍夫积分公式来求解。

如图 5.4.8 所示，设闭合曲面 S 内 P_0 点有一点震源，A 为 S 上任意一点，观测点 P 位于曲面 S 以外。根据惠更斯原理，震源 P_0 发出的波传到曲面 S 上各点，曲面 S 上各点就又作为新的震源发出球面子波，称为二次元波。P 点的波场就可以看成是由曲面 S 上各点发出的二次元波在 P 点汇集而成的。

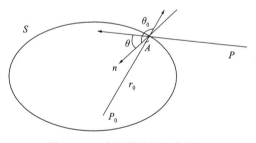

图 5.4.8　点源的绕射示意图

设 P_0 点的震源函数为 $Ae^{j\omega t}$，传到曲面 S 上任意一点 A 时，A 点的波场为

$$\varphi=Ae^{j\omega t}\cdot\frac{1}{r_0}\mathrm{e}^{-jkr_0} \qquad (5.4.31)$$

式中，r_0 为震源 P_0 点到 A 点的距离；$k=\omega/C$ 为圆波数；因子 $1/r_0$ 表示球面扩散；因子 $\mathrm{e}^{-jkr_0}=\mathrm{e}^{(-j\omega r_0)/C}$ 表示从 P_0 点到 A 点的时间延迟。

根据克希霍夫积分公式 (5.4.30)，即

$$\varphi(P,\ t)=\frac{1}{4\pi}\oint_{S}\left\{\frac{1}{r}\left[\frac{\partial\varphi}{\partial n}\right]+\frac{1}{Cr}\frac{\partial r}{\partial n}\left[\frac{\partial\varphi}{\partial t}\right]+\frac{1}{r^2}\frac{\partial r}{\partial n}[\varphi]\right\}\mathrm{d}S \qquad (5.4.32)$$

计算其中各项值，设 P 点到 A 点的距离为 r，有

$$[\varphi] = \varphi \cdot \mathrm{e}^{-jkr} = A\mathrm{e}^{j\omega t} \cdot \frac{1}{r_0}\mathrm{e}^{-jkr_0}\mathrm{e}^{-jkr}$$

根据方向导数的定义，有

$$\begin{cases} \dfrac{\partial r}{\partial n} = \mathrm{grad}r \cdot \boldsymbol{n}^0 \\[3mm] \dfrac{\partial r_0}{\partial n} = \mathrm{grad}r_0 \cdot \boldsymbol{n}^0 \end{cases} \tag{5.4.33}$$

式中，$\boldsymbol{n}^0$ 为曲面 S 的内法线方向 $\boldsymbol{n}$ 的单位向量。

容易证明

$$\mathrm{grad}r = \frac{\boldsymbol{r}}{\boldsymbol{r}}$$

$$\mathrm{grad}r_0 = \frac{\boldsymbol{r}_0}{\boldsymbol{r}_0}$$

且其模均为 1。若 r_0 和 r 与 n 的夹角分别为 θ_0 和 θ，显然有

$$\frac{\partial r}{\partial n} = \mathrm{grad}r \cdot \boldsymbol{n}^0 = \parallel \mathrm{grad}r \parallel \cdot \parallel \boldsymbol{n}^0 \parallel \cdot \cos\theta = \cos\theta$$

$$\frac{\partial r_0}{\partial n} = \mathrm{grad}r_0 \cdot \boldsymbol{n}^0 = \parallel \mathrm{grad}r_0 \parallel \cdot \parallel \boldsymbol{n}^0 \parallel \cdot \cos\theta_0 = \cos\theta_0$$

由于

$$\frac{\partial \varphi}{\partial n} = \frac{\partial \varphi}{\partial r_0}\frac{\partial r_0}{\partial n} = A\mathrm{e}^{j\omega t}\left[-\frac{1}{r_0^{~2}}\mathrm{e}^{-jkr_0} - \frac{jk}{r_0}\mathrm{e}^{-jkr_0}\right]\cos\theta_0$$

故

$$\frac{1}{r}\frac{\partial \varphi}{\partial n} = A\mathrm{e}^{j\omega t}\frac{1}{rr_0}\left[-\frac{1}{r_0}\mathrm{e}^{-jkr_0} - jk\mathrm{e}^{-jkr_0}\right]\cos\theta_0 \tag{5.4.34}$$

由于

$$\left[\frac{\partial \varphi}{\partial t}\right] = j\omega A\frac{1}{r_0}\mathrm{e}^{j\omega t}\mathrm{e}^{-jk(r_0+r)}$$

考虑到 $k = \omega/C$，故有

$$\frac{1}{Cr}\frac{\partial r}{\partial n}\left[\frac{\partial \varphi}{\partial t}\right] = \frac{jk}{r_0 r}A\mathrm{e}^{j\omega t}\mathrm{e}^{-jk(r_0+r)}\cos\theta \tag{5.4.35}$$

以及

$$\frac{1}{r^2}\frac{\partial r}{\partial n}[\varphi] = \frac{1}{r^2 r_0} A e^{j\omega t} e^{-jk(r_0+r)}\cos\theta \tag{5.4.36}$$

将式(5.4.33)、式(5.4.34)和式(5.4.35)代入克希霍夫积分公式(5.4.31)，得到

$$\varphi(P,\ t) = \frac{1}{4\pi}\oiint_S\left\{\frac{1}{rr_0}A e^{j\omega t} e^{-jk(r_0+r)}\left[-\left(\frac{1}{r_0}+jk\right)\cos\theta_0 + \left(\frac{1}{r}+jk\right)\cos\theta\right]\right\}\mathrm{d}S \tag{5.4.37}$$

式(5.4.37)就是克希霍夫绕射公式，也称为惠更斯—菲涅耳定理，其物理含义可以概括为：空间任意一点 P 的波场值都是闭合曲面 S 上各点作为新震源发出的二次元波在该点叠加的结果，参与叠加的各元波对 P 点波场所起的贡献大小不同。式中是对闭合曲面的积分，被积函数中 $A e^{j\omega t}$ 为震源函数，$1/(rr_0)$ 为从震源 P_0 点到绕射点 A 再到观测点 P 的球面扩散因子，$e^{-jk(r_0+r)}$ 为从点 P_0 到点 A 再到点 P 的时间延迟。

5.4.5 基于时域克希霍夫绕射叠加正演的自由界面多次波预测

根据式(5.4.1)给出的三维自由界面多次波迭代预测方程为

$$M_0^{(i)}(x_\mathrm{r},\ y_\mathrm{r},\ x_\mathrm{s},\ y_\mathrm{s},\ f)$$
$$= \sum_{y_k}\sum_{x_k} P_0^{(i-1)}(x_\mathrm{r},\ y_\mathrm{r},\ x_k,\ y_k,\ f) P(x_k,\ y_k,\ x_\mathrm{s},\ y_\mathrm{s},\ f) \tag{5.4.38}$$

式(5.4.38)描述了空间域二维褶积，$M_0^{(i)}$ 是第 i 次迭代所预测出的多次波；$P_0^{(i-1)}$ 是 $i-1$ 次迭代经匹配衰减后的一次波记录，令 $P_0^{(0)}(x_\mathrm{r},\ y_\mathrm{r},\ x_k,\ y_k,\ f) = P(x_\mathrm{r},\ y_\mathrm{r},\ x_k,\ y_k,\ f)$。

经过分析可知，$P(x_k,\ y_k,\ x_\mathrm{s},\ y_\mathrm{s},\ f)$ 为野外观测的共炮点道集记录；$P(x_\mathrm{r},\ y_\mathrm{r},\ x_k,\ y_k,\ f)$ 为存在缺道的共检波点道集记录，可通过时域克希霍夫绕射叠加正演方法进行模拟，若得到的为纯一次波地震记录，则多次波预测的最大迭代次数 i 可取 1，式(5.4.38)可进一步表示为

$$M(x_\mathrm{r},\ y_\mathrm{r},\ x_\mathrm{s},\ y_\mathrm{s},\ f)$$
$$= \sum_{y_k}\sum_{x_k} Q(x_\mathrm{r},\ y_\mathrm{r},\ x_k,\ y_k,\ f) P(x_k,\ y_k,\ x_\mathrm{s},\ y_\mathrm{s},\ f) \tag{5.4.39}$$

式中，$Q(x_\mathrm{r},\ y_\mathrm{r},\ x_k,\ y_k,\ f)$ 表示模拟的一次波地震记录，可视为自由界面多次波预测因子。

由于式(5.4.39)中引入了与野外震源截然不同的理论子波，为了提高多次波预测结果的精度与记录分辨率，应消除该子波的影响。海上地震勘探的自由界面(海面)的反射系数可设为−1，须对多次波预测结果进行相位校正。将消除理论子波的过程与多次波记录相位校正结合在一起，进而得到频率域的自由界面因子计算表达式

$$A(f) = [W(f)]^{-1}\cdot(-1) = -[W(f)]^{-1} \tag{5.4.40}$$

式中，$W(f)$ 为理论子波 $w(t)$ 的傅立叶变换。

将式(5.4.40)引入自由界面多次波预测过程，则式(5.4.39)可表示为

$$M(x_r, y_r, x_s, y_s, f)$$

$$= A(f) \sum_{y_k} \sum_{x_k} Q(x_r, y_r, x_k, y_k, f) P(x_k, y_k, x_s, y_s, f) \qquad (5.4.41)$$

式(5.4.41)为引入了多次波预测因子与自由界面因子的多次波预测方程，该过程是在频率域中进行的。基于式(5.4.41)获得多次波记录后，即可通过匹配衰减方法消除原始地震记录中的多次波。

5.5 自由界面多次波预测中的实际问题

5.5.1 地震道插值

在地震资料野外采集过程中，受施工条件所限，常缺失部分地震道。地震道的缺失对于多道信号处理存在不利影响，近偏移距地震道的缺失对自由界面多次波衰减方法的影响更为严重，将直接导致部分地震道多次波信号的无法预测，进而最终影响到多次波的匹配剔除结果的好坏。因此，能否精确地外推或内插出缺失的地震道将直接关系到自由界面多次波的压制效果。

近年来，人们已提出和发展了多种波场插值方法，如 $\tau-p$ 变换法、趋势样条插值法、空间预测方法、非均匀傅立叶变换法等。其中，趋势样条插值法需要获得精确的速度信息，空间预测方法只能进行线性同相轴的插值，非均匀傅立叶变换法实现起来较为困难，所以这三种方法应用不广。$\tau-p$ 变换分为双曲线与抛物线两种类型，前者更符合地震记录的实际情况，但需在时间域求解巨大维数矩阵的逆，运算量大且求解过程难以稳定；后者实现起来相对简单，运算量较前者小，因此是最常用的方法。但抛物线 $\tau-p$ 变换法存在如下问题：(1)在波场插值前、后需要进行正、反动校正(近似动校正)处理，增加了额外的运算量；(2)无法保证动校正(或近似动校正)后的同相轴均为水平或抛物线，影响了插值效果；(3)时间和空间上的截断效应会导致虚假同相轴的出现；(4)无法使插值道中的地震信号具备野外记录的相对振幅关系；(5)最小平方约束下的多次迭代过程严重降低了计算效率。

从本质上讲，波场插值方法均是假定地震记录中的同相轴满足特定的几何及振幅规律，从而可应用邻近道或整个记录中的信号构建不存在的地震道。根据这个思路，文中提出了一种通过速度加权叠加进行地震道外推与内插的方法。该方法在共中心点(CMP)道集域进行，基于同相轴符合双曲线规律的假设，引入振幅与偏移距的关系，通过输入道中信号的大样本叠加，使所建道中的同相轴按其本身的几何及振幅规律外推或内插。简单地说，其是根据振幅与偏移距的关系，应用输入地震道计算插值道中各样点的信号，所外推

或内插的最终值是多次时窗(由上至下逐点滑动)、渐变叠加速度扫描的多道信号叠加的结果。加权叠加法实现地震道插值的关键是计算了两个因子——振幅校正因子和速度加权因子,前者使插值信号符合振幅与偏移距的关系,即保证了插值信号振幅的准确性;后者则控制着各同相轴在插值道上的伸展方向。

加权叠加的道外推、内插法可认为是双曲线 $\tau-p$ 变换法的另一实现思路,不同的是引入了振幅与偏移距的关系,即在一定程度上考虑了地震信号的动力学特征。与常用的最小平方抛物线 $\tau-p$ 变换法相比,该方法具有如下优点:(1)基于记录中同相轴符合双曲线规律的假设条件,因此更接近实际情况;(2)不需动校正处理,避免了动校拉伸效应的影响;(3)可在一定程度上使插值道中的地震信号具备野外记录的相对振幅关系;(4)极大地提高了运算效率,其所耗机时要远小于最小平方抛物线 $\tau-p$ 变换法。

5.5.2 反射缺失

反馈环法与逆散射级数法之所以不需要地下信息,是因为由其可精确估计出所有子反射,如果构成某多次波信号的子反射存在观测误差或缺失则导致其无法被正确预测。当地下构造复杂时,子反射缺失的可能性也随之增大,通常无法获得较好的多次波预测结果。反馈环法和逆散射级数法的计算量均较大,目前尚无法应用逆散射级数法针对实际资料进行多次波的预测与压制处理。

由于把地震信号接收设备布设在海底,海底地震采集无法接收到来自于海底的一次反射波(对于海底无照明)。此外,因采用具有少道多炮特征的观测系统,导致其所接收数据的中浅部覆盖次数低且不均匀(图 5.5.1),甚至缺失部分浅部地层的反射信号。图 5.5.2 显示了不同时间深度的偏移数据体水平切片,其中时间为 200ms 的切片其成像质量远低于时间为 1500ms 的切片,其仅在布设有检波器的位置存在反射信息。OBC 数据存在的海底反射缺失与中浅部覆盖次数低的问题,进一步限制了三维 SRME 方法的应用:

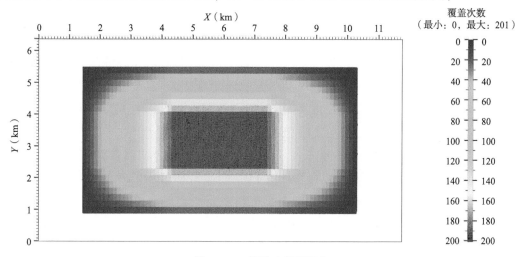

图 5.5.1 覆盖次数不均匀

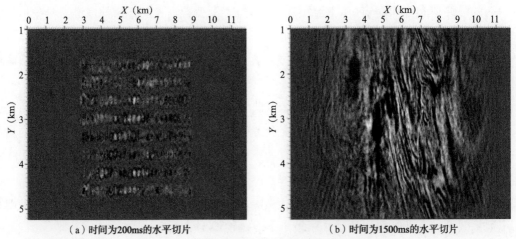

（a）时间为200ms的水平切片　　　　　　（b）时间为1500ms的水平切片

图 5.5.2　不同时间深度的偏移数据体水平切片

（1）反射信号缺失会严重影响多次波的预测精度，不但无法预测到海底多次波，还会产生明显的空间假频；

（2）为常规偏移成像方法带来严峻挑战（海底无法成像、中浅部成像质量差），将无法利用克希霍夫反偏移来构建较为准确的多次波贡献道。

5.5.3　空间假频

5.5.3.1　常规拖缆数据与 OBC 数据联合的自由界面多次波预测分析

为避免多次波预测结果中出现空间假频，在多次波预测过程中将缆间距由 200m 插值为 50m，使接收道数由 3417 道插值为 13667 道，通过反偏移创建了共含有 13667 个记录的模型数据。以反偏移记录为自由界面多次波预测因子，然后输入预处理后的炮集记录进行自由界面多次波预测，获得了仅包含多次波成分的地震记录。图 5.5.3 至图 5.5.6 分别展示了两组预处理后的炮集记录和预测的多次波记录。通过对比可知，在图 5.5.4 与图 5.5.6 所示的多次波记录中包含了丰富的多次波信息，其旅行时与原始记录中的基本一致，这证明了该多次波预测方法的有效性。

5.5.3.2　基于反偏移记录的三维自由界面多次波预测

为避免多次波预测结果中出现空间假频，在多次波预测过程中将缆间距由 400m 插值为 50m，使接收道数由 1920 道插值为 13680 道，因此通过反偏移创建了共含有 13680 个记录的模型数据。以反偏移记录为自由界面多次波预测因子，然后输入双检合并后的炮集记录进行自由界面多次波预测，获得了仅包含多次波成分的地震记录。

图 5.5.7 至图 5.5.14 分别展示了炮线 L3070 中的四组原始共接收点道集与预测的多次波记录，其中图 5.5.7、图 5.5.9、图 5.5.11 与图 5.5.13 显示的为原始共检波器道集记录，图 5.5.8、图 5.5.10、图 5.5.12 与图 5.5.14 给出了相应记录的自由界面多次波预测结果。通过对比可知，预测多次波记录中包含了丰富的多次波信息，主要多次波同相轴的旅行时与原始记录中的基本一致，证明了该多次波预测方法的有效性。

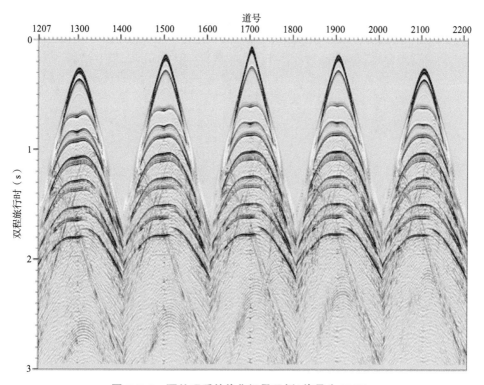

图 5.5.3 预处理后的炮集记录示例 (炮号为 3945)

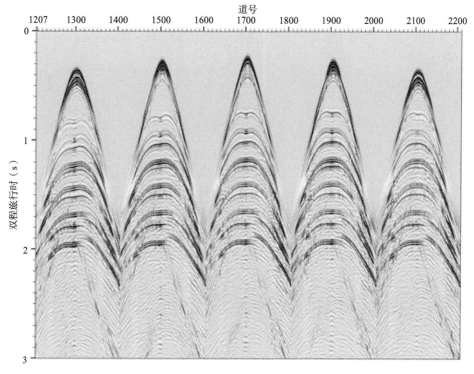

图 5.5.4 预测的多次波记录 (炮号为 3945)

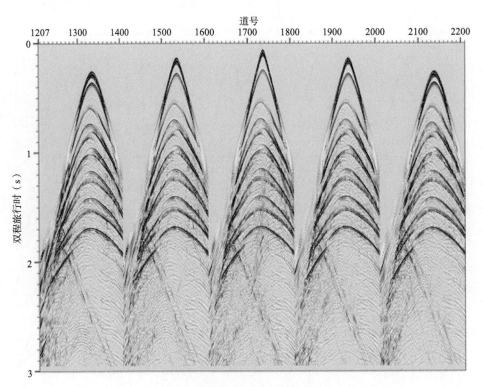

图 5.5.5　预处理后的炮集记录示例(炮号为 5233)

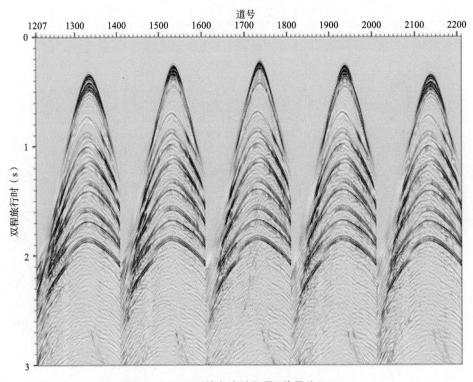

图 5.5.6　预测的多次波记录(炮号为 5233)

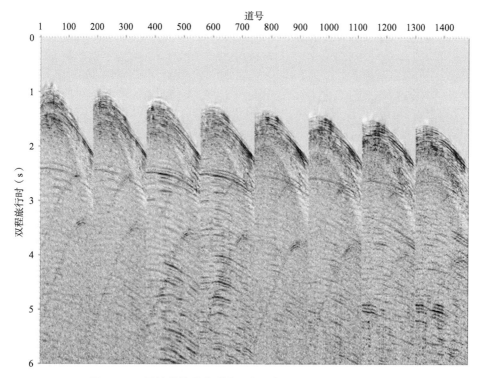

图 5.5.7　原始共接收点道集示例(炮线 L3070，文件号 11)

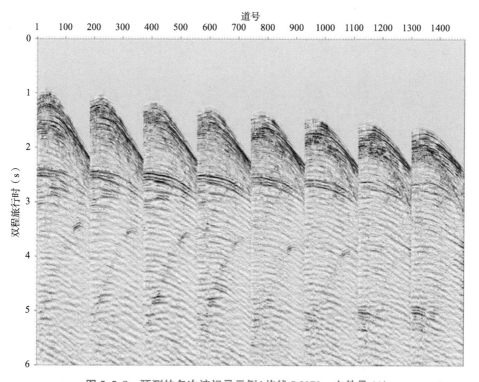

图 5.5.8　预测的多次波记录示例(炮线 L3070，文件号 11)

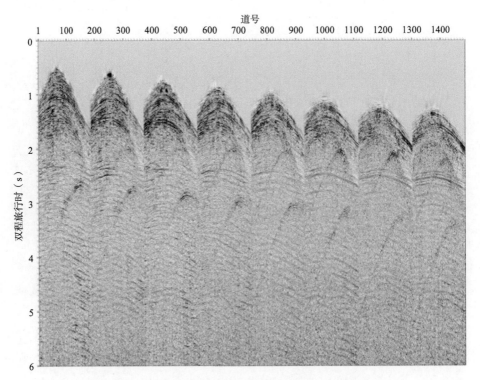

图 5.5.9　原始共接收点道集示例(炮线 L3070，文件号 78)

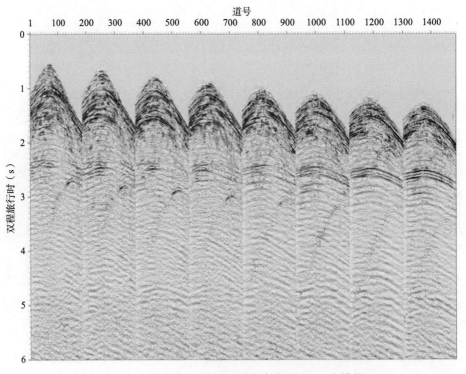

图 5.5.10　预测的多次波记录示例(炮线 L3070，文件号 78)

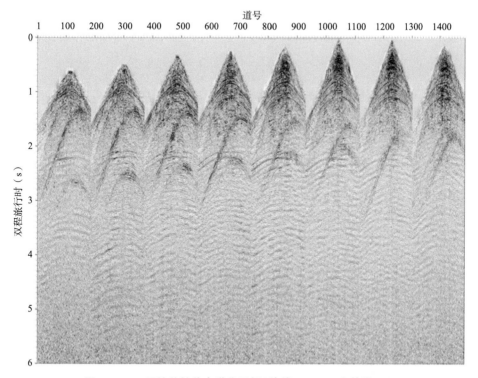

图 5.5.11　原始共接收点道集示例(炮线 L3070，文件号 88)

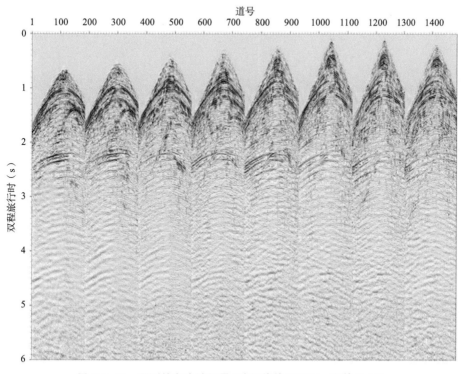

图 5.5.12　预测的多次波记录示例(炮线 L3070，文件号 88)

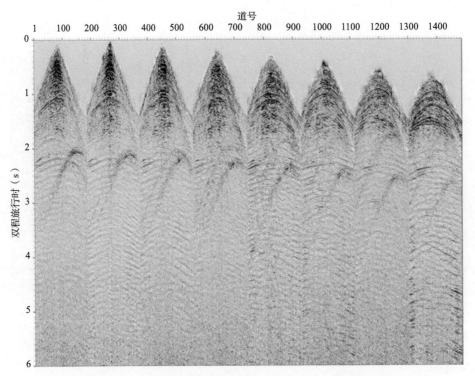

图 5.5.13　原始共接收点道集示例(炮线 L3070，文件号 231)

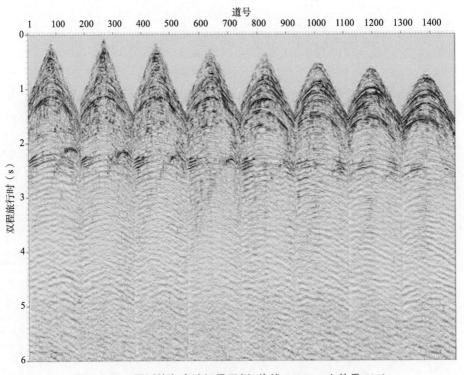

图 5.5.14　预测的多次波记录示例(炮线 L3070，文件号 231)

5.5.3.3　基于反偏移记录的三维自由界面多次波预测

为避免多次波预测结果中出现空间假频，在多次波预测过程中将缆间距由 400m 插值为 50m，使接收道数由 1920 道插值为 13680 道，通过反偏移创建了共含有 13680 个记录的模型数据。以反偏移记录为自由界面多次波预测因子，然后输入双检合并后的炮集记录进行自由界面多次波预测，获得了仅包含多次波成分的地震记录。

图 5.5.15 至图 5.5.22 分别展示了炮线 L3070 中的四组原始共接收点道集与预测的多次波记录，其中图 5.5.15、图 5.5.17、图 5.5.19 与图 5.5.21 显示的为原始共检波器道集记录，图 5.5.16、图 5.5.18、图 5.5.20 与图 5.5.22 给出了相应记录的自由界面多次波预测结果。通过对比可知，预测多次波记录中包含了丰富的多次波信息，主要多次波同相轴的旅行时与原始记录中的基本一致，这证明了该多次波预测方法的有效性。

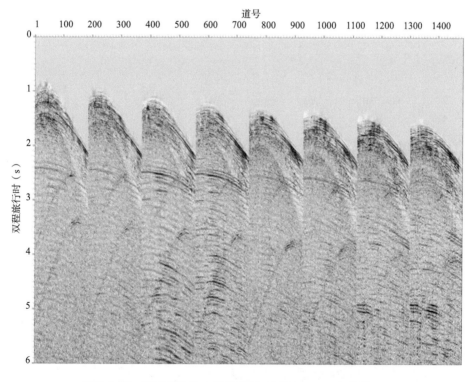

图 5.5.15　原始共接收点道集示例（炮线 L3070，文件号 11）

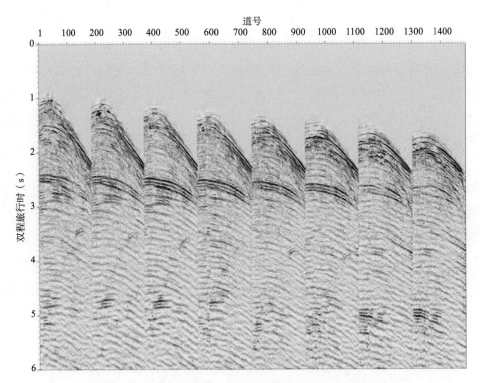

图 5.5.16　预测的多次波记录示例(炮线 L3070，文件号 11)

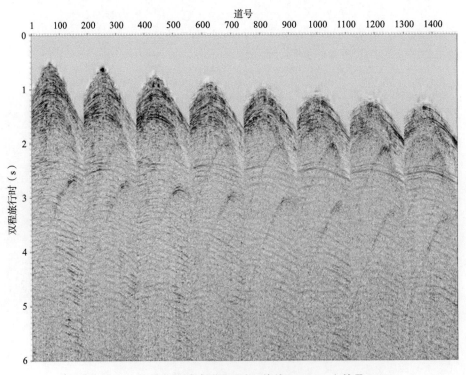

图 5.5.17　原始共接收点道集示例(炮线 L3070，文件号 78)

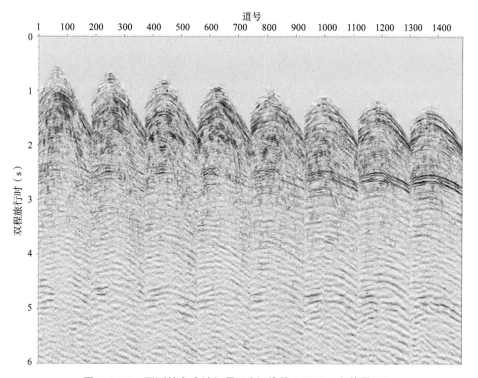

图 5.5.18　预测的多次波记录示例（炮线 L3070，文件号 78）

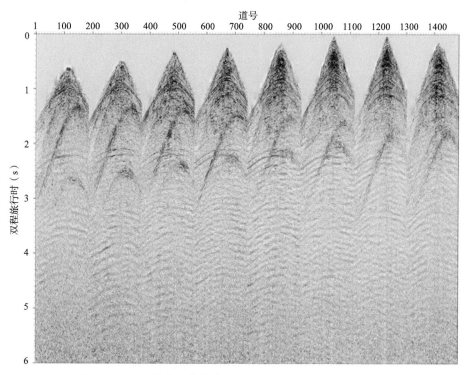

图 5.5.19　原始共接收点道集示例（炮线 L3070，文件号 88）

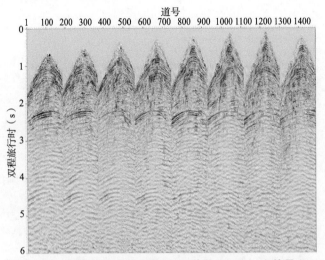

图 5.5.20　预测的多次波记录示例（炮线 L3070，文件号 88）

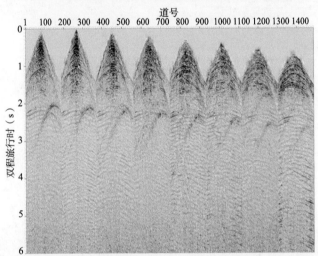

图 5.5.21　原始共接收点道集示例（炮线 L3070，文件号 231）

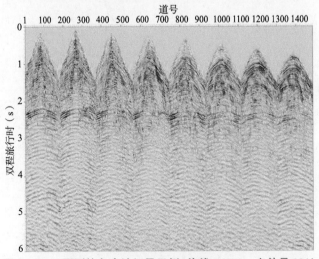

图 5.5.22　预测的多次波记录示例（炮线 L3070，文件号 231）

基于逆散射级数的
多次波预测

与反馈环法一样，衰减多次波的逆散射级数法也是一种数据驱动方法。逆散射理论的发展与散射理论的发展密不可分。所谓逆散射问题就是通过探测散射体的外部场来估计其内部结构。散射理论起源于物理学领域，早在19世纪卢瑟福等人就研究了α粒子的散射实验。量子理论的出现，为散射理论提供了广阔的发展空间。20世纪50年代，许多学者注意到量子理论与波动理论存在诸多相似之处，便将散射理论引入到波动理论中，探讨散射理论在波动方程上的应用。此后，散射理论及逆散射理论得到了众多地球物理学家的重视，对它的研究也越来越深入。诸多学者进行了研究并取得了成果，主要包括：引入Lippman-Schwinger级数以求解量子物理的逆散射问题、将量子物理学的散射理论引入到地震偏移、反演处理中，并推导了基于Lippman-Schwinger级数的逆散射反演公式，此后基于散射理论衰减层间多次波的方法也被提出。随后，有学者提出了与反演相关的逆散射级数概念，采用点散射模型来预测自由界面多次波和层间多次波，从模型实验结果来看，这种多次波预测方法较其他方法优越。

反馈环法与逆散射级数法之所以不需要地下信息，是因为由其可精确估计出所有子反射，如果构成某多次波信号的子反射存在观测误差或缺失则导致其无法被正确预测。当地下构造复杂时，子反射缺失的可能性也随之增大，通常无法获得较好的多次波预测结果。反馈环法和逆散射级数法的计算量均较大，目前尚无法应用逆散射级数法针对实际资料进行多次波的预测与压制处理。

6.1 逆散射级数理论

6.1.1 地震数据与散射理论

散射理论描述了实际介质与参考介质的物理性质，以及这两种介质脉冲响应之间的关系。由于震源在时间与空间上的局部性，参考介质的脉冲响应为格林函数。可通过扰动算子表征实际介质与参考介质之间的差异，而相应的实际波场与参考波场之间的差异称为散射场。

正向散射以参考介质、参考波场与扰动算子作为输入，输出实际波场；而逆散射则以参考介质、参考波场以及实际波场在观测表面的值作为输入，并通过扰动算子计算实际和参考介质之间的性质差异。

逆散射理论方法需要观测面一侧的扰动，在地震勘探中，这一要求意味着参考介质与实际介质的差异仅在地表之下为非零值。换句话说，将逆散射理论应用于地震勘探，首先需要满足参考介质与实际介质在观测面及其上部完全一致。因此，对于海上地震勘探而言，最简单的参考介质就是海面以下由水体构成的半空间。

由于散射理论将实际与参考波场之间的关系通过实际与参考介质之间的性质联系起来，因此首先介绍这些介质中地震波传播的偏微分方程，令

$$LG = -\delta(r - r_s) \tag{6.1.1}$$

$$L_0 G_0 = -\delta(r - r_s) \tag{6.1.2}$$

两式分别描述了单频地震波在实际介质与参考介质中的传播过程。式(6.1.1)假设已利用反褶积消除了震源与检波器特性，L 与 L_0 分别表示实际与参考波场的微分算子，G 与 G_0 分别表示实际与参考波场的格林函数，G 与 G_0 表示格林函数 G 与 G_0 的矩阵元素，依赖于波场坐标 r、激发点坐标 r_s 与频率 ω，δ 为狄拉克函数。G 与 G_0 的关系满足 $LG = -1$ 和 $L_0 G_0 = -1$，其中 1 表示单位算子。扰动算子 V 与散射场 G_s 可分别表示为

$$V = L - L_0 \tag{6.1.3}$$

$$G_s = G - G_0 \tag{6.1.4}$$

式中，G_s 本身并非一个格林算子。散射理论的基本方程 Lippmann-Schwinger 方程描述了 G_s、G_0、V 与 G 之间的关系(Taylor 等，1972)

$$G_s = G - G_0 = G_0 V G \tag{6.1.5}$$

式(6.1.5)对于任意位置 r 与 r_s 均成立。当 G 表示各向异性声波介质当中的压力场时，关于 L_0、L 和 V 之间的关系的简单示例为

$$L = \frac{\omega^2}{\kappa} + \nabla \cdot \left(\frac{1}{\rho}\nabla\right), \quad L_0 = \frac{\omega^2}{\kappa_0} + \nabla \cdot \left(\frac{1}{\rho_0}\nabla\right)$$

和

$$V = \omega^2\left(\frac{1}{\kappa} - \frac{1}{\kappa_0}\right) + \nabla \cdot \left[\left(\frac{1}{\rho} - \frac{1}{\rho_0}\right)\nabla\right] \tag{6.1.6}$$

式中，κ、κ_0、ρ、ρ_0 分别表示实际与参考介质的体积模量与密度；ω 表示频率；∇ 为梯度算子；$\nabla \cdot$ 为散度算子。式(6.1.5)还可以如 Stolt 与 Weglein 等(1985)所表示的那样展开为无穷级数的形式

$$G_s = G - G_0 = G_0 V G_0 + G_0 V G_0 V G_0 + \cdots \tag{6.1.7}$$

$$\begin{aligned} G_s(r, r_s, \omega) = &\int G_0(r, r', \omega) V(r', \nabla_{r'}, \omega) G_0(r', r_s, \omega) dr' + \\ &\int G_0(r, r', \omega) V(r', \nabla_{r'}, \omega) G_0(r', r'', \omega) \times \\ &V(r'', \nabla_{r''}, \omega) G_0(r'', r_s, \omega) dr' dr'' + \cdots \end{aligned} \tag{6.1.8}$$

上式就是我们所熟知的描述正散射的 Born(或 Neumann)级数，通过 G_0 与 V 描述了全波场 G 与散射波场之间的关系。后文还会提及该级数的逆级数，在观测面上通过 G_0、G 给

出了 V 的信息，其中数据 D 由散射波场的测量值构成。

与实际介质不同的是，式(6.1.8)中的每一项均可被认为是参考介质 G_0 在每个点上的散射结果，随后波场可在参考介质中的散射点处重构，其幅度和辐射模式由散射点的 V 决定(Weglein 等，1997)。了解描述一次波与多次波波场的散射理论，对于我们理解逆散射法如何消除或压制多次波具有重要意义。

6.1.2　海上地震勘探的正散射级数过程

对于海上地震勘探，由于激发点与接收点均位于水中，因此最简单的参考介质就是一个由海面(空气与海水的界面)限定的由海水构成的半空间介质。参考波场的格林函数 G_0 由两部分组成

$$G_0 = G_0^d + G_0^{fs} \qquad (6.1.9)$$

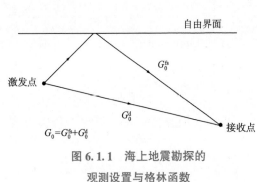

式中，G_0^d 指水中的直达波场；G_0^{fs} 是由自由界面引起的格林函数增项(图6.1.1)，其对应于自由界面的反射波场。

图 6.1.1　海上地震勘探的
观测设置与格林函数

若不存在自由界面，参考介质是海水的全空间介质，G_0^d 为相应的格林函数。在这种情况下，由直达波格林函数 G_0^d 与扰动算子 V 构成了正散射级数。由于扰动算子表征了岩层与水层的性质差异，因此 V 的作用范围始于海底，自由界面的存在又使得正级数由 $G_0 = G_0^d + G_0^{fs}$ 构成(扰动算子 V 不变)，这也意味着 G_0^{fs} 导致了产生于自由界面的同相轴(即自由界面多次波与鬼波)。在逆级数中，若使用的是包含自由界面多次波与鬼波的地震数据，额外的处理任务均是围绕 G_0^{fs} 项展开的，相应环节包括鬼波压制与自由界面多次波衰减。

消除与自由界面相关的反射同相轴(鬼波与多次波)之后，地震数据仅包含一次反射波与层间多次波。对于海洋地震勘探而言，由整个海水空间构成了参考介质，散射场 G_s' 可表示为这个参考介质对应的级数，根据格林函数 G_0^d，扰动算子 V 可表示为

$$G_s' = G_0^d V G_0^d + G_0^d V G_0^d V G_0^d + G_0^d V G_0^d V G_0^d V G_0^d \cdots \qquad (6.1.10)$$

$$= (G_s')_1 + (G_s')_2 + (G_s')_3 + \cdots$$

式中，G_s' 在测量表面上的值为 D'，后者仅包含一次波与层间多次波同相轴，其可表示为

$$D' = D_1' + D_2' + D_3' + \cdots D_n' + \cdots \qquad (6.1.11)$$

式中，D_n' 为 $(G_s')_n$ 在测量表面的投影。但自由空间格林函数 G_0^d 无法分解为分别表示一次波与层间多次波的两项，因此需要引入新的概念予以区分。

地震波在传播过程中经历了一系列波阻抗界面，相应同相轴的能量由这些界面的反射性质 R、透射性质 T 与界面两侧的介质性质 p 所决定。一个同相轴的完整描述通常包括一个单项表达式，包含了其传播过程中所有界面 R、T 与 p 的影响。区分 D' 的同相轴属于一次波还是层间多次波，则需要根据其所经历的反射界面数量与类型予以判定。

与上述描述方法不同的是，正散射利用一组级数来描述数据 D'，级数中的每一项均代表参考介质中的传播算子 G_0^d 与散射扰动 V 的序列集合。对于散射理论，为表示 D' 中特定同相轴传播过程中的 R、T 与 p，需要通过由参考传播算子 G_0^d 与扰动算子 V 构建一个无穷序列，R、T、p 与 G_0^d、V 之间为非线性关系。下面通过一个简单例子来阐述这一关系，首先利用正散射理论通过 G_0^d 与 V 来表示 D' 中一次波与层间多次波，并在此基础上在逆散射序列中识别并消除层间多次波同相轴。

为了实现新的层间多次波衰减策略，需要建立两个关系：（1）通过正散射来描述地震波同相轴；（2）正向构建与逆向剔除相关联。我们将通过任务分解策略以及逆散射级数序列的多维反演过程来阐明这两个问题。对于第一个关系，Matson（1996）给出了一维常密度声波介质下的地震波同相轴与正散射级数的关系。

理解如何利用正散射级数来描述一个特定的同相轴，我们可以回顾一下正散射级数 D' 的计算过程，是通过对散射算子 V 进行广义泰勒级数展开得到的，参见式（6.1.10）与式（6.1.11）。那么，对于给定的正散射级数 D'，如何确定其子序列呢？鉴于特定同相轴均是由一系列实际的 R、T 与 p 组合形成的，因此需要先利用扰动算子来表示这些参数。考虑一维声波介质情形，其仅含有一个波阻抗界面与一个垂直入射的平面波 e^{ikz}（图6.1.2）。

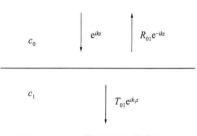

图 6.1.2　一维平面波在声波介质中垂直入射的示例

令参考介质是具有声速 c_0 的全空间介质，则描述真实波场 P 与参考波场 P_0 的偏微分方程为

$$\left[\frac{d^2}{dz^2}+\frac{\omega^2}{c^2(z)}\right]P(z,\ \omega)=0 \qquad (6.1.12)$$

与

$$\left[\frac{d^2}{dz^2}+\frac{\omega^2}{c_0^2}\right]P_0(z,\ \omega)=0 \qquad (6.1.13)$$

式中，$c(z)$ 为实际介质的传播速度；z 为深度；ω 为单频；c_0 为声波介质的传播速度。

扰动算子 V 可以表示为

$$V=L-L_0=\frac{\omega^2}{c^2(z)}-\frac{\omega^2}{c_0^2} \qquad (6.1.14)$$

式中，L 为实际介质的微分算子；L_0 为参考介质的微分算子；c_0 为声波介质的传播速度。同时，可利用 c_0 与折射率变化 α 表征 $c(z)$，即

$$\frac{1}{c^2(z)} = \frac{1}{c_0^2}\left[1-\alpha(z)\right] \tag{6.1.15}$$

在下半空间中

$$\frac{1}{c_1^2} = \frac{1}{c_0^2}(1-\alpha_1) \tag{6.1.16}$$

式中，α_1 实质上表示了界面处扰动算子的变化（ω^2/c_0^2 不变的情况下）。

这种情况下，反射系数、透射系数以及在下半空间传播的透射波表达式为

$$R_{01} = \frac{c_1-c_0}{c_1+c_0}$$

$$T_{01} = \frac{2c_1}{c_1+c_0}$$

$$P_1 = T_{01}e^{i\frac{\omega}{c_1}z} = T_{01}p_1 \tag{6.1.17}$$

其中

$$c_1 \equiv \frac{c_0}{(1-\alpha_1)^{\frac{1}{2}}} \cong c_0\left[1+\frac{1}{2}\alpha_1+h.p.(\alpha_1)\right] \tag{6.1.18}$$

式中，R、T 与 p 均可基于 α_1 进行幂级数展开（式中 $h.p.$ 表示高次幂）。

$$R_{01} = \frac{1}{4}\alpha_1+h.p.(\alpha_1)$$

$$T_{01} = 1+h.p.(\alpha_1)$$

与

$$p_1 = e^{i\frac{\omega}{c_1}z} = e^{i\frac{\omega}{c_0}z}+h.p.(\alpha_1)$$

$$= p_0+h.p.(\alpha_1)$$

根据上式可以看出，在局部扰动展开的最低阶项中，真实反射、透射和传播项分别与扰动的局部变化以及参考介质传播成正比。

D' 中的同相轴为 R、T 与 p 的组合结果，而展开级数中的第一项又是由 R、T 与 p 这些参数的主导项决定的（对于扰动算子的变化量来说）。由于一个同相轴的数学表达式是由这一系列的 R、T 与 p 共同影响组成的，因此在展开式的幂中低阶项的个数与反射算子 R 的个数相同。正向序列是扰动算子的幂级数展开的，这让我们能够从式(6.1.11)当中辨认及重建相应的同相轴信息。由于从理论上来说，一次波只受到一个反射算子 R 的影响，所以

在级数 D' 中扰动算子的一次幂就是一次反射的主要影响因子。对于一阶层间多次波来说，由于受到三次反射的影响，所以在级数 D' 中扰动算子中一次层间多次波的主要影响因子为其中的第三项。

级数中第一项后的所有项都可用于构建一次波的二阶或高阶反射、透射与传播过程。类似的，级数第三项后的所有项均可用于构建一阶层间多次波的高阶反射、透射与传播过程。那么，我们如何将级数第三项当中用于构建一次波的部分与用于构建一阶层间多次波的部分区分开来呢？

识别与区分 D'_3 中的 3 个扰动贡献项，关键在于确定对应不同层位的反射算子。对于一次层间多次波来说，主要贡献项由来自不同深度的 3 个反射发生位置的扰动构成（图 6.1.3 中的右边项）。在图中，对于 R_{12}、R_{10}、R_{12} 的 3 个线性近似分别为 $\alpha_1 - \alpha_2$、α_1 与 $\alpha_2 - \alpha_1$，它们分别位于深度为 z_1、z_2 和 z_3 的 3 个位置，其中 $z_1 > z_2$、$z_3 > z_2$。在这个单层的例子中，$z_1 = z_3$。

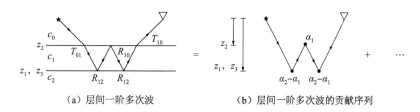

（a）层间一阶多次波　　　　　　　（b）层间一阶多次波的贡献序列

图 6.1.3　一阶层间多次波及其贡献级数序列

一般来说，D'_3 由位于深度 z_1、z_2 和 z_3 的任意 3 个反射界面的 3 个扰动之和构成。D'_3 中的 3 个反射算子满足 $z_1 > z_2$ 且 $z_3 > z_2$，对应于涉及这 3 个反射界面的一阶层间多次波的主要贡献项。D'_3 中对应于不满足上述两个不等式的反射算子的 3 个扰动贡献部分，则为一次波的形成提供了三阶贡献项，图 6.1.4 展示了一个简单的例子。

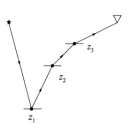

图 6.1.4　D'_3 中对一次反射的三阶贡献项

所有在 D'_3 中满足 $z_1 > z_2$ 且 $z_3 > z_2$ 条件的 3 个连续位置上的扰动贡献和，构成了所有一阶层间多次波的主要贡献项。同样，二阶、三阶……n 阶层间多次波的主要贡献值，分别出现在正散射级数的第五项、第七项……第 $(2n+1)$ 项中。我们利用正散射级数中已确定的给定阶层间多次波的主要贡献项，这样就可以在逆级数当中找到对应部分并加以消除，达到衰减层间多次波的目的。

6.1.3　逆散射级数原理

式（6.1.5）给出了 Lippmann-Schwinger 方程极其迭代形式

$$G_s = G_0 V G \qquad\qquad (6.1.19)$$

式(6.1.7)提供了根据 G_0 与 V 来描述 G_s 的方法，散射波场 G_s 在空间 V 之外的测量表面 S 上的映射即为地震数据 D，其反问题就是通过地震数据 D 来确定 V 的组成。首先 D 可以展开为关于 V 的幂级数

$$D = D_1 + D_2 + D_3 + \cdots \tag{6.1.20}$$

在正散射级数式(6.1.7)中，D_n 为 V 的第 n 阶级数部分，这意味着 V 可以利用测量数据 D 的各阶级数予以表示，其合理性来源于几何级数

$$s = ar + ar^2 + ar^3 + \cdots = \frac{ar}{1-r} \tag{6.1.21}$$

与它的逆

$$r = \frac{s}{s+a} = \frac{s}{a} - \left(\frac{s}{a}\right)^2 + \left(\frac{s}{a}\right)^3 - \cdots \tag{6.1.22}$$

式中，s、a 和 r 分别是类比于数据 D、参考格林函数 G_0 与 VG_0 的简单标量。

逆散射级数是 V 在数据阶上的级数解，反之，在多次波衰减当中的逆散射级数是级数 V 的子级数。根据 Moses(1956)、Prosser(1969)、Weglein(1981)与 Carvalho(1991，1992)等人的论文，可以将 V 展开为级数

$$V = V_1 + V_2 + V_3 \cdots = \sum_{n=1}^{\infty} V_n \tag{6.1.23}$$

式中，V_n 是 V 中关于测量数据 D 的第 n 阶级数部分。将式(6.1.23)代入式(6.1.22)，可得

$$D = \Lambda_s G_0 \sum_n V_n G_0 \Lambda_g + \Lambda_s G_0 \sum_n V_n G_0 \sum_n V_n G_0 \Lambda_g + \cdots \tag{6.1.24}$$

重新排列上式中各项顺序，进行对比后可发现

$$D = \Lambda_s G_0 V_1 G_0 \Lambda_g \tag{6.1.25}$$

$$0 = \Lambda_s G_0 V_2 G_0 \Lambda_g + \Lambda_s G_0 V_1 G_0 V_1 G_0 \Lambda_g \tag{6.1.26}$$

以及

$$0 = \Lambda_s G_0 V_3 G_0 \Lambda_g + \Lambda_s G_0 V_1 G_0 V_2 G_0 \Lambda_g + \Lambda_s G_0 V_2 G_0 V_1 G_0 \Lambda_g + \Lambda_s G_0 V_1 G_0 V_1 G_0 V_1 G_0 \Lambda_g$$

$$\tag{6.1.27}$$

式中，Λ_s 与 Λ_g 表示上述公式仅当激发点与接收点均位于测量表面时才成立；式(6.1.21)正相反，其在任何情况下均成立。

方程(6.1.25)为线性形式或 Born 形式，它表明可通过数据 D 来确定 V_1。然后利用式(6.1.26)根据 V_1 计算出 V_2，利用方程(6.1.27)根据 V_1 和 V_2 来计算 V_3，依此类推，通过数据 D 来构建 V 的全部级数序列。

以上内容介绍了一般的逆散射级数，但没有具体说明决定 L_0 和 G_0 的参考介质性质。在本节中，我们将介绍适用于海洋观测系统的逆散射级数。参考介质是具有水声学特性的半空间，该半空间由位于 $z=0$ 的位置的空气——海水界面限定。我们考虑一个二维介质，并假设线源和接收器分别位于 (x_s, ε_s) 与 (x_g, ε_g)，其中 ε_s 与 ε_g 表示位于自由界面以下的深度。

参考介质的算子 L_0 满足

$$L_0 G_0 = \left(\frac{\nabla^2}{\rho_0} + \frac{\omega^2}{\kappa_0} \right) G_0(x, z, x', z', \omega) \tag{6.1.28}$$

$$= -\delta(x-x') \left[\delta(z-z') - \delta(z+z') \right]$$

式中，ρ_0 与 κ_0 分别为海水的密度与体积模量；∇^2 为拉普拉斯算子。式(6.1.28)中等号右侧两项分别对应实际炮点位置 (x', z') 与炮点位置关于自由界面的镜像位置 $(x', -z')$；式中的 (x, z) 代表二维空间中的任意点。

实际介质是一个具有相关波动算子 L 和格林函数 G 的广义地球模型。对方程(6.1.28)关于 x 进行傅立叶变换后，我们得到

$$\frac{1}{\rho_0} \left(\frac{d^2}{dz^2} + q^2 \right) G_0(k_x, z, x', z', \omega)$$

$$= -\frac{1}{(2\pi)^{1/2}} e^{-ik_x x'} \left[\delta(z-z') - \delta(z+z') \right] \tag{6.1.29}$$

式(6.1.29)的满足因果性条件的解为

$$G_0(k_x, z, x', z', \omega) = \frac{\rho_0}{\sqrt{2\pi}} \frac{e^{-ik_x x'}}{-2iq} \left(e^{iq|z-z'|} - e^{iq|z+z'|} \right) \tag{6.1.30}$$

其中，垂向波数 q 定义为

$$q = \sin\omega \sqrt{(\omega/c_0)^2 - k_x}$$

海水的声波速度定义为

$$c_0 = \sqrt{\kappa_0/\rho_0}$$

式中 G_0 由式(6.1.30)确定，对于线性形式的方程(6.1.23)，可改写为

$$D(k_g, \varepsilon_g, k_s, \varepsilon_s, \omega)$$

$$= \frac{\rho_0^2}{q_g q_s} \sin(q_s \varepsilon_s) V_1(k_g, k_s, k_z) \tag{6.1.31}$$

式中，k_g 与 k_s 为傅立叶共轭变量；k_x 为水平方向的傅立叶共轭变量；q_g 与 q_s 分别为与炮点、接收点相关的垂直波数。变量 k_z 可被定义为

$$k_z = -(q_g + q_s)$$

其中

$$
\begin{cases}
q_g = \sin\omega\sqrt{(\omega/c_0)^2 - k_g^2} \\
q_s = \sin\omega\sqrt{(\omega/c_0)^2 - k_s^2}
\end{cases}
$$

对于利用扰动算子 V_1 表示的逆级数子序列，式(6.1.31)中的 V_1 可适用于多种介质模型，包括声学模型、弹性模型、不均匀模型、各向异性模型以及某些非弹性模型。对于构建消除自由界面和层间多次波的逆级数，不需要指定介质的类型。换言之，在这一广泛的介质类型中，多次波衰减算法不仅不依赖于地下信息，还不依赖于地球模型的类型。式(6.1.31)允许我们利用地震数据 D 来确定 V_1（即 V 的一阶近似）。类似的，利用式(6.1.30)给出的 G_0 将式(6.1.26)中的 V_2 与 V_1 关联起来（Moses，1956；Razavy，1975；Weglein 等，1981；Stolt 和 Jacobs，1980；Carvalho 等，1991；Carvalho，1992；Aradjo，1994）。

6.2 基于逆散射级数法的层间多次波预测

6.2.1 基于逆散射级数的层间多次波预测过程

正散射级数通过 G_0^d 对 V 的作用来生成一次波和层间多次波。逆散射级数通过 G_0^d 对记录数据的作用来重构 V。在构造 V 的过程中，G_0^d 对数据的作用实现了层间多次波的消除。在前面的章节中，我们分析并解释了正散射级数，特别是 G_0^d 如何生成一次波和给定阶数的层间多次波。

生成一次波和给定阶数的层间多次波需要无穷级数，这一事实表明，要去除某一阶的层间多次波时也需要无限项的级数，且每一项均涉及针对 G_0^d 和 D' 的处理。在利用逆散射级数衰减层间多次波时，我们仅选取逆散射级数序列中各阶多次波的主要贡献项（予以去除），而非去除所有的层间多次波。

在前文中讨论的一次波和层间多次波的正散射级数中，我们指出，一次波对应于级数中的第一项，而一阶层间多次波的主要贡献项始于第三项。类似地，二阶层间多次波的主要贡献项始于该级数中的第五项。一般来说，n 阶层间多次波的贡献项为第 $2n+1$ 项及其后的所有项。此外，第三项中构建一阶层间多次波的部分与构造一次波的第三阶贡献部分是不同的。总之，根据正散射级数中形成某类多次波的主要贡献项，指示了于逆散射级数中应去除的主要贡献项（图6.2.1）。

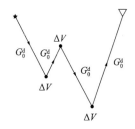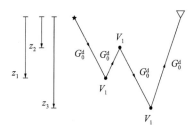

（a）正散射级数中一阶层间多次波的主要贡献项　　（b）一阶层间多次波在逆散射技术序列中的主要去除项

图 6.2.1　示意图

正散射级数中的前两项并未参与一阶层间多次波的构建，因此逆散射级数序列中的前两项也不涉及层间多次波的去除。图 6.2.1（a）的数学过程对于产生一阶层间多次波具有重要意义，它表明了这些多次波在级数中主要贡献项的对应数学表达式，而实现图 6.2.1（b）则需要选择逆散射级数序列中的第三项并满足条件 $z_1 > z_2$，$z_2 < z_3$。

鉴于此，分析逆散射级数中的第三项 V_3。与利用 G_0^{fs} 实现自由界面多次波衰减所生成的子级数不同，当使用直接传播的格林函数 G_0^d 生成逆散射级数时，V_3 中的第三项无法合并为单一项。由于 G_0^{fs} 可被视作由自由界面上方的镜像震源引起的格林函数，因此它位于计算空间以外。由此可以推断，对于计算空间内的所有 z 和 z'（也就是在自由界面以下的空间），所以 G_0^{fs} 满足齐次微分方程

$$\left(\frac{\nabla^2}{\rho_0}+\frac{\omega^2}{\kappa_0}\right)G_0^{fs}=0 \tag{6.2.1}$$

式中，∇ 为哈密尔顿算子；ω 为频率；G_0^{fs} 为自由界面上方的镜像震源引起的格林函数。

由于 G_0^{fs} 满足上述介质下的齐次微分方程，这使我们可以对其进行数学简化

$$\begin{aligned}\Lambda_s G_0^d V_3 G_0^d \Lambda_g &= -\Lambda_s G_0^d V_1 G_0^d V_2 G_0^d \Lambda_g \\ &= -\Lambda_s G_0^d V_2 G_0^d V_1 G_0^d \Lambda_g\end{aligned} \tag{6.2.2}$$

式中，Λ_s 为公式仅在激发点在测量表面时才成立；G_0^d 为格林函数在水中的全波场直接传播；Λ_g 为公式仅在接收点在测量表面时才成立。

与之相反，G_0^d 在相同计算空间内满足非齐次微分方程

$$\left(\frac{\nabla^2}{\rho_0}+\frac{\omega^2}{\kappa_0}\right)G_0^d=-\delta(z-z')\delta(x-x') \tag{6.2.3}$$

将 G_0^d 代入式（6.1.25）中，可以得到

$$\begin{aligned}\Lambda_s G_0^d V_3 G_0^d \Lambda_g &= -\Lambda_s G_0^d V_1 G_0^d V_2 G_0^d \Lambda_g \\ &\quad -\Lambda_s G_0^d V_2 G_0^d V_1 G_0^d \Lambda_g \\ &\quad -\Lambda_s G_0^d V_1 G_0^d V_1 G_0^d V_1 G_0^d \Lambda_g\end{aligned}$$

$$= \Lambda_s G_0^d V_{31} G_0^d \Lambda_g + \Lambda_s G_0^d V_{32} G_0^d \Lambda_g$$
$$+ \Lambda_s G_0^d V_{33} G_0^d \Lambda_g \tag{6.2.4}$$

其中

$$\begin{cases} V_{31} = -V_1 G_0^d V_2 \\ V_{32} = -V_2 G_0^d V_1 \end{cases} \tag{6.2.5}$$

与

$$V_{33} = -V_1 G_0^d V_1 G_0^d V_1 \tag{6.2.6}$$

与 G_0^{fs} 的情形正相反,式(6.2.4)中的 3 项起着决定性的作用。前两项 $\Lambda_s G_0^d V_{31} G_0^d \Lambda_g$ 与 $\Lambda_s G_0^d V_{32} G_0^d \Lambda_g$ 总包含类似折射的分量,因此未被用于多次波的衰减。式(6.2.4)中的第三项 $\Lambda_s G_0^d V_{33} G_0^d \Lambda_g = -\Lambda_s G_0^d V_1 G_0^d V_1 G_0^d V_1 G_0^d \Lambda_g$,可重新分解为如图 6.2.2 所示的 4 个不同部分。

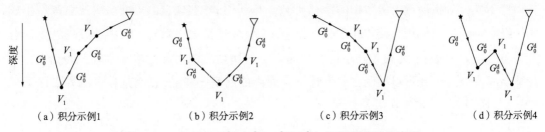

(a) 积分示例1   (b) 积分示例2   (c) 积分示例3   (d) 积分示例4

图 6.2.2   表示 $\Lambda_s G_0^d V_1 G_0^d V_1 G_0^d V_1 G_0^d \Lambda_g$ 不同部分的示意图

在这里,我们选择了 $\Lambda_s G_0^d V_{33} G_0^d \Lambda_g$ 中与图 6.2.2(d)对应的部分,用以表征多次波衰减的贡献项。由于 $\Lambda_s G_0^d V_{31} G_0^d \Lambda_g$ 与 $\Lambda_s G_0^d V_{32} G_0^d \Lambda_g$ 并不具备 $\Lambda_s G_0^d V_{33} G_0^d \Lambda_g$ 的多样性,因此不对它们展开讨论。图 6.2.2(d)的数学实现过程是通过积分数据其垂直位置满足"低—高—低"的关系。根据这一标准,选择了级数中各奇数项中的类似部分。通过对图 6.2.2(d)的扩展,其用于确定高阶层间多次波衰减的主要贡献项。层间多次波衰减级数的第一项为数据 D',它包含了一次波与层间多次波,而衰减级数的第二项则由第三项的一部分构成[式(6.2.4)],这一部分如下式所示

$$b_3 = \frac{1}{(2\pi)^2} \int_{-\infty}^{\infty} \int_{-\infty}^{\infty} dk_1 e^{-iq_1(\varepsilon_g - \varepsilon_s)} dk_2 e^{iq_2(\varepsilon_g - \varepsilon_s)}$$
$$\times \int_{-\infty}^{\infty} dz_1 e^{i(q_g + q_1)z_1} b_1(k_g, -k_1, z_1)$$
$$\times \int_{-\infty}^{z_1} dz_2 e^{i(-q_1 - q_2)z_2} b_1(k_1, -k_2, z_2) \tag{6.2.7}$$
$$\times \int_{z_2}^{\infty} dz_3 e^{i(q_2 + q_s)z_3} b_1(k_2, -k_s, z_3)$$

这部分满足关系 $z_1 > z_2$ 与 $z_2 < z_3$，其中的 b_1 是经过自由界面多次波衰减后的叠前数据 D'，其可表示为

$$D'(k_g, \ k_s, \ \omega) = (-2iq_s)^{-1}b_1(k_g, \ k_s, \ q_g + q_s) \tag{6.2.8}$$

式中，D' 表示衰减自由界面多次波后的叠前数据；k_g、k_s 为傅立叶共轭变量；b_1 为单频平面波数据输入的结果；q_g 为与炮点有关的垂直波数；q_s 为与接收点有关的垂直波数，b_1 可表示为单频入射平面波形成的数据。

经过层间多次波衰减的数据 D^{IM} 可表示为

$$D^{IM}(k_g, \ k_s, \ \omega) = (-2iq_s)^{-1}\sum_{n=0}^{\infty}b_{2n+1}(k_g, \ k_s, \ q_g + q_s) \tag{6.2.9}$$

Araujo(1994) 给出了一种将式(6.1.32)展开的递归关系，其可利用 b_{2n-1} 来表示 $b_{2n+1}(n=1, \ 2, \ 3, \ \cdots)$

$$b_{2n+1}(k_g, \ k_s, \ q_g + q_s) = -\frac{1}{(2\pi)^{2n}}\int_{-\infty}^{\infty}dk_1 e^{-iq_1(e_g - e_s)}$$

$$\times \int_{-\infty}^{\infty}dz_1 e^{iq_1(q_g - q_1)z_1}b_1(k_g, \ -k_1, \ z_1)A_{2n+1}(k_1, \ -k_s, \ z_1)(n = 1, \ 2, \ 3, \ \cdots)$$

$$\tag{6.2.10}$$

其中

$$A_3(k_1, \ -k_s, \ z_1) = \int_{-\infty}^{\infty}dk_2 e^{-iq_2(e_g - e_s)}\int_{-\infty}^{z_1}dz_2 e^{i(-q_1 - q_2)z_2}$$

$$\times b_1(k_1, \ -k_2, \ z_2)\int_{z_2}^{\infty}dz_3 e^{i(q_3 + q_s)z_3}b_1(k_2, \ -k_s, \ z_3)$$

与

$$A_{2n+1}(k_1, \ -k_s, \ z_1) = \int_{-\infty}^{\infty}dk_2 e^{iq_2(e_g - e_s)}$$

$$\times \int_{-\infty}^{z_1}dz_2 e^{i(-q_1 - q_2)z_2}b_1(k_1, \ -k_2, \ z_2)$$

$$\times \int_{-\infty}^{\infty}dk_3 e^{-iq_3(e_g - e_s)}\int_{z_2}^{\infty}dz_3 e^{i(q_3 + q_2)z_3}$$

$$\times b_1(k_2, \ -k_3, \ z_3)A_{2n-1}(k_3, \ -k_s, \ z_3)(n = 2, \ 3, \ 4, \ \cdots)$$

式中，n 为多次波的阶数。

V 的完整级数序列可能具有严格的收敛性条件，并且对缺失的低频信息敏感(Carvalho 等，1992)。相比之下，实验结果表明(Araujo 等，1994)，式(6.2.8)中的多次波衰减子

级数始终收敛，且对缺失的低频信息并不敏感。

6.2.2　基于逆散射级数的多次波预测实验

由于层间多次波通常在同时段有效反射界面的上方发生多次反射，若地震波速未发生明显的反转现象，则层间多次波的速度应低于一次波速度。此外，对于发生多次反射的顶、底波阻抗界面而言，其反射系数一般远小于1，导致经过多次波反射的层间多次波的振幅通常小于同时段的一次波振幅。因此，以速度的高低与能量的强弱作为判断准确，可在偏移速度谱中拾取出一次波的偏移速度曲线（图6.2.3）。完成速度曲线采样后，须对其进行偏移成像分析，并根据成像道集中同相轴是否校正为水平来判断速度分析的准确性。图6.2.4分别显示了速度降低200、当前速度以及速度增加200的成像道集，据此判定所选速度的准确程度以及速度修改量。经过速度分析后获得的偏移速度场如图6.2.5所示。

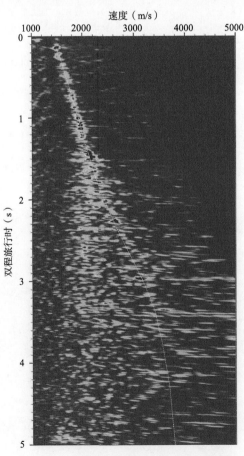

图 6.2.3　在偏移速度谱中拾取的速度曲线

（水平距离 $x = 19750\mathrm{m}$）

基于图 6.2.6 所示的偏移速度场进行克希霍夫积分叠前时间偏移成像，并对所得剖面进行了成像道集切除、剩余时差校正和随机噪音衰减等处理。图 6.2.7 显示了经过 SRME 衰减自由界面多次波后炮集记录的地震剖面，其横向坐标范围为 10~36km，旅行时范围为 0~5s。

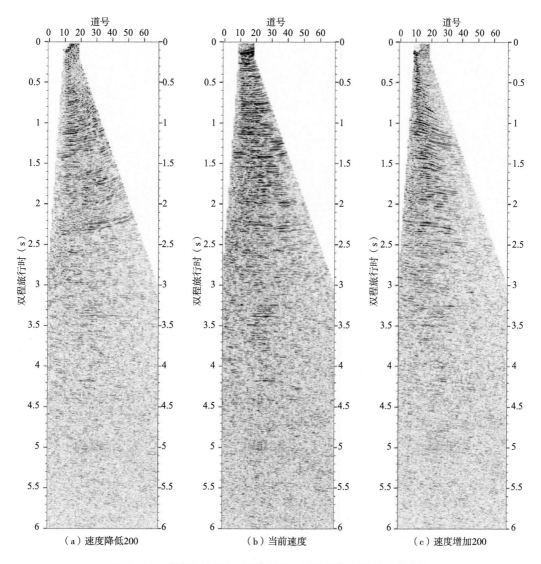

图 6.2.4　速度降低 200、当前速度、速度增加 200 的成像道集

（水平距离 $x = 19500$m）

输入图 6.2.6 所示的叠前时间偏移剖面，利用逆散射级数法进行剖面域层间多次波预测，所得结果如图 6.2.7 所示。通过分析可知，图 6.2.7 所示的多次波剖面中包含了丰富的多次波信息，由于输入偏移剖面中各波阻抗界面反射的振幅、波形以及相位存在明显的横向变化，导致预测剖面中同相轴往往发生横向错断。

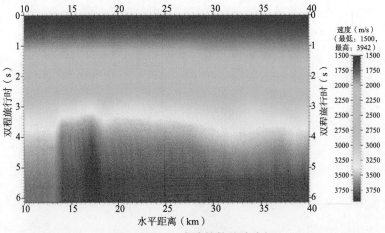

图 6.2.5　一次波的偏移速度场

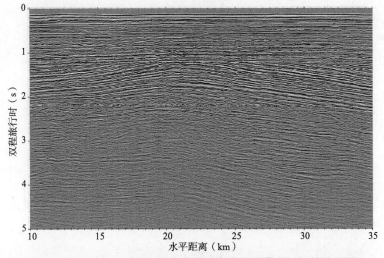

图 6.2.6　经过 SRME 衰减自由界面多次波的叠前时间偏移剖面

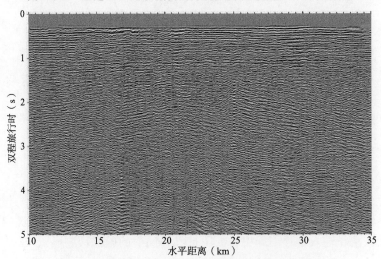

图 6.2.7　利用逆散射级数法预测的层间多次波剖面

6.3 剖面域预测与反偏移结合的层间多次波预测

6.3.1 剖面域层间多次波预测原理

逆散射级数法采用点散射模型来预测层间多次波，其输入为基于常速模型的叠前 f-k 偏移未叠加的偏移结果。本章探讨基于叠前时间偏移剖面 IM 的层间多次波预测，因此剖面中的单道数据可独立地作为逆散射级数法的输入，则应用一维形式的层间多次波预测公式即可。在单道预测情况下，叠前 f-k 偏移过程可通过依赖于常速模型的时—深转换来实现。在二维地震观测情形下，剖面中一道记录的转换结果可表示为

$$b_1(x,z)=IM(x,t)$$

$$t=\frac{2z}{C} \tag{6.3.1}$$

式中，$b_1(x,z)$ 为层间多次波预测的输入波场；$IM(x,t)$ 表示时间剖面；C 为常地震波速；z 表示深度。

将 $b_1(x,z)$ 代入一维形式的层间多次波预测公式（Araujo 等，1992；Weglein，1997）中，可得到波数域的层间多次波预测结果

$$b_3(x,k_z)=\int_{-\infty}^{\infty}\mathrm{d}z_1'\mathrm{e}^{-ik_zz_1'}b_1(x,z_1')\int_{-\infty}^{z_1'-\varepsilon}\mathrm{d}z_2'\mathrm{e}^{-ik_zz_2'}b_1(x,z_2')\int_{z_2'+\varepsilon}^{\infty}\mathrm{d}z_3'\mathrm{e}^{-ik_zz_3'}b_1(x,z_3')$$

$$\tag{6.3.2}$$

对 $b_3(x,k_z)$ 做反傅立叶变换，进而获得深度域的单道层间多次波记录，即

$$b_3(x,z)=\frac{1}{2\pi}\int_{-\infty}^{+\infty}b_3(x,k_z)\mathrm{e}^{jkz}\mathrm{d}k \tag{6.3.3}$$

基于常速模型对 $b_3(x,z)$ 做深—时转换，则最终的层间多次波剖面可表示为

$$IM_m(x,t)=b_3\left(x,z=\frac{Ct}{2}\right) \tag{6.3.4}$$

经过逆散射级数法的预测处理，输入剖面 $IM(x,t)$ 中的一次波将在剖面 $IM_m(x,t)$ 中形成一阶层间多次波，而与一次波速度较为接近的层间多次波（常规多次波压制方法难以剔除的多次波干扰）将成为下一阶多次波，因此输出剖面 $IM_m(x,t)$ 成为仅包含层间多次波成像结果的叠前时间偏移剖面。在地下反射界面较为平缓的情况下，若层间多次波的成像速度与一次波速度相差不大，剖面 $IM_m(x,t)$ 等价于层间多次波基于其本身速度的成像结果。

6.3.2 剖面域层间多次波预测的实现过程

基于逆散射级数法的剖面域层间多次波预测的实现过程（或算法步骤）如下：

（1）输入利用一次波速度成像的叠前时间偏移剖面；

（2）以剖面中的一道记录作为输入，基于式（6.3.1）进行时—深转换，获得进行多次波预测的 $b_1(x,z)$；

（3）基于式（6.3.2）与式（6.3.3）进行层间多次波预测，获得输入道的层间多次波记录；

（4）对层间多次波道进行深—时转换[式（6.3.4）的反过程]，获得时间域的层间多次波道；

（5）对偏移剖面中的所有道重复步骤（2）至步骤（4），从而获得层间多次波剖面。

6.4 逆散射级数法的局限性与发展方向

虽然在理论上，基于逆散射级数理论的层间多次波预测方法是精度最高的层间多次波预测方法。但是，在炮集域或 CMP 域进行的二维层间多次波预测会导致巨大的计算消耗，难以直接应用于野外实际地震资料的层间多次波预测。逆散射级数法的发展方向应当是解决大计算量的问题，从而能够应用于实际地震资料的多次波预测中。

成像剖面域预测与克希霍夫反偏移相结合的层间多次波预测方法基于常规叠前时间偏移剖面，应用一维逆散射级数法预测出仅含有层间多次波的叠前时间偏移剖面，然后再基于克希霍夫反偏移算法得到层间多次波炮集记录，避免了在炮集域或 CMP 域直接预测的大计算量问题。

对于利用一次波偏移速度场成像的常规叠前时间偏移而言，除一次波能够得到较好成像之外，因层间多次波是在深部高速地层中发生多次反射，其速度通常与一次波速度相接近因此仍然能够成像，这为成像剖面域逆散射级数法的层间多次波预测提供了必要条件。逆散射级数法采用点散射模型来预测层间多次波，其输入为基于常速模型的叠前 $f-k$ 偏移未叠加的偏移结果。由于本书探讨的是基于叠前时间偏移剖面的层间多次波预测，其剖面中的单道数据可独立地作为逆散射级数法的输入，因此应用一维形式的逆散射级数法进行层间多次波预测即可。在单道预测方式下，其叠前 $f-k$ 偏移过程可通过基于常速模型的时—深转换来实现。在二维地震观测情形下，剖面中一道记录的转换结果可表示为

$$b_1(x,z) = IM(x,t)$$

$$t = \frac{2z}{C} \tag{6.4.1}$$

式中，IM 表示叠前时间偏移剖面；$b_1(x, z)$ 为层间多次波预测的输入波场；C 为常地震波速；z 表示深度。

将 $b_1(x, z)$ 代入一维形式的层间多次波预测公式（Araujo 等，1992；Weglein 等，1997）中，可得到波数域的层间多次波预测结果

$$b_3(x, k_z) = \int_{-\infty}^{\infty} dz_1' e^{-ik_z z_1'} b_1(x, z_1') \int_{-\infty}^{z_1'-\varepsilon} dz_2' e^{-ik_z z_2'} b_1(x, z_2') \int_{z_2'+\varepsilon}^{\infty} dz_3' e^{-ik_z z_3'} b_1(x, z_3')$$

$$\tag{6.4.2}$$

对 $b_3(x, k_z)$ 做反傅立叶变换，得到深度域的单道层间多次波记录，即

$$b_3(x, z) = \frac{1}{2\pi} \int_{-\infty}^{+\infty} b_3(x, k_z) e^{jkz} dk \tag{6.4.3}$$

基于常速模型对 $b_3(x, z)$ 做深—时转换，则最终的层间多次波剖面可表示为

$$IM_m(x, t) = b_3(x, z)$$

$$z = \frac{Ct}{2} \tag{6.4.4}$$

经过逆散射级数法的预测处理，输入剖面 $IM(x, t)$ 中的一次波将在剖面 $IM_m(x, t)$ 中形成一阶层间多次波，而与一次波速度较为接近的层间多次波（常规多次波压制方法难以剔除的多次波干扰）将成为下一阶多次波，因此输出剖面 $IM_m(x, t)$ 为仅包含层间多次波成像结果的叠前时间偏移剖面。在地下反射界面较为平缓的情况下，若层间多次波的成像速度与一次波速度相差不大，剖面 $IM_m(x, t)$ 等价于层间多次波基于其自身速度的成像结果。

现基于理论记录示例检验偏移剖面域层间多次波的预测效果。首先建立含有高速夹层的倾斜层状介质模型[图 6.4.1(a)]，其速度分别为 1500m/s、3500m/s 与 1500m/s，以主频为 35Hz 的雷克子波作为震源，采用有限差分模拟方法生成一套含有强层间多次波的地震记录。该地震记录共 201 炮，每炮含有 101 道，炮间距与道间距分别为 25m 与 12.5m，最小偏移距为 0，炮号为 101 的数值记录如图 6.4.1(b)所示。

基于原始地震记录生成偏移速度谱见图 6.4.1(c)；据此拾取一次波与矩形区域内各阶层间多次波的偏移速度，见图 6.4.1(c)中的曲线；然后基于此速度进行叠前时间偏移，所得原始剖面如图 6.4.1(d)所示，其中一次波与 1~4 阶的层间多次波（箭头指向的同相轴）均得到了较好成像。输入图 6.4.1(d)所示的偏移剖面，通过逆散射级数法进行层间多次波预测，所得剖面见图 6.4.1(e)。通过对比可知，图 6.4.1(e)所示的多次波剖面中包

含振幅较强的 1~5 阶层间多次波同相轴，其旅行时与原始剖面中的基本一致，从而说明基于叠前时间偏移剖面进行层间多次波预测是有效的。

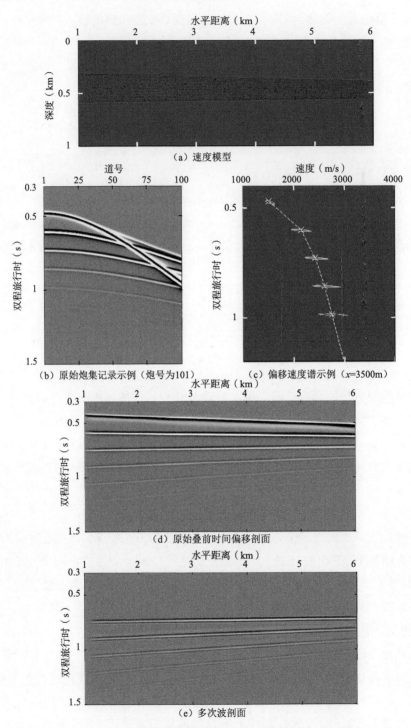

(a) 速度模型

(b) 原始炮集记录示例（炮号为101）

(c) 偏移速度谱示例（x=3500m）

(d) 原始叠前时间偏移剖面

(e) 多次波剖面

图 6.4.1　倾斜层状介质模型的偏移剖面域层间多次波预测

多次波自适应衰减

7.1 时空域最小平方滤波与扩展滤波多次波衰减

7.1.1 最小平方滤波多次波衰减

最小平方滤波是一种最佳滤波，即按照最小平方准则来设计滤波器，这种方法具有简单、灵活、有效的特点，因此在信号处理中，最小平方滤波已成为基本的滤波方法之一。

例如：一道实际记录 $m_0(t)$，经滤波因子 a 滤波之后，就得到实际输出 $m(t) = a * m_0(t)$。做滤波最关键的是确定或设计滤波因子 a。滤波因子 a 是为了达到一定的目的而设计的。现在，对滤波做如下要求：$m_0(t)$ 经滤波之后与一个已知信号 $d(t)$ 尽可能接近，即要求 $m(t) = a * m_0(t)$ 与 $d(t)$ 尽可能接近。用什么标准来衡量 $m(t)$ 与 $d(t)$ 的接近程度呢？通常采用的一种标准是最小平方标准，这就是本节要研究的最小平方滤波。

最小平方滤波法是多次波自适应相减较为常用的方法之一，其输入和期望输出分别为多次波记录与原始记录中的多次波信号，然后根据误差平方和最小的原则确定滤波因子，最终通过在原始记录中减去实际的滤波输出（多次波记录与滤波因子的褶积）来达到压制多次波的目的。

下面简要介绍维纳滤波（也即最小平方滤波）的基本原理。设含有多次波的原始地震信号为 $d(t)$，其中的多次波干扰为 $m(t)$，那么一次波信号 $d_0(t)$ 应为

$$d_0(t) = d(t) - m(t) \tag{7.1.1}$$

式中，d_0 为一次波信号；d 为含有多次波的原始地震信号；m 为多次波干扰。

通常预测的多次波信号与原始记录中的存在差异，若预测的多次波信号为 $m_0(t)$，存在滤波因子 a，能够使得

$$m(t) = a * m_0(t) \tag{7.1.2}$$

式中，a 为滤波因子；$*$ 表示褶积运算；m 为多次波干扰；m_0 为预测的多次波信号。

将式(7.1.2)代入式(7.1.1)中，则一次波记录可表示为

$$d_0(t) = d(t) - a * m_0(t) \tag{7.1.3}$$

式中，d_0 为一次波信号；d 为含有多次波的原始地震信号；a 为滤波因子；m_0 为预测的多次波信号。

对于基于 L_2 范数的多次波自适应相减处理，通过使式(7.1.4)中的误差能量平方和 δ 值为最小来确定滤波因子

$$\delta = \| d - m_0 a \|_2 \tag{7.1.4}$$

式中，δ 为误差能量平方和；a 为滤波因子；d 为原始记录；m_0 为预测多次波记录。

通过求解式(7.1.4)可获得滤波因子 a，将其代入式(7.1.3)即可实现多次波的压制。

上面最小平方滤波的数学模型可用图7.1.1来表示。

对于多次波自适应衰减方法而言，消除与一次波同相轴交叉或接近重合的多次波是最具说服力的实验。建立如图7.1.2所示包含4套水平地层的速度模型，速度与厚度分别为（1500m/s、230m），（1700m/s、300m），（1950m/s、332.5m）以及（2200m/s、400m）。震源采用主频为35Hz的雷克子波(图7.1.3)，利用弹性波有限差分方法生成一套包含多次波的地震记录。

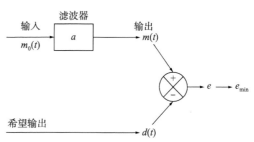

图 7.1.1　最小平方滤波的数学模型

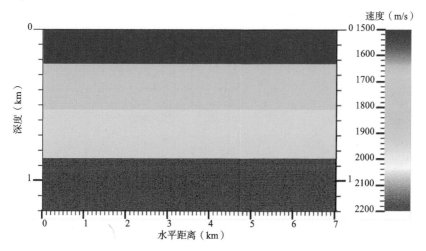

图 7.1.2　水平层状介质的网格速度模型

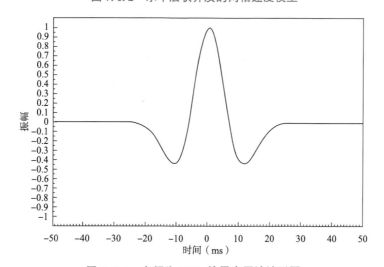

图 7.1.3　主频为 35Hz 的雷克子波波形图

原始炮集记录如图7.1.4(a)所示，每炮包含200道，其最小偏移距与道间距分别为0和10m。输入模拟的原始地震数据，利用自由界面多次波预测方法获得仅包含多次波的炮集记录[图7.1.4(b)]。通过多次波记录与原始记录的对比分析，可知预测的多次波存在一定波形、相位差异；基于前者能够识别出原始记录中的多次波同相轴[图7.1.4(a)中箭头指向位置]，其均与同时段的一次波同相轴相交。因此，如何在保持一次波不受损伤的前提下有效剔除预测的多次波成分，这是检验多次波匹配衰减方法处理效果的关键指标。与图7.1.4(a)所示的原始记录相比，预测的多次波[图7.1.4(b)]存在明显的波形、相位差异，导致了传统维纳滤波失效。为改善多次波自适应相减效果，人们发展了时空域扩展滤波法。

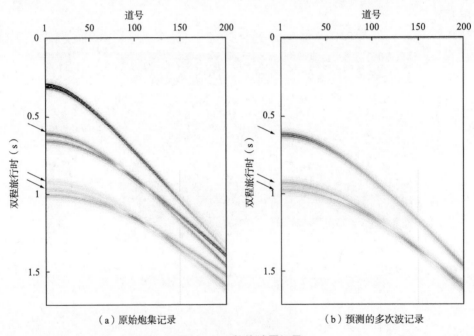

图 7.1.4　数值地震记录

7.1.2　基于扩展滤波的多次波匹配衰减

预测的多次波与原始记录中的多次波难免存在差异，导致传统的维纳滤波无法消除原始记录中的多次波信号。为了改善多次波匹配衰减的效果，Monk(1991)提出了扩展滤波的思路，若预测的多次波与原始地震记录中的多次波存在振幅缩放、常相位旋转和较小的时间延迟的差异，那么原始地震记录中的多次波信号可通过预测多次波信号、预测多次波信号的希尔伯特变换以及两者时间导数之和来表示，即

$$d(t) = f_1 m(t) + f_2 m'(t) + f_3 m^H(t) + f_4 [m^H(t)]' \qquad (7.1.5)$$

式中，d 为含有多次波的原始地震信号；t 为旅行时；$d(t)$ 为原始记录中的多次波信号；

$m(t)$为预测记录中的多次波信号；$m^H(t)$为$m(t)$的希尔伯特变换；$m'(t)$、$[m^H(t)]'$为$m(t)$、$m^H(t)$的时间导数；f_1、f_2、f_3与f_4为表示将$d(t)$展开为$m(t)$、$m^H(t)$、$m'(t)$与$[m^H(t)]'$之和时对应的权重因子。

在较小的空间与时窗范围内，炮集记录中相邻各道数据的多次波信号具有明显的"同源"性（相同震源、来自相同的地下反射界面或地质体），因此相邻若干道记录中的同一个多次反射亦近似满足式（7.1.5）所描述的预测多次波与原始记录中多次波的关系，从而可将该式推广至二维情形，即

$$d(x, t) = f_1 m(x, t) + f_2 m'(x, t) + f_3 m^H(x, t) + f_4 [m^H(x, t)]' \qquad (7.1.6)$$

式中，d为含有多次波的原始地震信号；x为偏移距；$d(x, t)$为原始地震记录中的多次波信号；$m(x, t)$为预测记录中的多次波信号；$m^H(x, t)$为$m(x, t)$的希尔伯特变换；$m'(x, t)$、$[m^H(x, t)]'$为$m(x, t)$、$m^H(x, t)$的时间导数；f_1、f_2、f_3、f_4为表示将$d(x, t)$展开为$m(x, t)$、$m^H(x, t)$、$m'(x, t)$、$[m^H(x, t)]'$之和时各项对应的权重因子。

众所周知，之所以应用维纳滤波类方法，尤其是通过扩展的维纳滤波法匹配衰减预测的多次波信号，其原因就在于预测的多次波信号与原始记录中的多次波信号存在差异。毫无疑问，既然这种衰减方法增强了多次波信号的匹配衰减能力，则必然增加损伤一次波信号的可能性。而二维小波变换与曲波变换为代表的稀疏变换可将具有不同曲率、频率的相交（或重合）同相轴分离，因此在相应的变换域（具有显著的稀疏特征）进行扩展滤波必然能够降低一次波的损伤程度。

为了能够提高多次波压制能力，需要将预测多次波记录进行扩展，其基本步骤如下：

（1）针对预测的多次波记录$m(x, t)$创建其希尔伯特变换记录$m^H(x, t)$，然后分别计算出两者的时间导数记录$m'(x, t)$与$[m(x, t)^H]'$；

（2）依据最小二乘准则求取预测多次波$m(x, t)$及其扩展记录$m^H(x, t)$、$m'(x, t)$与$[m(x, t)^H]'$对应的加权因子f_1、f_2、f_3、f_4；

（3）扫描时空域的每一样点，对其进行加权相减最终获得压制多次波后的地震记录。处理步骤如图7.1.5所示流程图。

基于简单模型扩展滤波的多次波匹配衰减分析，建立如图7.1.2所示包含4套水平地层的速度模型，速度与厚度分别为（1500m/s、230m），（1700m/s、300m），（1950m/s、332.5m）以及（2200m/s、400m）。震源采用主频为35Hz的雷克子波（图7.1.3），利用弹性波有限差分方法生成一套包含多次波的地震记录。原始炮集记录如图7.1.4（a）所示，每炮包含200道，其最小偏移距与道间距分别为0和10m。

现输入图7.1.4（b）所示的多次波记录，利用时空域扩展滤波法针对图7.1.4（a）所示炮记录进行多次波衰减，所得结果如图7.1.6所示，其中图7.1.6（a）为消除多次波后的炮集记录，而图7.1.6（b）为减去的多次波干扰。通过与原始记录对比可知[图7.1.4（a）]，

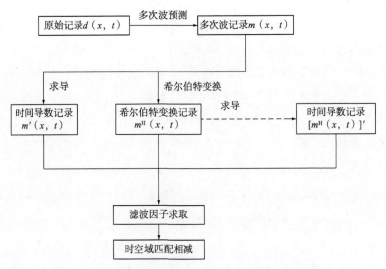

图 7.1.5　时空域扩展滤波法的多次波匹配衰减流程

图 7.1.6(a) 的椭圆范围一次波振幅明显变弱，而减去的多次波干扰[图 7.1.6(b)]中存在明显的一次波能量，这说明在一次波与多次波同相轴相交位置存在严重的有效信号损伤。

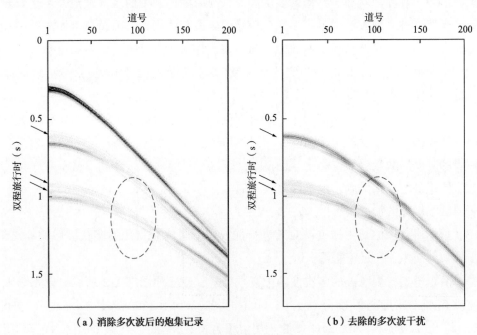

（a）消除多次波后的炮集记录　　　　　（b）去除的多次波干扰

图 7.1.6　扩展维纳滤波的处理结果

　　为了避免同相轴相交或重合位置的一次波损伤，人们将原始炮集记录与多次波记录均变换到其他数学域，若多次波信号与一次波信号得以分离，则在该域进行多次波自适应相减将会有效避免损伤。为实现多次波信号与一次波信号最大限度地分离，以二维小波变换与曲波变换为代表的稀疏变换成为首选的匹配衰减方法。

现分别利用常规二维小波变换法、曲波变换法将图 7.1.4 中的炮集记录变换到小波域与曲波域，然后在相应的稀疏域中进行最小平方滤波，最终将衰减多次波的滤波结果变换回时空域，所得记录分别见图 7.1.7 与图 7.1.8。其中，图 7.1.7(a) 为经过小波域多次波自适应相减后的炮集记录，而图 7.1.7(b) 为减去的多次波干扰，与扩展维纳滤波的处理结果相比，椭圆范围内一次波的损伤程度明显变弱，但箭头指向位置存在多次波信号的残余；图 7.1.8(a) 为曲波域多次波匹配衰减后的炮集记录，图 7.1.8(b) 为相应减去的多次波干扰，椭圆范围内一次波的损伤程度更轻，而多次波亦得到较好剔除。

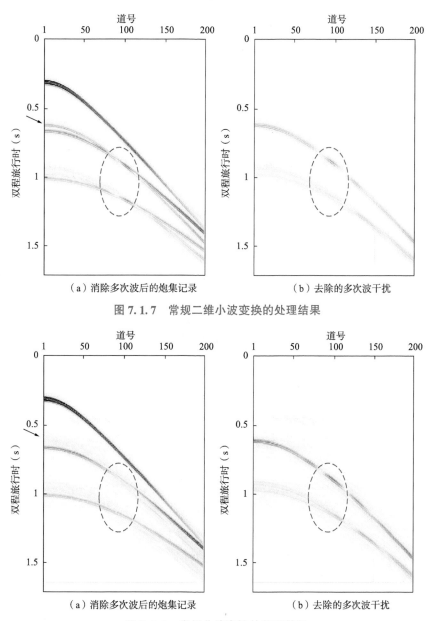

（a）消除多次波后的炮集记录   （b）去除的多次波干扰

图 7.1.7　常规二维小波变换的处理结果

（a）消除多次波后的炮集记录   （b）去除的多次波干扰

图 7.1.8　常规曲波变换的处理结果

综上所述，二维小波变换法与曲波变换均能够降低有效波的损伤程度，但后者效果更佳。此外，曲波域的多次波剔除效果明显优于小波域，这是由于地震数据中的反射同相轴绝大多数呈曲线形，其与曲波基函数形态相近，因此曲波变换具有近乎更优的稀疏表示效果。

7.2 基于同相轴优化追踪的多次波匹配衰减

通常情况下，多道维纳滤波法可有效压制各种形式的多次波，但当多次波同相轴与一次波同相轴重合或相交时极易损伤一次波信息；相对而言，数学变换域的匹配衰减法剔除与一次波同相轴发生交叉的多次波时不会损伤有效信息，但当一次波与多次波同相轴时差较小时，该类方法也容易造成对一次波的损伤。以上两类多次波匹配衰减方法对于多次波的预测精度均有很高的要求，但在实际资料处理中，由于克希霍夫积分孔径的有限性、二维侧面反射效应、野外观测误差及无法获得准确的自由界面因子等因素的影响，预测的多次波在传播时间与信号波形上均存在一定差异(在远偏移距道上尤为显著)，这会严重影响传统多次波匹配衰减方法的多次波剔除效果。本节提出了一种基于同相轴优化追踪技术的多次波匹配衰减方法(简称为同相轴优化追踪法)，首先基于预测记录创建仅含有多次波叠加能量的速度谱，然后利用同相轴追踪技术提取多次波同相轴的旅行时信息，并通过优化追踪过程校正其预测误差，最后应用短时窗的$f-k$扇形滤波法予以压制。理论模型实验与野外资料的处理实验结果均显示该方法能够显著改善多次波的压制效果，且可在一定程度上降低对于多次波预测精度的要求，使其更加适应于复杂构造区域的多次波剔除。

7.2.1 基于同相轴优化追踪的多次波匹配衰减

在基于"反馈环"理论的自由界面多次波预测中，由于野外地震记录中的反射信号具有空变、时变特性，导致预测的多次波与原始记录相比除信号增幅外还具有显著的波形差异，但其同相轴的方向性与原始记录中的基本一致，即具有相同(或相近)的叠加速度。因此，可基于预测记录创建仅含有多次波叠加能量的速度谱，然后利用同相轴追踪技术提取多次波同相轴方向性信息，再应用短时窗的$f-k$扇形滤波对多次波予以压制。

7.2.1.1 CMP 域多次波同相轴的追踪

因为 CMP 域中的双曲同相轴与叠加速度谱中的能量团一一对应，即可利用等值线追踪方法确定谱内的能量团，进而获得 CMP 记录中相应双曲同相轴的旅行时信息(此过程称为同相轴追踪)。因此，可基于预测记录创建仅含有多次波叠加能量的速度谱，然后利用同相轴追踪技术提取多次波同相轴的旅行时信息，再应用短时窗的$f-k$扇形滤波对多次波予以压制。

利用自由界面多次波预测方法(SRMP)得到多次波记录之后，可据此创建高分辨率的速度谱，即对输入的 CMP 域多次波记录$m(x, t)$以一系列常叠加速度进行动校正和叠加处理，将得到横向坐标为叠加速度 v、纵坐标为零偏移距时 τ 的记录，然后对其取绝对值可得多次波叠加速度谱，相应的计算公式为

$$E_{\mathrm{m}}(v, \tau) = \left| \sum_{n=1}^{N} m(x_n, t = \sqrt{\tau^2 + x_n^2/v^2}) \right| \tag{7.2.1}$$

式中，E_{m} 为多次波叠加速度谱；n 为道号（$1 \leqslant n \leqslant N$）；$x_n$ 为第 n 道的偏移距；N 为总道数（$1 \leqslant n \leqslant N$）；$\tau$ 为零偏移距时。

由于时间和空间上的截断效应，速度谱 E_{m} 中的能量形态并非团状，而是包括水平和倾斜两条长"尾"的"剪刀"形状。上述原因导致了叠加能量团形状的畸变，既降低了速度谱的分辨率，又会影响后续同相轴追踪的准确性。为了提高叠加速度谱的分辨率，对初步计算的多次波叠加速度谱引入同相加权处理，以压制速度叠加变换过程的截断效应。同相加权因子的计算公式可表示为

$$\begin{cases} b(v, \tau) = \dfrac{\displaystyle\sum_{l=-L/2}^{l=L/2} \left[\sum_{n=1}^{N} m(x_n, t) \right]^{\lambda}}{\displaystyle\sum_{l=-L/2}^{l=L/2} \left[\sum_{n=1}^{N} |m^{\lambda}(x_n, t)| \right] + C} \\ t = \sqrt{\tau^2 + x_n^2/v^2} \end{cases} \tag{7.2.2}$$

式中，b 为同相加权因子；m 为预测记录中的多次波信号；λ（$\lambda \geqslant 2$）表示阶数，λ 值越大则 $b(v, \tau)$ 的分辨率就愈高；时窗的样点数为 $L+1$；C 为保证分母不为零的常数，一般可取平均振幅的 $0.001 \sim 0.01$。

将同相加权过程引入到多次波速度谱的计算过程中，则式（7.2.1）可进一步表示为

$$\begin{cases} E_{\mathrm{m}}(v, \tau) = \left| b(v, \tau) \sum_{n=1}^{N} m(x_n, t) \right| \\ t = \sqrt{\tau^2 + x_n^2/v^2} \end{cases} \tag{7.2.3}$$

对 $E_{\mathrm{m}}(v, \tau)$ 进行适度平滑后，$m(x, t)$ 中叠加速度值 v_0、零偏移距时 τ_0 的双曲线同相轴，将在谱 $E_{\mathrm{m}}(v, \tau)$ 中形成以 (v_0, τ_0) 为中心极值的团状结构能量。应用等值线追踪方法求出该能量团的分布范围，并搜索出其极值点位置，则可根据该点的坐标 (v_0, τ_0) 拟合出时空域中的相应同相轴，即其所经各道的旅行时 t_n 为

$$t_n = \sqrt{\tau_0^2 + x_n^2/v_0^2} \tag{7.2.4}$$

多次波记录 $m(x, t)$ 与原始记录 $d(x, t)$ 中的多次波同相轴的几何规律相差不大，追踪到前者中的多次波同相轴后，即可确定出原始记录 $d(x, t)$ 中相应的多次波同相轴。

现基于理论记录示例说明多次波同相轴的追踪过程。首先建立如图 7.1.2 包含 4 套地层的水平层状介质模型，其速度与厚度分别为（1500m/s、230m），（1700m/s、300m），（1950m/s、332.5m）及（2200m/s、400m），然后以主频为 35Hz 的雷克子波作为震源

（图 7.1.3），采用有限差分模拟方法生成一套含有多次波的地震记录。该地震记录共 500 炮，每炮含有 160 道，炮间距与道间距均为 10m，最小偏移距为 0，该炮集记录对应的第 500 个 CMP 记录如图 7.2.1(a) 所示。

基于自由界面多次波预测方法获得多次波记录，其对应的第 500 个 CMP 记录如图 7.2.1(b) 所示，然后根据该记录创建初始多次波速度谱[图 7.2.1(c)]，并通过式(7.2.2) 对其同相加权与适度平滑处理得到适于等值线追踪的速度谱[图 7.2.1(d)]。在此基础上，利用等值线追踪方法获得多次波同相轴叠加能量团的范围[图 7.2.1(c)中的封闭等值线]，并据此确定出原始记录中的多次波同相轴[图 7.2.1(e)中的彩色曲线①至曲线③]。

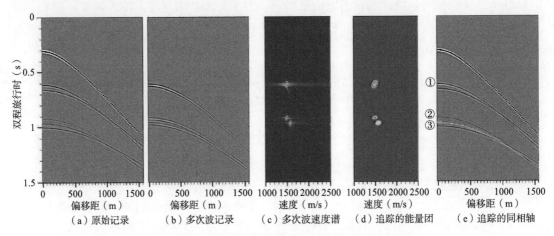

图 7.2.1　基于多次波记录的同相轴追踪过程示例

7.2.1.2　多次波同相轴旅行时误差的校正

在实际资料处理中，由于克希霍夫积分孔径的有限性、二维侧面反射效应以及野外观测误差等原因，预测的多次波可能在同相轴方向性上具有一定差异。一般来说，多次波同相轴方向性的误差主要体现为其参量 v_0 与 τ_0 的差异，因此可基于对原始记录中相应同相轴的追踪分析对其予以校正，即在多次波同相轴初次追踪后引入了针对原始叠加速度谱的优化分析过程。

为了排除原始记录叠加速度谱中一次波能量对优化分析过程的干扰，需要获得原始记录的多次波速度谱。首先基于式(7.2.2)与式(7.2.3)创建原始记录 $d(x, t)$ 的叠加速度谱 $E_d(v, \tau)$，然后基于叠加速度谱 $E_m(v, \tau)$ 通过蒙版滤波方法消除 $E_d(v, \tau)$ 的多次波。所谓蒙版滤波就是将两速度谱重叠，其中之一可看作是一个类似于印刷分色的"蒙版"，以屏蔽另一个谱中相应位置的信号。求取蒙版滤波因子的计算公式为

$$f(v, \tau) = \frac{1}{\sqrt{1 + \left[\dfrac{B(v, \tau)}{\varepsilon A(v, \tau)}\right]^{\eta}}} \tag{7.2.5}$$

式中，f 为蒙版滤波因子；$B(v, \tau)$、$A(v, \tau)$ 分别是 $E_m(v, \tau)$、$E_d(v, \tau)$ 在 (v, τ) 点附近时窗内的统计能量；ε 为均衡 $E_m(v, \tau)$ 和 $E_d(v, \tau)$ 为之间能量所取的系数；η 为控制蒙

版滤波因子的平滑系数。$A(v, \tau)$与$B(v, \tau)$可表示为$E_d(v, \tau)$与$E_m(v, \tau)$在一定速度、时间范围内的和，即

$$
\begin{cases}
A(v, \tau) = \sum_{i=v-\Delta v}^{v+\Delta v} \sum_{j=\tau-\Delta t}^{\tau+\Delta t} E_d(i, j) \\
B(v, \tau) = \sum_{i=v-\Delta v}^{v+\Delta v} \sum_{j=\tau-\Delta t}^{\tau+\Delta t} E_m(i, j)
\end{cases}
\tag{7.2.6}
$$

式中，Δv与Δt分别为沿速度方向、时间方向的最大扫描范围。

得到蒙版滤波因子$f(v, \tau)$之后，可通过减去蒙版滤波结果的方式获得原始记录的多次波速度谱$E_{dm}(v, \tau)$，即

$$
E_{dm}(v, \tau) = [1 - f(v, \tau)] E_d(v, \tau)
\tag{7.2.7}
$$

式中，E_{dm}为通过减去蒙版滤波结果的方式获得原始记录的多次波速度谱。

对于已追踪出的多次波同相轴，以原追踪的极值位置为中心、根据一定的速度与时间范围在速度谱$E_{dm}(v, \tau)$内进行再次扫描，则可获得该同相轴的准确参数τ_0及v_0，然后据此对该同相轴进行衰减。当预测的多次波同相轴存在一定误差时，基于优化分析的衰减处理能够显著改善多次波的消除效果。

对图7.2.2(a)所示多次波记录中的同相轴进行时移与旋转，得到具有显著旅行时误差的多次波记录[图7.2.2(b)]。基于误差多次波记录与原始记录分别创建多次波速度谱[图7.2.2(c)]与原始速度谱，针对后者通过式(7.2.5)至式(7.2.7)的蒙版滤波得到只含有多次波叠加能量的原始速度谱[图7.2.2(d)]。在此基础上，利用等值线追踪方法初步获得多次波同相轴叠加能量团的范围[图7.2.2(c)与(d)中的封闭等值线]，然后在原始速度谱[图7.2.2(d)]中进行再次优化追踪处理得到原始记录中相应同相轴叠加能量的极值位置，从而确定出准确的多次波同相轴[图7.2.2(e)中的彩色曲线①至③]。

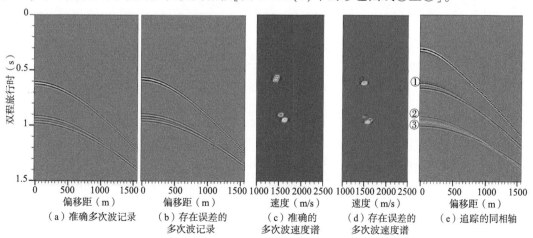

图 7.2.2　误差多次波同相轴的优化追踪过程示例

7.2.1.3 自由界面多次波的迭代衰减

利用同相轴优化追踪过程可确定出多个多次波同相轴，将其准确参数 τ_0 及 v_0 代入式(7.2.4)计算所经地震道的旅行时 t_m，则可通过 f-k 扇形滤波法进行消除。针对每个多次波同相轴的滤波过程为：(1)在各地震道中以 t_m 为中心截取给定的一个短时窗长度的记录段，使各记录段沿起点位置对齐，从而将目标同相轴校正为水平；(2)以截取的多道记录段作为输入，通过 f-k 扇形滤波法滤出已被校正为水平的同相轴；(3)将滤波后的记录反重排，并放回各地震道的原时窗位置。

对于野外地震记录而言，多次波同相轴的速度叠加能量通常具有明显差异，仅通过一次的追踪压制过程难以消除原始记录 $d(x, t)$ 中的所有多次波同相轴，现采用迭代的多次波同相轴追踪与衰减过程，其基本步骤如下：

(1)为了保证同相轴追踪过程的稳定性，需要确定同相轴密度 N_m 与谱能量阈值 E_0 参量。其中 N_m 为单位长度时窗内多次波同相轴数目的平均值，E_0 用以界定所追踪同相轴的叠加能量范围。可通过对地震记录与叠加速度谱的观察分析给定 N_m 与 E_0 的值；

(2)进行多次迭代的同相轴优化追踪与衰减处理，对于第 n 次迭代($n \geqslant 1$)，基于多次波剩余记录 $m^{n-1}(x, t)$ 创建叠加速度谱 $E_m^n(v, \tau)$，若谱中振幅极值 E_{max} 不小于 E_0 表示记录中仍存在较强的多次波同相轴，则进行追踪衰减

$$\begin{cases} d^n(x, t) = d^{n-1}(x, t) \sim d_m^n(x, t) \\ m^n(x, t) = m^{n-1}(x, t) \sim m_h^n(x, t) \end{cases} \tag{7.2.8}$$

式中，符号"$\sim$"表示针对各同相轴的短时窗 f-k 扇形滤波过程，$d^n(x, t)$ 与 $m^n(x, t)$ 为第 n 次迭代后去除追踪同相轴后的记录，$d_m^n(x, t)$ 与 $m_h^n(x, t)$ 为第 n 次迭代所去掉的多次波同相轴，第一次迭代($n=1$)时 $d^0(x, t)$ 与 $m^0(x, t)$ 分别为原始记录 $d(x, t)$ 与多次波记录 $m(x, t)$；

(3)重复步骤(2)，直至剩余速度谱中的极值 E_{max} 小于阈值 E_0 为止。详细的处理步骤见图7.2.3所示的流程图。

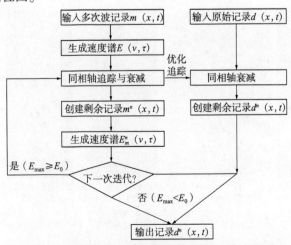

图7.2.3 多次迭代的多次波同相轴追踪与衰减流程图

图7.2.4(a)至图7.2.4(c)的示例展示了多次波同相轴的衰减过程。图7.2.4(a)中的彩色曲线①至③表示于原始记录中追踪的多次波同相轴，图7.2.4(b)说明了多次波同相轴的压制过程，即首先截取同相轴①，对其实施短时窗 $f-k$ 视速度滤波处理后放回原记录，再先后截取多次波同相轴②、③进行相同的处理步骤。最终结果如图7.2.4(c)所示，其中多次波同相轴已被完全消除，而一次波信号并未受到损伤。

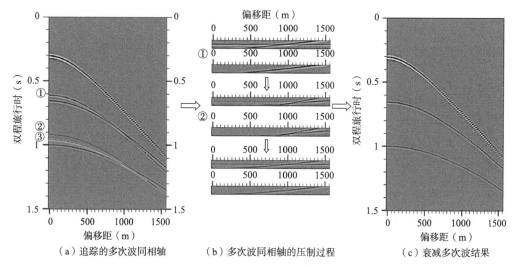

（a）追踪的多次波同相轴　　　（b）多次波同相轴的压制过程　　　（c）衰减多次波结果

图7.2.4　基于同相轴追踪的多次波匹配衰减的过程示例

7.2.1.4　模型实验

（1）水平层状模型实验。

本实验速度模型基于如图7.1.2包含4套地层的水平层状介质模型，其速度与厚度分别为（1500m/s、230m），（1700m/s、300m），（1950m/s、332.5m）及（2200m/s、400m），然后以主频为35Hz的雷克子波作为震源（图7.1.3）。

消除与一次波同相轴相交或接近重合的多次波，这是检验多次波匹配衰减方法处理效果的常规实验。现利用同相轴优化追踪法、多道维纳滤波法以及高精度抛物线拉冬域的蒙版滤波法针对图7.2.1（a）所示理论模型记录进行多次波匹配衰减，其中为避免动校拉伸效应影响高精度抛物线变换的精度切除了相应记录远炮检距道中信号。

对比图7.2.5（a）至图7.2.5（c）所示压制多次波的结果可知，当多次波同相轴与一次波同相轴相交时，同相轴优化追踪法可在有效压制多次波的同时较好地保持一次波信息，而传统多道维纳滤波法会导致一次波信息的损伤［图7.2.5（b）中椭圆区域］，高精度抛物线拉冬域的蒙版滤波法虽可分离一次波与多次波，但仍会因损伤前者而导致记录整体振幅偏弱。图7.2.6（a）至图7.2.6（c）显示了上述3种方法减掉的多次波成分，利用同相轴优化追踪法衰减多次波的记录中无一次波信息［图7.2.6（a）］，而传统多道维纳滤波法与高精度抛物线拉冬域的蒙版滤波法去掉的多次波成分中存在明显的一次波［图7.2.6（b）和图7.2.6（c）中箭头指向的同相轴］。

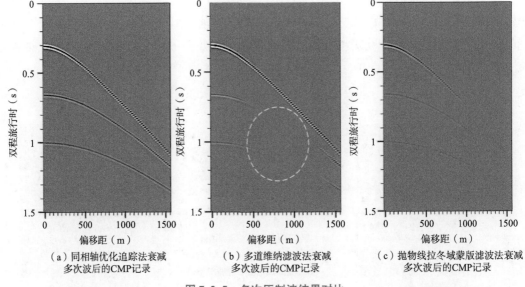

（a）同相轴优化追踪法衰减
多次波后的CMP记录

（b）多道维纳滤波法衰减
多次波后的CMP记录

（c）抛物线拉冬域蒙版滤波法衰减
多次波后的CMP记录

图7.2.5　多次压制波结果对比

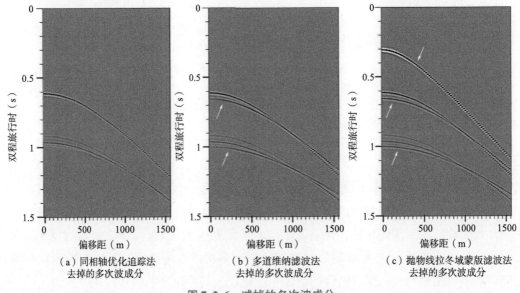

（a）同相轴优化追踪法
去掉的多次波成分

（b）多道维纳滤波法
去掉的多次波成分

（c）抛物线拉冬域蒙版滤波法
去掉的多次波成分

图7.2.6　减掉的多次波成分

　　为检验多次波匹配衰减方法的"容差"能力，利用同相轴优化追踪法、多道维纳滤波法以及高精度抛物线拉冬域的蒙版滤波法基于误差多次波记录［图7.2.2（b）］针对原始CMP记录［图7.2.2（c）］进行多次波压制，所得结果分别如图7.2.7（a）至图7.2.7（c）所示，而上述3种方法减掉的多次波成分见图7.2.8（a）至图7.2.8（c）。通过比较分析可知，同相轴优化追踪法仍可在较好地保持一次波信息的同时有效压制存在显著误差的多次波；由于多次波误差同相轴与一次波同相轴之间时差增大致使传统多道维纳滤波法对一次波的损伤减轻，但箭头指向的位置存在残余多次波［图7.2.7（b）］；而高精度抛物线拉冬域的蒙版滤波法衰减的记录亦存在明显的多次波残余[图7.2.7(c)中箭头指向的位置]，且一次波损伤仍较为严重[图7.28(b)]。

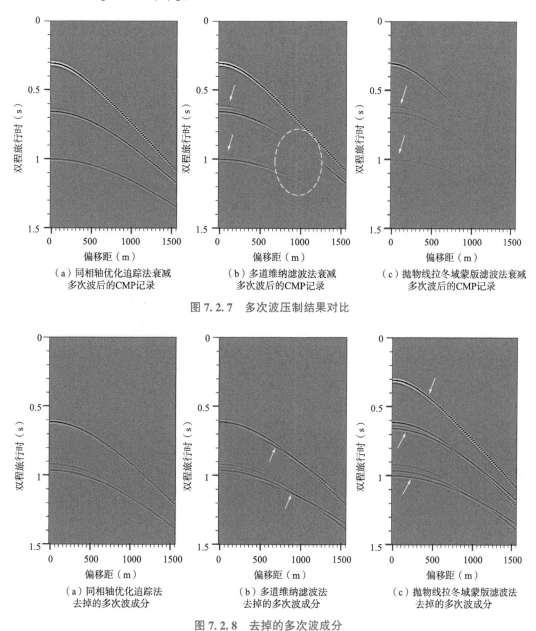

（a）同相轴优化追踪法衰减
多次波后的CMP记录

（b）多道维纳滤波法衰减
多次波后的CMP记录

（c）抛物线拉冬域蒙版滤波法衰减
多次波后的CMP记录

图7.2.7　多次波压制结果对比

（a）同相轴优化追踪法
去掉的多次波成分

（b）多道维纳滤波法
去掉的多次波成分

（c）抛物线拉冬域蒙版滤波法
去掉的多次波成分

图7.2.8　去掉的多次波成分

（2）Pluto模型。

Pluto1.5模型是一个用于检验自由界面多次波预测与衰减效果的标准模型。该模型海底由浅到深变化剧烈，中部存在高速的盐丘构造，致使大部分波阻抗界面扭曲，并形成多套断层，而盐丘下部的地层受挤压作用而成为一系列褶皱构造。图7.2.9（a）为Pluto1.5模型的第741个原始CMP记录，图7.2.9（b）为其对应的多次波记录（经自由界面多次波预测方法预测得到)的 CMP 道集，其中箭头指向的分别为 2~3 阶的海底全程多次波与 2~4 阶的盐丘顶面鸣震多次波，由于近炮检距道中克希霍夫积分孔径较小致使预测的多次波振幅相对较弱[图 7.2.9(b)]，而中、远炮检距道中的多次波则存在一定差别。

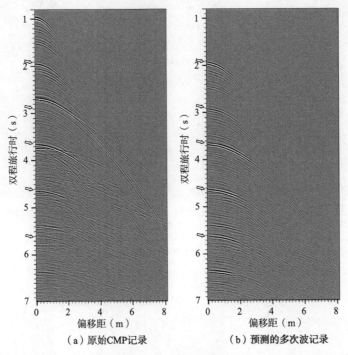

（a）原始CMP记录　　　　　　（b）预测的多次波记录

图 7.2.9　记录示例图

应用同相轴优化追踪法、传统多道维纳滤波法以及高精度抛物线拉冬域的蒙版滤波法分别对原始记录进行多次波衰减处理，所得结果分别如图 7.2.10(a) 至图 7.2.10(c) 所示。经过同相轴优化追踪法衰减处理后，原始记录中箭头指向的复杂多次波已被消除，并且其一次波信息几乎未受损伤[图 7.2.10(a)]；传统多道维纳滤波法处理后的地震记录中其中、深部的反射信号振幅明显偏弱，部分一次波反射同相轴受到严重损伤[图 7.2.10(b) 中箭头指向位置所示]；而在拉冬域蒙版滤波法处理后的地震记录中，因时差较小其近炮检距道中仍然存在明显的多次波残余[图 7.2.10(c) 中箭头指向位置]。

对原始地震记录及衰减多次波后的地震记录进行逆时偏移成像，相应的深度剖面分别见图 7.2.11 至图 7.2.14。在图 7.2.11 所示的原始偏移剖面中，箭头指向的为强多次波成像的同相轴，其干扰了对有效构造的解释分析。由图 7.2.12 可知，经过同相轴优化追踪方法处理后的逆时偏移剖面中，箭头指向的强多次波同相轴已被完全消除，而通过常规多道维纳滤波法与高精度抛物线拉冬域的蒙版滤波法处理后的偏移剖面中仍有残余成像，如图 7.2.13 与图 7.2.14 箭头所示。此外对比图 7.2.12 至图 7.2.14 可知，图 7.2.13 部分盐丘顶界面反射同相轴发生畸变，如图 7.2.13 椭圆范围所示，且图 7.2.13 与图 7.2.14 其中、深部位置构造成像能量明显弱于图 7.2.12，这些现象均说明常规多道维纳滤波法与高精度抛物线拉冬域的蒙版滤波法在剔除多次波的同时严重损伤了一次波反射信号，而同相轴优化追踪法则可在有效剔除各类多次波的同时较好地保持一次波信息。

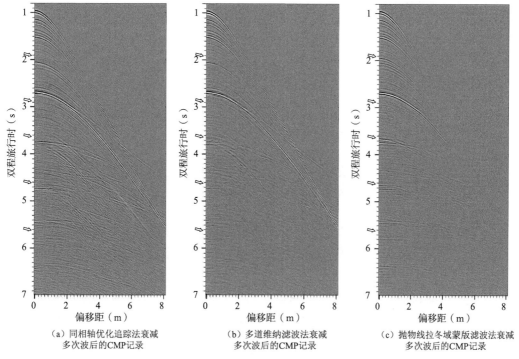

（a）同相轴优化追踪法衰减
多次波后的CMP记录

（b）多道维纳滤波法衰减
多次波后的CMP记录

（c）抛物线拉冬域蒙版滤波法衰减
多次波后的CMP记录

图 7. 2. 10　多次波压制结果对比

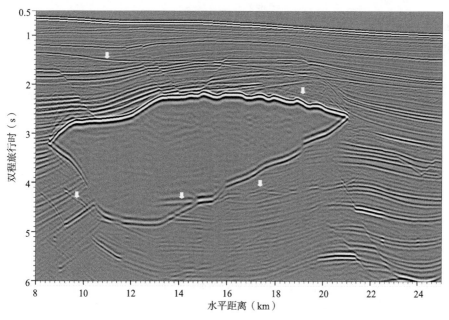

图 7. 2. 11　Pluto 模型原始记录的逆时偏移剖面

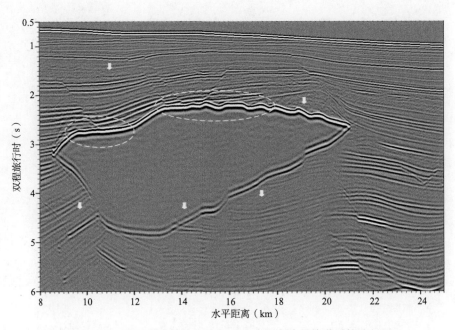

图 7.2.12 经过同相轴优化追踪法衰减多次波后的逆时偏移剖面

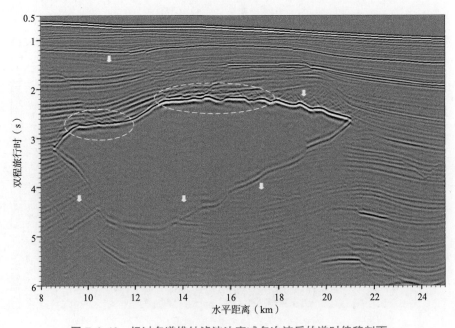

图 7.2.13 经过多道维纳滤波法衰减多次波后的逆时偏移剖面

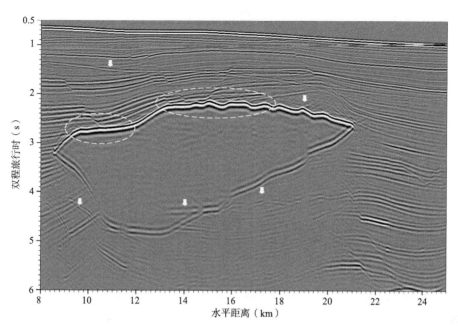

图 7.2.14 经过抛物线拉冬域蒙版滤波法衰减多次波后的逆时偏移剖面

7.2.2 多次波组合自适应衰减方法

通常情况下，基于维纳滤波的时空域扩展滤波法对各类多次波都可进行有效压制，但当一次波与多次波同相轴交叉（或部分重合）时，其极易损伤有效波信息；相对而言，数学变换域的匹配衰减类方法对于与一次波同相轴发生交叉的多次波有更好的剔除效果，但其通常假定多次波同相轴符合双曲线型规律，因而其对于复杂构造区域的部分非双曲线型多次波剔除效果不佳，此外对于当一次波与多次波同相轴视速度差异较小时（一般存在于近偏移距道），该类方法也容易造成一次波的损伤。

所以本节将两者结合提出了一种基于同相轴优化追踪技术的多次波剔除与扩展维纳滤波相结合的组合自适应衰减方法（简称为多次波组合自适应衰减方法），其首先基于预测的多次波信息，利用同相轴优化追踪技术和短时窗 f-k 视速度滤波法将原始记录分离为准一次波记录和准多次波记录；然后再利用扩展的维纳滤波法消除准一次波记录中的残余多次波，并同时恢复原准多次波记录中损伤的一次波信息。理论模型实验与野外资料的处理实验结果均显示该方法不但能够显著改善多次波的压制效果，而且有效避免了多次波剔除过程中对一次波信号的损伤，其适应于复杂构造区域的多次波剔除。

为能够较好地实现准一次波和准多次波记录中，一次波和多次波信息的再次分离，摒弃了以多道记录作为输入的多道维纳滤波过程（Treitel，1970；Wang，2003），而是结合 Monk（1991）的思路将传统的单道维纳滤波拓展为迭代的滤波过程，形成扩展的维纳滤波法，其不受双曲线旅行时方程的限制，可用于准一次波记录中残余多次波的压制，同时其也可用以对准多次波记录进行一次波和多次波的再次分离，从而在一定程度上恢复原损伤的一次波信息。

7.2.2.1 基于扩展维纳滤波的一次波恢复与残余多次波衰减

为了滤出准多次波记录 $d_m(x, t)$ 中的一次波信息，并进一步消除准一次波记录 $d_p(x, t)$ 中的残余多次波，利用扩展的最小平方滤波法针对准多次波记录 $d_m(x, t)$ 与准一次波记录 $d_p(x, t)$ 进行再次自适应衰减。相应的处理过程可表示为

$$p_1(x, t) = ELSF[d_m(x, t), m_h(x, t)]$$
$$p_2(x, t) = ELSF[d_p(x, t), m_1(x, t)] \tag{7.2.9}$$

式中，$ELSF$ 为扩展最小平方滤波算子；$p_1(x, t)$ 中包含的是由记录 $d_m(x, t)$ 中滤出的一次波信息；$p_2(x, t)$ 为消除记录 $d_m(x, t)$ 中复杂多次波的结果；d_m 为准多次波记录；d_p 为准一次波记录。

由于近炮检距道中多次波与一次波的时差较小，准多次波记录 $d_m(x, t)$ 中的一次波信息主要集中在该区域，可仅针对其中地震道进行滤波，将记录 $p_1(x, t)$ 的剩余道设置为 0。最终衰减多次波后的记录为式(7.2.9)中滤波结果的和，即

$$p(x, t) = p_1(x, t) + p_2(x, t) \tag{7.2.10}$$

式中，$p(x, t)$ 为组合自适应衰减的最终结果。

式(7.2.9)中包含了两项不同目的扩展维纳滤波处理，第一项的目的是去除准多次波记录中的残余多次波，而第二项旨在克服多次波与一次波时差较小时导致的有效信号损伤。在实际处理时，这两个处理过程均为可选步骤，其可在对地震记录特征与多次波初次衰减结果分析的基础上确定是否予以选用。

7.2.2.2 多次波组合自适应衰减的流程

综上所述，本节提出的多次波组合自适应衰减方法主要包括两个步骤：首先基于预测的多次波记录，应用同相轴优化追踪技术追踪出多次波同相轴，并利用短时窗 $f-k$ 视速度滤波将原始记录与多次波记录分离为准一次波记录和准多次波记录；然后利用扩展的最小平方滤波法针对上述记录进行再次自适应衰减，以达到进一步剔除准一次波记录中的复杂多次波，并从准多次波记录中恢复原损伤的一次波信息的目的。多次波组合自适应衰减方法的具体处理流程如图7.2.15所示。

由多次波组合自适应衰减处理流程可知，该方法综合利用了基于同相轴优化追踪的多次波衰减方法和扩展维纳滤波法的优势，在理论上，无论是对常见的双曲线型多次波还是复杂构造区域的非双曲线型多次波，其均可进行有效压制，并可最大限度地减少一次波的损伤。

7.2.2.3 水平层状模型记录的多次波组合自适应衰减

对于多次波自适应衰减方法来说，消除与一次波同相轴交叉或接近重合的多次波是最

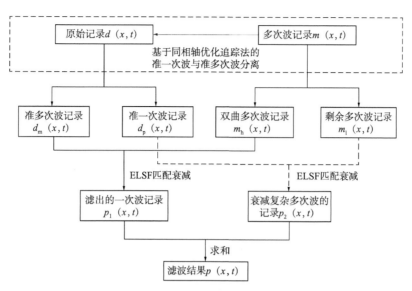

图 7.2.15　多次波组合自适应衰减处理流程

具说服力的实验。现利用多次波组合自适应衰减法与多道维纳滤波法(Treitel，1970；Wang，2003)针对时差较小的理论模型记录进行多次波压制，以检验多次波组合自适应衰减方法的效果。本节基于如图 7.2.16 所示的速度模型，以主频为 35Hz 的雷克子波(图 7.2.17)作为震源，采用声波方程的有限差分法模拟方法生成一套含有多次波的地震记录。该地震记录共 500 炮，每炮含有 160 道，炮间距与道间距均为 10m，最小偏移距是 0。

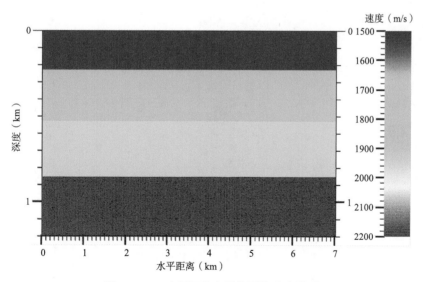

图 7.2.16　水平层状介质的网格速度模型

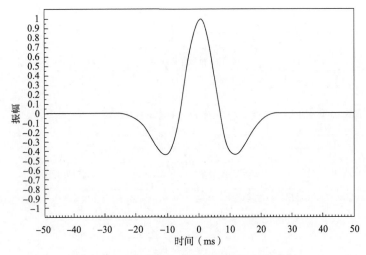

图 7.2.17　主频为 35Hz 的雷克子波波形图

该炮集记录对应的第 500 个 CMP 记录如图 7.2.18(a)所示。在图 7.2.18(a)所示的 CMP 记录中，箭头指向的为多次波同相轴，两者均与同时段的一次波同相轴相交，且序号为②的多次波同相轴与一次波同相轴在近偏移距道位置几乎重合。根据同相轴优化追踪多次波剔除方法的处理流程，首先基于自由界面多次波预测方法获得多次波记录，其对应的第 500 个 CMP 记录如图 7.2.18(b)所示；并基于多次波记录创建多次波速度谱[图 7.2.18(c)]；然后在此基础上，利用等值线追踪方法获得多次波同相轴叠加能量团的范围，并据此确定出原始记录中的多次波同相轴[图 7.2.18(d)中的彩色曲线①至曲线②]。

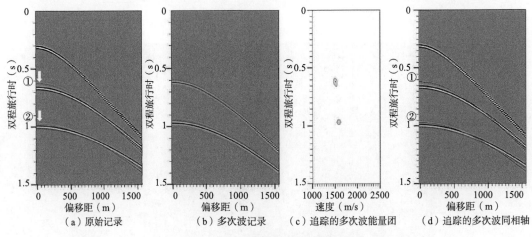

(a)原始记录　　　　(b)多次波记录　　　　(c)追踪的多次波能量团　　(d)追踪的多次波同相轴

图 7.2.18　同相轴追踪过程示例

追踪出多次波同相轴之后，则可通过优化追踪法进行多次波与一次波的分离，具体过程如图 7.2.19(a)所示，即首先截取同相轴①，对其实施短时窗 f-k 视速度滤波处理后生成准一次波记录，并将滤出的多次波合成准多次波记录。同理，对多次波同相轴②进行相同的处理过程，可得到最终的准一次波记录与准多次波记录[图 7.2.19(b)与图 7.2.19(c)所示]。由图 7.2.19

可知，准一次波记录中的多次波同相轴已被完全消除，基本不存在残余多次波信息，但由于多次波同相轴②与一次波同相轴近于重合，导致一次波的信息受到轻微损伤[图 7.2.19(b)矩形区域所示]，其损伤的信息存在于准多次波记录中[图 7.2.19(c)矩形区域所示]。

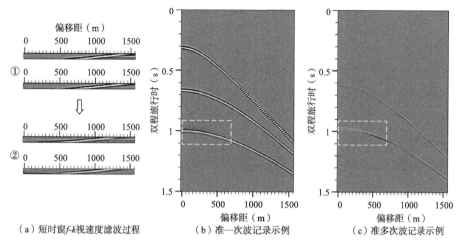

（a）短时窗 f-k 视速度滤波过程　（b）准一次波记录示例　（c）准多次波记录示例

图 7.2.19　优化追踪法的多次波与一次波分离过程

基于预测得到的多次波记录仅针对准多次波记录进行扩展维纳滤波处理，并将滤出的一次波信息加到准一次波记录中，从而得到最终的多次波组合自适应衰减结果，多次波组合自适应衰减结果的第 500 个 CMP 记录如图 7.2.20(a)所示。由图 7.2.20(a)可知，经扩展维纳滤波处理后，原损伤的一次波信息得到了较好的补偿。图 7.2.20(b)为通过多道维纳滤波衰减多次波的结果，图 7.2.20(c)与图 7.2.20(d)分别显示了多次波组合自适应衰减法与多道维纳滤波法减掉的多次波成分。图 7.2.20 可知，当多次波同相轴与一次波同相轴相近时，传统多道维纳滤波法往往会导致一次波信息的损伤，而多次波组合自适应衰减法则可在有效压制多次波的同时较好地保持一次波信息。

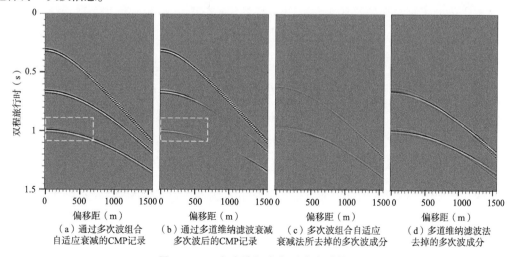

（a）通过多次波组合　　（b）通过多道维纳滤波衰减　（c）多次波组合自适应　　（d）多道维纳滤波法
　自适应衰减的CMP记录　　多次波后的CMP记录　　衰减法所去掉的多次波成分　去掉的多次波成分

图 7.2.20　多次波组合自适应衰减结果

7.3 稀疏域扩展滤波多次波匹配衰减

对于崎岖海底区域的地震数据，由于克希霍夫积分孔径的有限性、侧面反射效应、野外观测误差及无法获得准确的自由界面因子等因素的影响，预测的多次波在传播时间与信号波形上均存在一定差异(在远偏移距道上尤为显著)，这会严重影响传统多次波匹配衰减方法的多次波剔除效果。

通常情况下，基于维纳滤波的时空域扩展，滤波法对各类多次波都可进行有效压制，但当一次波与多次波同相轴交叉(或部分重合)时其极易损伤有效波信息；稀疏变换域的匹配衰减法剔除与一次波同相轴发生交叉的多次波时不会损伤有效信息，但对多次波的预测精度具有更高的要求，当预测的多次波具有一定误差时又难以对其进行有效去除(多次波与一次波在变换域难以匹配)。本节对多次波匹配相减问题进行了深入研究，将扩展滤波引入至小波域与曲波域，进而实现了稀疏域扩展滤波的多次波匹配衰减方法，其兼顾了扩展滤波对多次波预测误差的适应性以及曲波变换对一次波和多次波的分离优势，据此解决复杂海域因多次波预测不准而导致的多次波衰减困难的问题。

7.3.1 基于扩展滤波的小波域多次波匹配衰减

在崎岖复杂海域的地震数据处理中，时空域扩展滤波固然能够在一定程度上克服多次波预测不准的问题，显著提升维纳滤波类方法剔除多次波的能力，但在一次波与多次波交叉位置有效波损伤也愈加严重。为了在保证多次波去除能力的基础上尽可能降低有效波损伤的程度，将扩展滤波引入至小波域中，形成了基于小波域扩展滤波的多次波匹配衰减方法，该方法借助了小波变换能够实现不同频率、方向信号分离的优势，降低了一次波与多次波的耦合程度，据此来改善多次波匹配衰减的效果。

首先对原始地震记录作二维小波变换，可得

$$W_d(a, \tau_x, \tau_t) = \iint d(x, t)\psi_{a,\tau_x,\tau_t}(x, t)\mathrm{d}x\mathrm{d}t \tag{7.3.1}$$

式中，$\psi_{a,\tau_x,\tau_t}(x, t)$ 表示小波基函数；$W_d(a, \tau_x, \tau_t)$ 为小波系数；a 为伸缩因子；τ_x 和 τ_t 为 x、t 维度上的平移因子；$d(x, t)$ 为二维输入信号；d 为含有多次波的原始地震信号。

将式(7.1.6)代入式(7.3.1)中可得

$$W_d(a, \tau_x, \tau_t) = \iint \{f_1 m(x, t) + f_2 m'(x, t) + f_3 m^H(x, t)$$

$$+ f_4 [m^H(x, t)]'\} \psi_{a, \tau_x, \tau_t}(x, t)\mathrm{d}x\mathrm{d}t \tag{7.3.2}$$

式中，W_d 为原始地震记录中多从波信号的小波系数；m 为预测记录中的多次波信号；m^H

为 m 的希尔伯特变换；m'、$[m^H]'$ 为 m、m^H 的时间导数。

根据积分运算的性质，式(7.3.2)右端积分项可展开为

$$W_d(a, \tau_x, \tau_t) = f_1 \iint m(x, t) \psi_{a, \tau_x, \tau_t}(x, t) \mathrm{d}x \mathrm{d}t$$

$$+ f_2 \iint m'(x, t) \psi_{a, \tau_x, \tau_t}(x, t) \mathrm{d}x \mathrm{d}t$$

$$+ f_3 \iint m^H(x, t) \psi_{a, \tau_x, \tau_t}(x, t) \mathrm{d}x \mathrm{d}t$$

$$+ f_4 \iint [m^H(x, t)]' \psi_{a, \tau_x, \tau_t}(x, t) \mathrm{d}x \mathrm{d}t \qquad (7.3.3)$$

令

$$\begin{cases} W_d^M(a, \tau_x, \tau_t) = \iint m(x, t) \psi_{a, \tau_x, \tau_t}(x, t) \mathrm{d}x \mathrm{d}t \\[2mm] W_d^{MD}(a, \tau_x, \tau_t) = \iint m'(x, t) \psi_{a, \tau_x, \tau_t}(x, t) \mathrm{d}x \mathrm{d}t \\[2mm] W_d^{MH}(a, \tau_x, \tau_t) = \iint m^H(x, t) \psi_{a, \tau_x, \tau_t}(x, t) \mathrm{d}x \mathrm{d}t \\[2mm] W_d^{MHD}(a, \tau_x, \tau_t) = \iint [m^H(x, t)]' \psi_{a, \tau_x, \tau_t}(x, t) \mathrm{d}x \mathrm{d}t \end{cases} \qquad (7.3.4)$$

式中，f_1、f_2、f_3、f_4 为将 W_d 展开为 W_d^M、W_d^{MD}、W_d^{MH} 和 W_d^{MHD} 之和各项对应的权重因子。

综合式(7.3.3)和式(7.3.4)可得

$$W_d(a, \tau_x, \tau_t) = f_1 W_d^M(a, \tau_x, \tau_t) + f_2 W_d^{MD}(a, \tau_x, \tau_t)$$

$$+ f_3 W_d^{MH}(a, \tau_x, \tau_t) + f_4 W_d^{MHD}(a, \tau_x, \tau_t) \qquad (7.3.5)$$

式中，a 为伸缩因子；$W_d^M(a, \tau_x, \tau_t)$、$W_d^{MD}(a, \tau_x, \tau_t)$、$W_d^{MH}(a, \tau_x, \tau_t)$ 和 $W_d^{MHD}(a, \tau_x, \tau_t)$ 分别为 $m(x, t)$、$m'(x, t)$、$m^H(x, t)$ 与 $[m^H(x, t)]'$ 的小波系数；f_1、f_2、f_3 和 f_4 为将 $W_d(a, \tau_x, \tau_t)$ 展开为 $W_d^M(a, \tau_x, \tau_t)$、$W_d^{MD}(a, \tau_x, \tau_t)$、$W_d^{MH}(a, \tau_x, \tau_t)$ 和 $W_d^{MHD}(a, \tau_x, \tau_t)$ 之和各项对应的权重因子。

由式(7.3.5)可知，若预测记录中的多次波信号存在振幅、相位(常相位翻转)及时移的差异，可将原始地震记录中多次波信号的小波系数展开为前者的小波系数及其各变换(希尔伯特变换、时间导数与希尔伯特变换结果的时间导数)的小波系数加权和。换言之，若预测的多次波存在一定误差，则可将预测记录的各变换结果引入到小波域的多次波匹配衰减中，而式(7.3.5)中的各权重因子 f_1、f_2、f_3 和 f_4 即为相应的滤波因子。

为了有效匹配衰减存在预测误差的多次波干扰，综合小波变换与扩展匹配滤波两者的优势，实现了基于小波域扩展滤波的多次波匹配衰减。该方法首先利用预测的多次波记录

$m(x, t)$创建相应的希尔伯特变换记录$m^{\mathrm{H}}(x, t)$，然后分别计算出两者的时间导数记录$m'(x, t)$与$[m(x, t)^{\mathrm{H}}]'$。由于多次波自适应相减是在小波域中进行的，因此需将原始地震记录$d(x, t)$、预测的多次波记录$m(x, t)$及其变换记录(包括$m'(x, t)$、$m^{\mathrm{H}}(x, t)$与$[m(x, t)^{\mathrm{H}}]'$)全部转换至小波域，从而获得各记录的小波系数$W_{\mathrm{d}}^{\mathrm{M}}(a, \tau_x, \tau_t)$、$W_{\mathrm{d}}^{\mathrm{MD}}(a, \tau_x, \tau_t)$、$W_{\mathrm{d}}^{\mathrm{MH}}(a, \tau_x, \tau_t)$和$W_{\mathrm{d}}^{\mathrm{MHD}}(a, \tau_x, \tau_t)$。

为了保证滤波过程的稳定性，对二维小波系数矩阵中位置为k的样点，以其为中心设置矩形窗口，截取相应数据构建求取滤波因子的表达式

$$\begin{bmatrix} W_{\mathrm{d1}}^{\mathrm{M}} & W_{\mathrm{d1}}^{\mathrm{MD}} & W_{\mathrm{d1}}^{\mathrm{MH}} & W_{\mathrm{d1}}^{\mathrm{MHD}} \\ W_{\mathrm{d2}}^{\mathrm{M}} & W_{\mathrm{d2}}^{\mathrm{MD}} & W_{\mathrm{d2}}^{\mathrm{MH}} & W_{\mathrm{d2}}^{\mathrm{MHD}} \\ \vdots & \vdots & \vdots & \vdots \\ W_{\mathrm{dn}}^{\mathrm{M}} & W_{\mathrm{dn}}^{\mathrm{MD}} & W_{\mathrm{dn}}^{\mathrm{MH}} & W_{\mathrm{dn}}^{\mathrm{MHD}} \end{bmatrix} \begin{bmatrix} f_1 \\ f_2 \\ f_3 \\ f_4 \end{bmatrix} = \begin{bmatrix} W_{\mathrm{d1}} \\ W_{\mathrm{d2}} \\ \vdots \\ W_{\mathrm{dn}} \end{bmatrix} \tag{7.3.6}$$

式中，f_1、f_2、f_3、f_4为待求取的滤波因子；W_{dn}、$W_{\mathrm{dn}}^{\mathrm{M}}$、$W_{\mathrm{dn}}^{\mathrm{MD}}$、$W_{\mathrm{dn}}^{\mathrm{MH}}$和$W_{\mathrm{dn}}^{\mathrm{MHD}}$分别为所截取记录块中的样点，$n$为截取记录块中的样点序号(为保证方程求解的稳定性，通常要求$n \geqslant 4$)；f_1、f_2、f_3、f_4为将W_{d}展开为$W_{\mathrm{d}}^{\mathrm{M}}$、$W_{\mathrm{d}}^{\mathrm{MD}}$、$W_{\mathrm{d}}^{\mathrm{MH}}$和$W_{\mathrm{d}}^{\mathrm{MHD}}$之和各项对应的权重因子。

基于最小平方准则求取滤波因子，则式(7.3.6)可转化为下式描述的最小二乘问题

$$\boldsymbol{f} = \underset{f}{\arg\min} \, \| \boldsymbol{W}_{\mathrm{d}} - \boldsymbol{M}\boldsymbol{f} \|_2 \tag{7.3.7}$$

式中，$\boldsymbol{f}$为滤波因子向量$[f_1, f_2, f_3, f_4]^{\mathrm{T}}$；$\boldsymbol{M}$表示截取记录块$W_{\mathrm{dn}}^{\mathrm{M}}$、$W_{\mathrm{dn}}^{\mathrm{MD}}$、$W_{\mathrm{dn}}^{\mathrm{MH}}$和$W_{\mathrm{dn}}^{\mathrm{MHD}}$所构成的矩阵；$\boldsymbol{W}_{\mathrm{d}}$表示记录块中各样点$W_{\mathrm{dn}}$组成的向量。

通常式(7.3.7)所描述的方程组为超定方程组，因此采用阻尼最小二乘方法进行求解。求取滤波因子$\boldsymbol{f}$的表达式可表示为

$$\boldsymbol{f} = (\boldsymbol{M}^{\mathrm{T}}\boldsymbol{M} + \varepsilon\boldsymbol{I})^{-1}(\boldsymbol{M}^{\mathrm{T}}\boldsymbol{C}) \tag{7.3.8}$$

式中，$\boldsymbol{M}^{\mathrm{T}}$为$\boldsymbol{M}$的转置矩阵，$\boldsymbol{I}$表示单位矩阵，$\varepsilon$为阻尼系数($\varepsilon \in (0, 1)$，通常为小波系数平均幅值的$10^{-5}$。求取出滤波因子$\boldsymbol{f}$之后，即可实现针对原始数据小波系数目标样点的多次波匹配相减处理。

为了减少有效波的损伤，需要将预测多次波记录及其扩展记录变换至小波域中，然后在小波域中应用匹配衰减方法对多次波进行压制，其基本步骤如下：

(1)针对预测的多次波记录$m(x, t)$创建其希尔伯特变换记录$m^{\mathrm{H}}(x, t)$，然后分别计算出两者的时间导数记录$m'(x, t)$与$[m(x, t)^{\mathrm{H}}]'$；

(2)将原始地震记录$d(x, t)$、预测的多次波记录$m(x, t)$及其变换记录，包括$m'(x, t)$、$m^{\mathrm{H}}(x, t)$与$[m(x, t)^{\mathrm{H}}]'$，全部转换至小波域；

（3）对于小波域中的每个样点，以其为中心截取矩形数据块，通过式（7.3.6）至式（7.3.8）获得该样点的多次波匹配衰减结果；

（4）对小波系数中的每个样点重复步骤（3），并将最终的结果反变换回时空域。详细流程如图 7.3.1 所示。

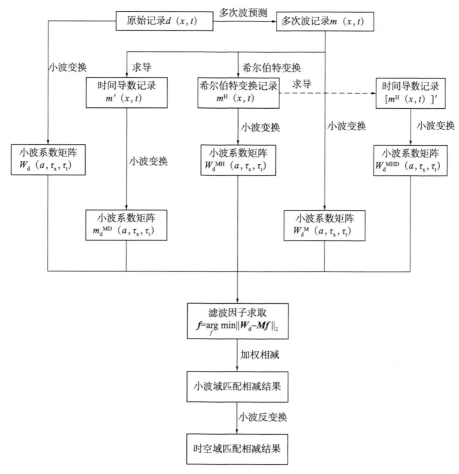

图 7.3.1 小波域扩展滤波法的多次波匹配衰减流程

图 7.3.2 显示的为 Sigsbee2B 模型的速度剖面，其左侧存在高速的盐丘构造，由于与围岩速度差异较大，盐丘边界形成了强波阻抗界面。模型中的海底由浅至深变化，盐丘的顶、底均为起伏不平的复杂界面，导致原始地震记录中富含海底及盐丘上界面有关的鸣震多次波。

SMAART 组织提供了 Sigsbee2B 模型的原始地震记录，相应的观测参数为：采用单边放炮的激发方式，震源位于拖缆右侧，最小偏移距为零；共激发了 496 炮，单炮数据的最大道数为 347 道，而炮间距与道间距均分别为 45.72m 与 22.76m；数据采样间隔设 7ms，记录长度 11992ms。现针对该模型的原始地震记录进行扩展滤波小波域多次波的衰减分析。

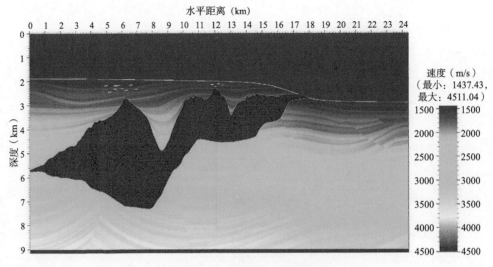

图 7.3.2 Sigsbee2B 模型剖面

现通过两组记录的对比进一步分析炮集中的多次波特征及其预测精度。图 7.3.3 给出了炮点与接收排列均位于盐丘上方的示例，图 7.3.4 为预测的多次波记录，其中箭头指向的为源于海底或盐丘顶面的鸣震多次波。由于复杂构造的影响，多次波同相轴方向各异，而且均与一次波同相轴相交，这极易导致在衰减多次波的同时损伤有效信号。图 7.3.5 显示了炮点与接收排列均位于起伏海底上方的炮集记录，由于水深的剧烈变化，导致箭头指向的海底全程多次波同相轴近于线性。此外，炮集远偏移距道位置仍然存在来自盐丘顶面的绕射多次波。

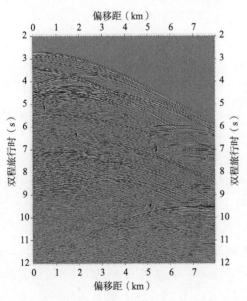

图 7.3.3 炮点与接收排列均位于盐丘上方的
炮集记录示例(炮点坐标 $x = 14574.67$m)

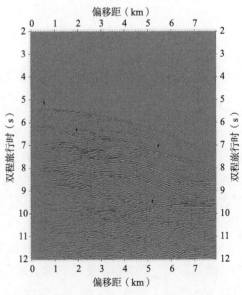

图 7.3.4 与图 7.3.3 所示炮集相对应的
多次波记录(炮点坐标 $x = 14574.67$m)

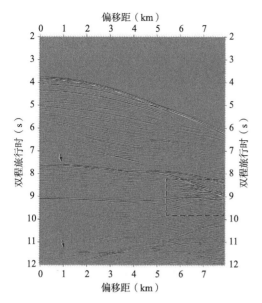

图 7.3.5　炮点与接收排列均位于海底起伏剧烈位置上方的炮集记录示例（炮点坐标 $x=21799.77\text{m}$）

图 7.3.6　与图 7.3.5 所示炮集相对应的多次波记录（炮点坐标 $x=21799.77\text{m}$）

根据原始记录与多次波记录的对比分析，总结出 Sigsbee2B 模型数据的多次波预测误差：（1）由于积分孔径有不足的影响，近炮检距道中的多次波信号振幅较弱，而在原始炮集记录中各道振幅基本一致；（2）由于无法给定准确的自由界面因子，导致预测的多次波信号其波形、相位均与原始记录中的存在显著差异，在视觉上预测的多次波信号其延续长度明显增加。上述原因使得预测的多次波信号与原始地震记录中的多次波难以较好匹配，最终导致常规方法其多次波自适应相减效果不佳。

针对图 7.3.3 和图 7.3.5 所示的原始炮集记录，输入图 7.3.4 和图 7.3.6 所示存在波形、振幅差异的多次波记录，分别利用小波域的常规滤波法与扩展滤波法进行多次波的自适应相减，然后根据去除多次波的结果以及减去的多次波干扰分析以上方法的处理效果。

7.3.1.1　基于小波域常规滤波的多次波匹配衰减效果分析

通过式（7.3.1）将原始炮集记录与预测的多次波记录变换到二维小波域，然后利用式（7.1.3）与式（7.1.4）对相应的小波系数进行滤波，最终将滤波结果变换回时空域获得消除多次波的记录，相应的示例见图 7.3.7 与图 7.3.9。利用原始记录减去衰减多次波后的记录可获得去除的多次波干扰，分别如图 7.3.8 和图 7.3.10 所示。

7.3.1.2　基于小波域扩展滤波的多次波匹配衰减效果分析

将预测的多次波记录及其希尔伯特变换以及两者的时间导数均变换到小波域（图 7.3.4、图 7.3.6），通过式（7.3.8）给出的阻尼最小二乘法求取每个滤波窗的滤波因子，并采用与小波域常规滤波法相同的参数对原始地震记录进行多次波自适应相减（图 7.3.3、图 7.3.5），所得结果如图 7.3.11 与 7.3.13 所示，而去除的多次波干扰见图 7.3.12 和 7.3.14。

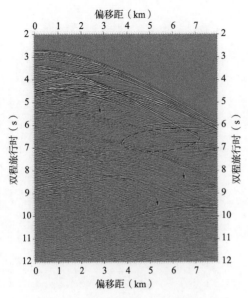

图 7.3.7 小波域常规滤波法消除多次波的
炮集记录(原始炮集见图 7.3.3)

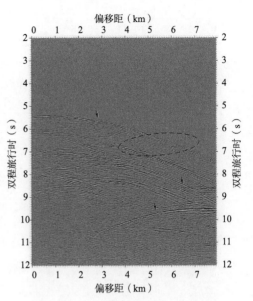

图 7.3.8 小波域常规滤波法去除的
多次波干扰(原始炮集见图 7.3.3)

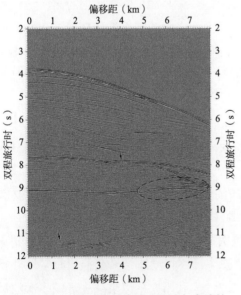

图 7.3.9 小波域常规滤波法消除多次波的
炮集记录(原始炮集见图 7.3.5)

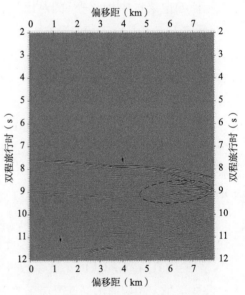

图 7.3.10 小波域常规滤波法去除的
多次波干扰(原始炮集见图 7.3.5)

与小波域常规滤波法衰减多次波的地震记录相比(图 7.3.7、图 7.3.9),新的结果中其多次波压制效果得到明显的改善,其中箭头指向的强多次波同相轴几乎被完全消除。

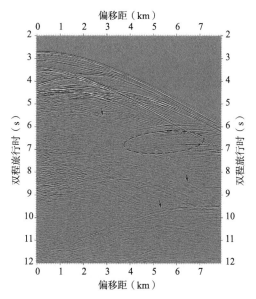

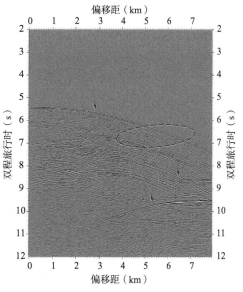

图 7.3.11　小波域扩展滤波法消除多次波的
炮集记录 (原始炮集见图 7.3.3)

图 7.3.12　小波域扩展滤波法去除的
多次波干扰 (原始炮集见图 7.3.3)

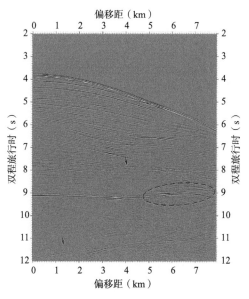

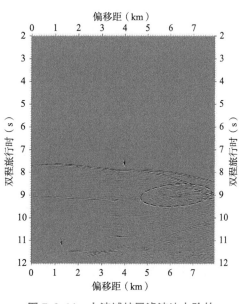

图 7.3.13　小波域扩展滤波法消除多次波的
炮集记录 (原始炮集见图 7.3.5)

图 7.3.14　小波域扩展滤波法去除的
多次波干扰 (原始炮集见图 7.3.5)

7.3.2　基于扩展滤波的曲波域多次波匹配衰减

为了减轻同相轴交叉位置的损伤，改善复杂海域多次波匹配衰减效果，本节摒弃了在时空域进行扩展滤波的思路，将式(7.1.6)所示的变换记录引入到曲波域的多次波自适应相减处理中，形成了基于曲波域扩展滤波的多次波匹配衰减方法。该方法能够根据地震同相轴尺度、方向的不同，将交叉的同向轴分离开来，并且能够在保持扩展滤波的优势的前提下避免了时空域有效波损伤加剧的情况。

对原始地震记录作曲波变换，可得

$$c(j, l, k) = \iint d(x, t) \overline{\varphi_{j, l, k}(x, t)} dx dt \qquad (7.3.9)$$

式中，$c(j, l, k)$ 为原始地震记录中多次波信号的曲波系数；$\overline{\varphi_{j,l,k}(x, t)}$ 为曲波基函数；j、l、k 分别为曲波的尺度、方向和位置。

将式(7.1.6)代入式(7.3.9)中可得

$$c(j, l, k) = \iint \{ f_1 m(x, t) + f_2 m'(x, t) + f_3 m^H(x, t)$$
$$+ f_4 [m^H(x, t)]' \} \overline{\varphi_{j, l, k}(x, t)} dx dt \qquad (7.3.10)$$

式中，f_1、f_2、f_3、f_4 为将 c 展开为 c^M、c^{MD}、c^{MH} 和 c^{MHD} 之和各项对应的权重因子；$\overline{\varphi}$ 为曲波基函数。。

根据积分运算的性质，式(7.3.10)右端积分项可展开为

$$c(j, l, k) = f_1 \iint m(x, t) \overline{\varphi_{j, l, k}(x, t)} dx dt$$

$$+ f_2 \iint m'(x, t) \overline{\varphi_{j, l, k}(x, t)} dx dt$$

$$+ f_3 \iint m^H(x, t) \overline{\varphi_{j, l, k}(x, t)} dx dt$$

$$+ f_4 \iint [m^H(x, t)]' \overline{\varphi_{j, l, k}(x, t)} dx dt \qquad (7.3.11)$$

令

$$c^M(j, l, k) = \iint m(x, t) \overline{\varphi_{j, l, k}(x, t)} dx dt$$

$$c^{MD}(j, l, k) = \iint m'(x, t) \overline{\varphi_{j, l, k}(x, t)} dx dt$$

$$c^{MH}(j, l, k) = \iint m^H(x, t) \overline{\varphi_{j, l, k}(x, t)} dx dt$$

$$c^{MHD}(j, l, k) = \iint [m^H(x, t)]' \overline{\varphi_{j, l, k}(x, t)} dx dt \qquad (7.3.12)$$

式中，c^M、c^{MD}、c^{MH}、c^{MHD} 分别为 m、m^H、m' 与 $[m^H]'$ 的曲波系数。

综合式(7.3.11)和式(7.3.12)可得

$$c(j, l, k) = f_1 c^M(j, l, k) + f_2 c^{MD}(j, l, k)$$
$$+ f_3 c^{MH}(j, l, k) + f_4 c^{MHD}(j, l, k) \qquad (7.3.13)$$

由式(7.3.13)可知，若预测记录中的多次波信号存在振幅、相位(常相位翻转)及时移的差异，可将原始记录中多次波的曲波系数用前者的曲波系数及其各变换(希尔伯特变换、时间导数与希尔伯特变换结果的时间导数)的曲波系数加权和来表示。换言之，若预测的多次波存在一定误差，则可将预测记录的各变换结果引入到曲波域的多次波匹配衰减中，式(7.3.13)中的各权重因子f_1、f_2、f_3和f_4即为相应的滤波因子。

为了有效匹配衰减存在预测误差的多次波干扰，本节综合曲波变换与扩展匹配滤波两者的优势，实现了基于曲波域扩展滤波的多次波匹配衰减。该方法首先利用预测的多次波记录$m(x, t)$创建相应的希尔伯特变换记录$m^{H}(x, t)$，然后分别计算出两者的时间导数记录$m'(x, t)$与$[m(x, t)^{H}]'$。由于多次波自适应相减是在曲波域中进行的，因此需将原始地震记录$d(x, t)$、预测的多次波记录$m(x, t)$及其变换记录，包括$m'(x, t)$、$m^{H}(x, t)$与$[m(x, t)^{H}]'$全部转换至曲波域，从而获得各记录的曲波系数$c(j, l, k)$、$c^{M}(j, l, k)$、$c^{MD}(j, l, k)$、$c^{MH}(j, l, k)$和$c^{MHD}(j, l, k)$。

为了保证滤波过程的稳定性，对于任一尺度j、方向l的二维曲波系数矩阵中位置为k的样点，以其为中心设置矩形窗口，截取相应数据块构建求取滤波因子的表达式

$$\begin{bmatrix} c_1^M & c_1^{MD} & c_1^{MH} & c_1^{MHD} \\ c_2^M & c_2^{MD} & c_2^{MH} & c_2^{MHD} \\ \vdots & \vdots & \vdots & \vdots \\ c_n^M & c_n^{MD} & c_n^{MH} & c_n^{MHD} \end{bmatrix} \begin{bmatrix} f_1 \\ f_2 \\ f_3 \\ f_4 \end{bmatrix} = \begin{bmatrix} c_1 \\ c_2 \\ \vdots \\ c_n \end{bmatrix} \tag{7.3.14}$$

式中，f_1、f_2、f_3、f_4为待求取的滤波因子；c_n、c_n^M、c_n^{MD}、c_n^{MH}和c_n^{MHD}分别为所截取记录块中的样点，n为截取记录块中的样点序号(为保证方程求解的稳定性，通常要求$n \geqslant 4$)。

基于最小平方准则求取滤波因子，则式(7.3.14)可转化为下式描述的最小二乘问题

$$f = \underset{f}{\mathrm{argmin}} \ \|C - Mf\|_2 \tag{7.3.15}$$

式中，f为滤波因子向量$[f_1, f_2, f_3, f_4]^T$；M为截取记录块c_n^M、c_n^{MD}、c_n^{MH}和c_n^{MHD}所构成的矩阵；C为记录块中各样点c_n组成的向量。

通常式(7.3.15)所描述的方程组为超定方程组，因此采用阻尼最小二乘方法进行求解。求取滤波因子f的表达式可表示为

$$f = (M^T M + \varepsilon I)^{-1}(M^T C) \tag{7.3.16}$$

式中，f为滤波因子向量$[f_1, f_2, f_3, f_4]^T$；M^T为M的转置矩阵；I表示单位矩阵；ε为阻尼系数，$\varepsilon \in (0, 1)$，通常曲波系数平均幅值为0.001。

求取出滤波因子f之后，即可实现针对原始数据曲波系数目标样点的多次波匹配相减处理，即

$$p(j, l, k) = c(j, l, k) - f_1 c^{\mathrm{M}}(j, l, k) - f_2 c^{\mathrm{MD}}(j, l, k)$$

$$- f_3 c^{\mathrm{MH}}(j, l, k) - f_4 c^{\mathrm{MHD}}(j, l, k) \tag{7.3.17}$$

式中，$p(j, l, k)$ 为曲波域目标样点的自适应相减结果。

针对原始地震记录所有尺度、方向的曲波系数矩阵 $\boldsymbol{C}$，对其中每个样点重复式(7.3.14)至式(7.3.17)的处理步骤，即可获得消除多次波的曲波系数，将其反变换回时空域进而得到消除多次波的地震记录。该方法的具体流程如图 7.3.15 所示，基本步骤包括：

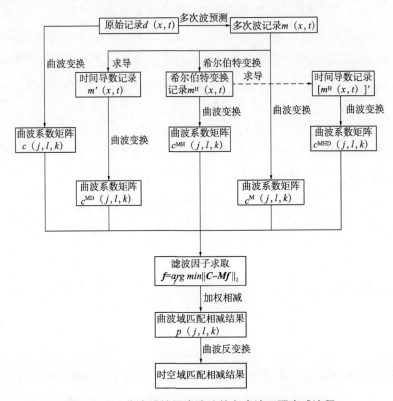

图 7.3.15　曲波域扩展滤波法的多次波匹配衰减流程

（1）针对预测的多次波记录 $m(x, t)$ 创建其希尔伯特变换记录 $m^{\mathrm{H}}(x, t)$，然后分别计算出两者的时间导数记录 $m'(x, t)$ 与 $[m(x, t)^{\mathrm{H}}]'$；

（2）将原始地震记录 $d(x, t)$、预测的多次波记录 $m(x, t)$ 及其变换记录，包括 $m'(x, t)$、$m^{\mathrm{H}}(x, t)$ 与 $[m(x, t)^{\mathrm{H}}]'$，全部转换至曲波域；

（3）对于任一尺度、方向曲波系数中每个样点，以其为中心截取矩形数据块，通过公式(7.3.14)至式(7.3.17)获得该样点的多次波匹配衰减结果；

（4）对曲波系数中的每个样点重复步骤(3)，将最终的结果反变换回时空域。

针对图 7.3.3 和图 7.3.5 所示的原始炮集记录，输入图 7.3.4 和图 7.3.6 所示存在波形、振幅差异的多次波记录，分别利用曲波域的常规滤波法与扩展滤波法进行多次波的自适应相减，然后根据去除多次波的结果以及减去的多次波干扰分析以上方法的处理效果。

7.3.2.1　基于曲波域常规滤波的多次波匹配衰减效果分析

通过式(7.3.9)将原始炮集记录与预测的多次波记录变换到曲波域，然后利用式(7.1.3)与式(7.1.4)对相应的曲波系数进行滤波，最终将滤波结果变换回时空域获得消除多次波的记录，相应的示例见图7.3.16与图7.3.18。利用原始记录减去衰减多次波后的记录可获得去除的多次波干扰，分别如图7.3.17和图7.3.19所示。

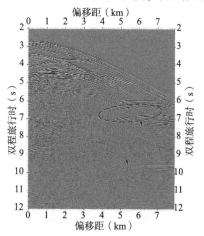

图7.3.16　常规曲波变换法消除多次波的炮集记录(原始炮集见图7.3.3)

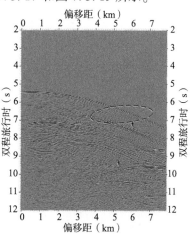

图7.3.17　常规曲波变换法去除的多次波干扰(原始炮集见图7.3.3)

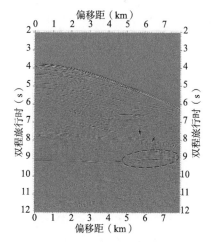

图7.3.18　常规曲波变换法消除多次波的炮集记录(原始炮集见图7.3.5)

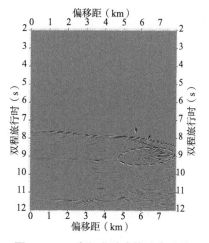

图7.3.19　常规曲波变换法去除的多次波干扰(原始炮集见图7.3.5)

通过与图7.3.7和图7.3.9对比可知，曲波域常规滤波法的多次波自适应相减效果显著优于小波域常规滤波法。而且，与小波域扩展滤波法的结果(示例见图7.3.11与图7.3.13)相比，曲波域常规滤波法的多次波压制效果更优(仅箭头指向位置存在微弱的多次波残余)，记录中一次波同相轴的连续性更好、损伤更轻。这充分说明，对于地震数据而言，曲波变换有较小波变换更优的稀疏表示效果，因此其多次波剔除效果明显优于后者。

7.3.2.2　基于曲波域扩展滤波的多次波匹配衰减效果分析

　　将预测的多次波记录(图7.3.4和图7.3.6)及其希尔伯特变换以及两者的时间导数均变换到曲波域,通过式(7.3.16)给出的阻尼最小二乘法求取每个滤波窗的滤波因子,并采用与小波域常规滤波法相同的参数对原始地震记录(图7.3.3和图7.3.5)进行多次波自适应相减,所得结果如图7.3.20与7.3.22所示,去除的多次波干扰见图7.3.21和图7.3.23。

　　与曲波域常规滤波法衰减多次波的地震记录(图7.3.16和图7.3.18)相比,新的结果中其多次波压制效果得到一定程度的改善,其中椭圆范围内一次波的损伤程度更轻,箭头指向位置的多次波亦得到更好的剔除。实验结果表明:曲波变换可保证一次波和多次波最大限度地分离,而扩展滤波具有对多次波预测误差的适应性,实现两者优势的有机结合,可在保护有效波不受损伤的同时,有效地衰减所预测的多次波干扰。

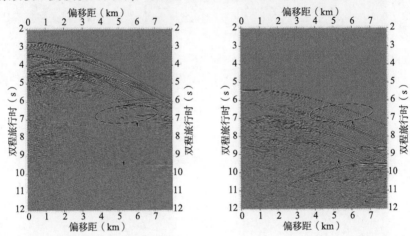

图7.3.20　曲波域扩展滤波法消除多次波的　图7.3.21　曲波域扩展滤波法去除的
　　　　　炮集记录(原始炮集见图7.3.3)　　　　　　　　多次波干扰(原始炮集见图7.3.3)

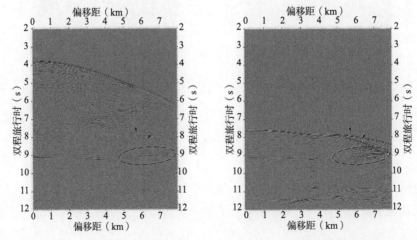

图7.3.22　曲波域扩展滤波法消除多次波的　图7.3.23　曲波域扩展滤波法去除的
　　　　　炮集记录(原始炮集见图7.3.5)　　　　　　　　多次波干扰(原始炮集见图7.3.5)

OBN数据的多次波衰减

近年来，海底节点即OBN(Ocean Bottom Node)地震勘探技术发展迅速，由于海底节点地震资料具有"高密度、全方位、多分量、宽频、长偏移距"的独特优势，近几年该项技术已在国内及国际多个复杂海面障碍区和地下复杂地质目标区块中得到推广应用，大幅度提高了地震成像质量，取得了非常好的油气勘探和开发成效。

由于目前OBN数据成像技术主要也是基于一次波，因此如何有效地消除多次波并最大限度地保留一次波信号，依然是OBN地震资料处理的一个重要步骤。

8.1 OBN 数据特征

8.1.1 海底节点地震勘探概述

进入21世纪以来，随着电信技术、光纤通信、智能水下机器人等领域的进步和发展，海底节点地震勘探技术又迈上了新台阶。海底节点地震观测方法就是将节点地震仪通过绳索连接模式(Node on a Rope，以下简称NOAR)或水下机器人模式(Remotely Operated Vehicles，以下简称ROV)直接布放在海底，节点地震仪自备电池供电，震源船单独承担震源激发任务。当震源船完成所有震源点激发后，回收海底地震仪(节点)，下载数据并进行处理与解释，图8.1.1(a)为NOAR模式，适用于较浅海域(一般100m以内)；图8.1.1(b)为ROV模式，适用于较深海域。

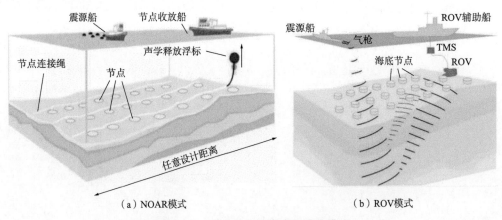

(a) NOAR模式　　　　　　　　(b) ROV模式

图 8.1.1　海底节点地震资料采集模式

海底节点地震具有更高的灵活性、机动性，系统布设回收更加方便，可实现全方位地震数据采集，且通过增加激发震源的办法，只需要少量海底检波器即可达到海面拖缆测量的高覆盖成像效果，其高品质、长偏移距、富低频资料更加满足全波形反演应用条件，有利于建立高精度速度模型，提高深度偏移成像质量，特别是在深水区其优势更为明显，近

10年来，海底节点地震勘探技术逐渐被许多油公司所认可和规模化采用。

8.1.2 海底节点地震勘探采集特征

OBN地震勘探是利用具备独立记录与存储数据功能的装置(即节点，Node)，由于集成了海底地震信息接收器(检波器)、时钟数据存储和电池等元件，可分散地布设于海底进行地震数据采集。

OBN勘探使用"海底双检"信号接收系统，即在同一位置布设压力检波器(水检)和速度检波器(陆检)，前者能够接收地震波引起的水压变化(P分量，属于标量)；而后者接收到的是一个矢量(包含X、Y、Z3个相互垂直的分量)，上行波与下行波分别表现为正值和负值。海底地震采集实现了"四分量"勘探，理论研究和实际资料均表明，P分量仅包含纵波能量，而垂直分量Z记录的主要是纵波能量，水平分量X和Y则主要为转换波能量。海底地震勘探能够在一定程度上改善特殊区域(气云区)的成像效果，解决纵波剖面中存在的大量"气烟囱"及其他类型的反射模糊区，并实现对纵波岩性亮点与中深部气层的检测。此外，通过对海底采集数据的双检合并处理，可较好地压制鬼波干扰，从而达到消除陷波现象、拓宽数据频带宽度的目标。

8.1.3 海底节点地震勘探优点

相对于固定道距的传统海上拖缆地震勘探，海底地震采集具有以下特点：(1)检波点布设更为灵活，能够满足海上油田设施区(生产平台密集)等复杂海况条件下的采集作业；(2)通过增加炮密度、合理布设检波点，可方便地实施高密度、宽方位(或全方位)地震勘探；(3)检波点可重复性好，能更好地满足海上四维地震采集作业。鉴于上述特点和优势，海底地震采集技术已为油气公司所认可，并在海上油气勘探中得到了推广应用。

相比于常规海洋拖缆地震勘探技术，海底节点地震勘探具有如下优点：

(1)原始资料信噪比较高。海底节点沉放到一定深度海底进行观测时几乎不受海面噪声的影响，这在深海地震观测中尤为显著，同时节点和海底耦合性好，接收点定位准确，采用ROV进行海底节点布设，可以将其精确地布放在设计点位，避免了接收点位置漂移带来的地震成像误差，同时可作业水深跨度大，最深可达到3000m左右。

(2)有利于海洋"两宽一高"实施，提高成像质量。由于海水中拖缆测量震源与记录拖缆相对位置固定，只能记录窄方位数据，而海底节点不受采集电缆和地震船联接的束缚，可以灵活地设计观测系统，能够很好地实现宽频、宽方位(全方位)、高密度地震数据采集，改善复杂地质目标体照明均衡度，提高各向异性偏移成像质量。

(3)适用勘探区域广。由于不受拖缆的约束而直接在海底布设节点，地震采集时受海洋中各种设施限制小，可在海上有密集生产平台和其他障碍物等拖缆无法实施的区域开展地震采集工作，有效弥补拖缆和海底电缆的缺陷。

（4）有利于实施油藏动态监测。接收点位置稳定，可以多次重复并准确地布设在同一观测位置，受噪声干扰小，资料品质高，适宜进行油藏时移地震监测，提高四维(时延)地震的精度。

（5）纵横波联合应用能够直接识别岩性与流体。由于横波传播不受岩石中孔隙流体的影响，横波反映的是岩石骨架(岩性)信息，而纵波传播受岩石中孔隙流体的影响较大，通过对海底节点地震多分量处理，可以联合纵横波信息进行岩性与流体的直接识别，进一步提高油气藏的识别精度，提高特殊目标区(如裂缝区、气云带等)的勘探精度，降低勘探风险。

（6）有利于求取准确的深度速度模型。海底节点地震勘探能够采集到大偏移距资料，有利于发挥全波形反演技术的优势，反演出复杂地质目标较为准确的速度模型，提高复杂构造的成像精度。

8.2 OBN 数据多次波预测的难点问题与解决方案

由于 OBN 采集方式为在海面以下几米到十几米的位置震源密集激发，检波器稀疏固定在海底，给 OBN 资料水层的相关多次波压制带来了更大的困难。SRME 方法自身的理论基础是基于三维的，自然适用于三维数据自由界面多次波的预测与衰减，但是应用该方法要求必须具有足够范围且足够道数的地震记录(理论上讲其最好仅含有一次反射波)，这是因为其本质上通过两个子反射的空间褶积来实现自由界面多次波的预测，如果缺少包含某子反射的地震道，或者缺失与某子反射对应的地下反射波，将导致无法预测到与该子反射相关的多次波信号。此外，由于多种干扰因素的综合影响，所预测的多次波与实际记录中的相比存在一定误差，这必然会影响到多次波的消除效果。

8.2.1 OBN 数据三维自由界面多次波预测存在的问题

在 OBN 数据采集过程中，由于接收设备投入大、布设困难，而气枪激发的成本低，采用了"少道多炮"的观测系统，即尽可能地减少检波点的布设数量，并通过增加炮点数来实现覆盖次数的均衡。总的来说，通常 OBN 观测系统的接收线与炮线间距均较为稀疏，且受接收排列数量限制其部分炮记录中近偏移距道缺失更为严重，因此，直接抽取多次波预测必需的地震道(称为多次波的贡献道)基于自由界面多次波预测过程进行三维多次波的预测是不现实的。

事实上，在海上三维常规拖缆采集系统中，联络测线方向的震源间距(即航行线间距)较为稀疏，且受缆数的限制，该方向的检波点数较少、炮检距范围也很有限。因此，多次波贡献道采样严重不足是三维海上地震勘探的共性问题。

8.2.2 海底反射缺失与中浅部覆盖次数低(且不均匀)的问题

由于把地震信号接收设备布设在海底,海底地震采集无法接收到来自海底的一次反射波(对于海底无照明),此外,因采用具有"少道多炮"特征的观测系统,导致其所接收数据的中浅部覆盖次数低且不均匀(图8.2.1),甚至缺失部分浅部地层的反射信号。图8.2.2显示了不同时间深度的偏移数据体水平切片,其中时间为200ms的切片其成像质量远低于时间为1500ms的切片,其仅在布设有检波器的位置存在反射信息。OBN数据存在的海底反射缺失与中浅部覆盖次数低的问题,进一步限制了三维SRME方法的应用,具体体现为:

(1)反射信号缺失会严重影响多次波的预测精度,不但无法预测到海底多次波,还会产生明显的空间假频;

(2)为常规偏移成像方法带来严峻挑战(海底无法成像、中浅部成像质量差),将无法利用克希霍夫反偏移来构建较为准确的多次波贡献道。

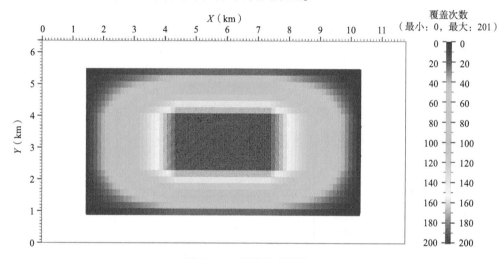

图 8.2.1　覆盖次数不均匀

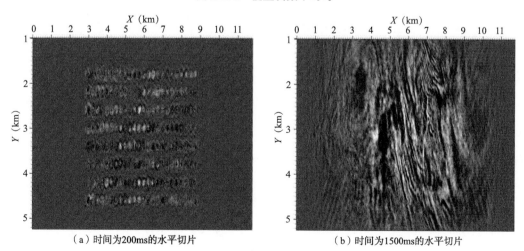

(a)时间为200ms的水平切片　　　　(b)时间为1500ms的水平切片

图 8.2.2　不同时间深度的偏移数据体水平切片

8.2.3　基于镜像偏移的下行波成像

镜像真地表偏移和镜像逆时偏移均需要精确的地下速度结构，而三维速度模型构建本身就是工作量大、复杂度高的任务，这对于未消除多次波的地震记录而言是不现实的。为此，将镜像偏移的思路引入到炮域克希霍夫叠前时间偏移中，最终实现基于下行波的炮域克希霍夫叠前时间偏移速度分析与成像，从而为时域克希霍夫反偏移提供较为精确的成像数据体。

克希霍夫偏移是目前生产中最为常用的偏移成像方法，在具有速度模型（速度场）的情况下，其可实现利用叠前地震数据生成地震剖面的过程。克希霍夫偏移可表示为以下形式的积分过程

$$i(\eta) = -\frac{1}{2\pi} \iint ds \, w_{\mathrm{m}}(\xi, \eta) \frac{\partial d(\xi, t)}{\partial t} \bigg|_{t = \tau(\xi, \eta)} \tag{8.2.1}$$

式中，$i(\eta)$ 为偏移剖面，η 为剖面样点坐标；ds 为表示积分面元；ξ 为一个炮—检对 (s, r) 的坐标；$w_{\mathrm{m}}(\xi, \eta)$ 为克希霍夫积分偏移的权重因子；$d(\xi, t)$ 为时间域地震记录；τ 为射线经炮点至成像点、成像点至检波点的旅行时之和。

为了实现基于下行波的时间域镜像偏移，着重探讨炮集域的克希霍夫叠前时间偏移，将式（8.2.1）中的炮—检对 ξ 用炮集记录代替，其偏移结果一般为成像道集中的一道数据，即

$$g_i(\eta) = -\frac{1}{2\pi} \sum_{j=1}^{J} \iint ds \, w_{\mathrm{m}}(s_i, r_j, \eta) \frac{\partial d_i(j, t)}{\partial t} \bigg|_{t = \tau(s_i, r_j, \eta)} \tag{8.2.2}$$

式中，g_i 为成像道集中的一道记录；利用炮—检对 (s_i, r_j) 代替式 8.2.1 中的 ξ；$g_i(\eta)$ 表示成像道集中的一道记录，其为第 i 炮记录的偏移结果；d_i 为炮集记录，i、j 分别为炮号与道号。

为使下行波（海面反射下来的鬼波或一阶多次波）成像，需将位于海底的检波点镜像投影到海面以上对称的位置，如图 8.2.3 所示，将检波点 r_j 投影到海面以上 r_j'，然后基于新的检波点位置计算克希霍夫权重因子与旅行时，从而实现海底及下伏地层的成像。镜像克希霍夫叠前时间偏移采用"直射线"模型的射线追踪过程，因此式（8.2.2）中的权重因子 w_{m} (s_i, r_j', η) 与旅行时 $\tau(s_i, r_j', \eta)$ 的计算过程得到了显著简化，两者可分别表示为

$$\begin{cases} w_{\mathrm{m}}(s_i, r_j', \eta) = \dfrac{\cos\theta}{v(\eta) r_0 r} \\[2mm] \tau(s_i, r_j', \eta) = \dfrac{l_0 + l}{v(\eta)} \end{cases} \tag{8.2.3}$$

式中，$v(\eta)$为一次波的偏移速度；$\cos\theta$表示倾斜因子；l_0为炮点至成像点的距离；l为成像点至炮点的距离；v为一次波的偏移速度。

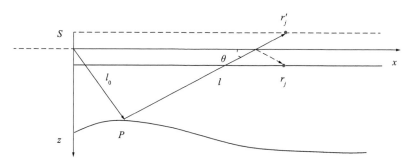

图8.2.3　镜像叠前时间偏移过程的关键参量几何关系示意图

8.3 双检合并 P 分量多次波压制

双检合并技术是将压力检波器和速度检波器放置海底同一地点同时接收地震信号的一种地震勘探方法。其原理是通过利用压力检波器和速度检波器对于鸣震干扰的响应极性相反，两者相加后消除鸣震。

对于海底节点地震(OBN)双检合并处理技术的关键难点是水检数据和陆检数据的能量差异较大，不能很好地进行合并处理，而且P检波器与Z检波器这两种检波器在制造结构上是存在差异的，它们所接收的物理量也是有所不同的，在理论上它们存在着90°相位差，振幅差别也较大，虽然在出厂时可能经过了相位校正，但在实际的海洋环境下所接收到的信号的振幅、相位、频率均有可能存在差异，因此，不适合直接进行振幅标定以及后续的数据处理以及偏移成像，必须使得两检波器相位匹配。首先消除两种检波器数据的相位差异，使两者反射同相轴具有相同的幅度、相位、频率，实现水陆检波器数据匹配以便于波场分离。

8.3.1 传统的双检合并方法

通过合并水检和陆检地震数据，从理论上讲可以去除鬼波。由于水检与陆检所接收的鬼波极性相反，水检记录的鬼波波峰对应的是陆检记录的鬼波波谷位置，而水检记录的鬼波波谷对应的是陆检记录的鬼波波峰位置，通过双检记录数据的合并，使一种检波器记录的鬼波波峰成分填补另一种检波器记录的鬼波波谷，从而得到压制鬼波干扰的高信噪比地震数据。当海水较深时，鬼波造成的陷波会落在地震数据主频带范围之内(图8.3.1)，而通过合并处理能够消除陷波，拓宽地震数据的频带，提高资料的分辨率。

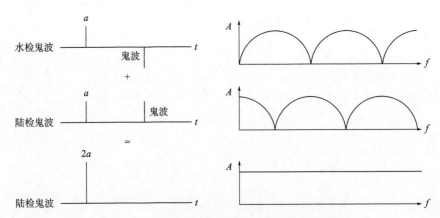

图 8.3.1　水陆检地震资料合并压制鬼波示意图

当然，合并过程并非简单地将水陆检资料直接相加，而是在求和之前合理匹配两者记录的振幅，即以高信噪比的水检资料为准合理地调整陆检资料的振幅与相位，然后通过两者求和达到最大限度压制鬼波的目的。图 8.3.2 显示了水陆检地震资料合并压制鬼波示意图。

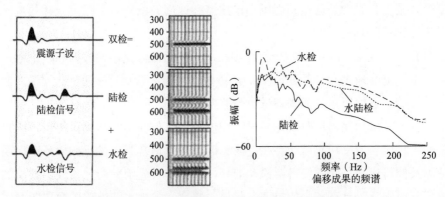

图 8.3.2　水陆检资料合并压制鬼波的示意图

为了通过双检资料合并有效压制数据中的鬼波干扰，首先要对野外采集的水检资料与陆检资料进行预处理，总的双检合并流程包括以下环节：

（1）水陆检资料格式转换；

（2）水陆检资料与定位资料合并；

（3）水陆检资料分别去噪；

（4）水陆检资料分别作共检波点叠加；

（5）计算标定算子；

（6）标定陆检资料使其与水检资料匹配；

（7）水陆检资料合并衰减鬼波。

海底电缆地震资料处理流程见图8.3.3所示。

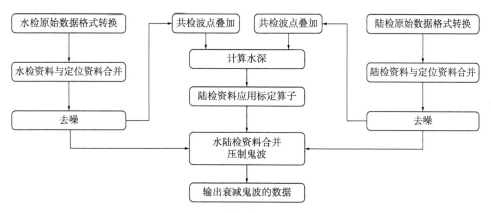

图8.3.3　海底电缆处理流程图

通过以上的介绍可知水陆检资料合并可压制鬼波，但并非将两种检波器的资料简单相加就能达到衰减鬼波的目的。原因在于两种检波器采集的资料存在明显差别，直接相加无法消除鬼波，关键是对二者资料之一进行标定处理。

根据水检与陆检的地震采集原理可知，水检无方向性，且与周围的水体耦合性好，记录压力场的变化；而陆检需要垂直放置于海底，耦合性差，检测海底介质的速度场。总之，两套检波器记录的是不同物理参量，与介质的耦合性存在明显差异，且具有不同的灵敏性，导致二者记录的数据可能存在明显的相位与振幅特性。因此，在双检合并之前，需对不同特性的检波器采集的数据做标定处理。

下面介绍水陆检资料标定的物理意义及相应的计算公式。在海底处，陆检测量垂直方向的速度场，水检记录的是压力场变化，则有

$$\begin{cases} \boldsymbol{H} = \boldsymbol{\omega}_{\mathrm{H}}(t)\boldsymbol{P} \\ \boldsymbol{G} = \boldsymbol{\omega}_{\mathrm{G}}(t)\boldsymbol{v} \end{cases} \tag{8.3.1}$$

式中，$\boldsymbol{H}$和$\boldsymbol{G}$为水检与陆检数据；t为频率；$\boldsymbol{\omega}_{\mathrm{H}}(t)$为水检脉冲响应，$\boldsymbol{P}$为压力场；$\boldsymbol{\omega}_{\mathrm{G}}(t)$为描述陆检的耦合性质与脉冲响应；$\boldsymbol{v}$为速度场。

通常采用最小平方滤波计算刻度因子。对于基于L_2范数的水陆检资料的匹配处理，需使式(8.3.2)中的误差能量平方和E值为最小来确定标定算子

$$E = \|\boldsymbol{H} - Cal * \boldsymbol{G}\|_2 \tag{8.3.2}$$

式中，Cal为标定段子算子。

通过求解式(8.3.2)可获得标定算子Cal。当算子Cal的长度为1时，可避免线性方程组的求解而直接计算出Cal，即

$$Cal = \frac{\boldsymbol{G}^{\mathrm{T}}\boldsymbol{H}}{\boldsymbol{G}^{\mathrm{T}}\boldsymbol{G}} \tag{8.3.3}$$

将标定算子 *Cal* 引入到双检资料的求和过程，即可获得双检合并数据 ***S***

$$S = H + Cal \cdot G \qquad (8.3.4)$$

经过长期研究实践，人们总结了双检合并的流程：

（1）共检波点道集叠加。考虑到求取标定算子是为了求出两种不同检波器的响应差异，利用单道数据进行匹配时噪声影响比较大，因此可针对水检与陆检数据分别进行共检波点叠加，这既能有效消除噪声，又可以较好地反映两种检波器的差异。

（2）合理选择计算标定算子的输入数据，具体要求包括未经振幅补偿的原始数据、采用近偏移距道资料（偏移距小于 800m）、覆盖次数介于 20~40 之间、需对输入数据进行浅部噪声切除处理。

（3）计算标定算子。基于水陆检资料的共接收点道集叠加剖面，利用式（8.3.3）求取两者相匹配的算子。

（4）水陆检资料合并衰减鬼波。将求取的标定算子应用于陆检资料，使陆检资料与水检资料匹配相加，合并处理的步骤包括输入水陆检资料的原始道集、输入已计算的标定算子、应用标定算子、水陆检资料匹配相加、输出衰减鬼波的道集。

8.3.2　基于交叉鬼波化的双检合并

交叉鬼波化双检合并技术是在水检资料和陆检资料中分别引入陆检鬼波和水检鬼波算子，消除两者记录波场的差异，然后通过水陆检资料标定与自适应叠加衰减鬼波的一种技术，其中水陆检资料标定是关键。

海底电缆双检接收波场的过程如图 8.3.4 所示，随着陆检测量速度场、水检测量压力场，水陆检接收信号分别表示为

$$\begin{cases} H = \omega_H(t) P \\ G = \omega_G(t) V \end{cases} \qquad (8.3.5)$$

式中，***H*** 和 ***G*** 分别表示水检与陆检接收的信号；$\omega_H(t)$ 为水检脉冲响应；***P*** 为海底压力场；***G*** 为陆检数据；$\omega_G(t)$ 为描述陆检的脉冲响应和耦合性质；***V*** 为海底速度场。

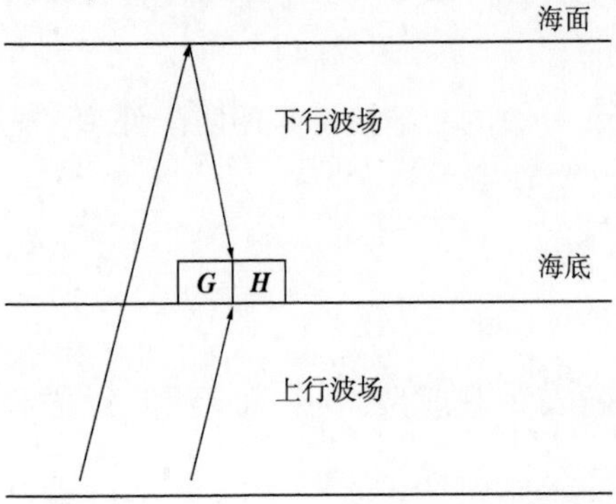

在海底附近有

$$\begin{cases} P = U + D \\ V = U - D \end{cases} \qquad (8.3.6)$$

式中，***U*** 为上行波场；***D*** 为下行波场。

由于海水—空气界面的反射系数近似为 −1，可以把下行波写为上行波的函数

图 8.3.4　海底电缆双检接收波场示意图

$$D = S - ZU \approx -ZU \tag{8.3.7}$$

式中，D 为下行波场；S 为震源传播到海底的波场；Z 为水层双程传播算子；假设其不包含上行波的信息（如噪声、转换波等），因此一定时间后可以将其忽略。

由式（8.3.6）和式（8.3.7）可得

$$\begin{cases} P = (1-Z)U \\ V = (1+Z)U \end{cases} \tag{8.3.8}$$

将式（8.3.8）代入式（8.3.5）可得

$$\begin{cases} H = \omega_H(t)(1-Z)U \\ G = \omega_G(t)(1+Z)U \end{cases} \tag{8.3.9}$$

式（8.3.6）至式（8.3.9）中，$(1-Z)$ 为水检鬼波响应；$(1+Z)$ 为陆检鬼波响应。

由于水深是已知的，可分别计算水检和陆检的鬼波响应，然后将陆检资料与水检鬼波算子褶积、水检资料与陆检鬼波算子褶积，可得

$$\begin{cases} X_G = \omega_G(t)(1+Z)U * (1-Z) \\ X_H = \omega_H(t)(1-Z)U * (1+Z) \end{cases} \tag{8.3.10}$$

式中，X_G 为陆检资料与水检鬼波算子的褶积结果；X_H 为水检资料与陆检鬼波算子的褶积结果。

在式（8.3.10）中，水检资料和陆检资料记录波场相同，因此可以设计一个滤波器消除水陆检资料间仪器响应和耦合情况的差异，从而有效地利用水陆检资料鬼波响应方向相反的特性衰减鬼波对地震资料的影响。

完成双检资料的交叉鬼波化后，仍然采用最小平方滤波方法计算刻度因子。对于基于 L_2 范数的匹配处理，通过使式（8.3.11）中的误差能量平方和 E 值为最小来求取标定算子，即

$$E = \| X_H - Cal * X_G \|_2 \tag{8.3.11}$$

通过求解式（8.3.11）可获得标定算子 Cal。当算子 Cal 的长度为 1 时，可避免线性方程组的求解而直接计算出 Cal，即

$$Cal = \frac{X_H^T X_G}{X_G^T X_G} \tag{8.3.12}$$

将标定算子 Cal 引入到交叉鬼波化的双检数据求和中，即可获得双检合并的数据 X_S，即

$$X_S = X_H + Cal \cdot X_G \tag{8.3.13}$$

8.3.3 基于二维小波变换的双检合并

双检合并的目的是压制水检与陆检资料中的鬼波干扰，消除鬼波造成的陷波现象，从而拓宽地震数据的频带，提高资料的分辨率。当海水较深时，陷波频率存在于地震资料的主频带范围内，从低频至高频具有多个陷波点。在这种情况下，将双检资料变换到多尺度稀疏域(二维小波域或曲波域)，针对单尺度数据求取相应的匹配因子并进行合并处理，可以更好地消除陷波现象。

对于一个有限维R^N空间中的向量$x = [x_1, x_2, \cdots, x_N]$(若为高维数据可将其转化为一维向量)，若其中仅有$K$个数据为非零值($K \ll N$)，其余绝大部分样点值均为零值，那么该向量为严格稀疏信号，定义其稀疏度为K，并称该信号为K—稀疏信号。通常情况下，即使某些信号在时空域是非稀疏的，也可在适当的变换域中被稀疏化，例如图8.3.5(a)所示的正弦信号，其在时间域是非稀疏的，但通过快速傅立叶变换(FFT)变换至频率域却呈稀疏状态[图8.3.5(b)]。

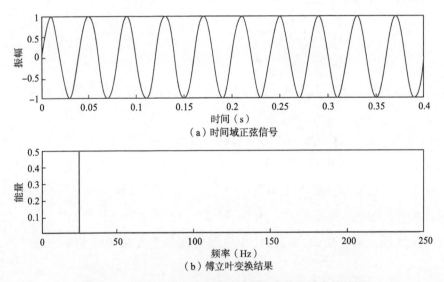

图 8.3.5　频率为 25Hz 的正弦信号及其傅立叶变换结果

小波变换在信号分离领域的优秀特性以及前人的成功经验表明，其将是解决多次波匹配衰减问题的潜在方法之一。

所谓小波(Wavelet)，指的是均值为0的一类波形，基本的小波函数可定义为

$$\psi_{a,\tau}(t) = \frac{1}{\sqrt{a}} \psi\left(\frac{t-\tau}{a}\right) \tag{8.3.14}$$

式中，a为伸缩因子；τ为平移因子；ψ为小波基函数；$\psi_{a,\tau}(t)$是经过对$\psi(t)$的伸缩和平移后得到的序列。

小波变换正是通过将基小波进行一系列的平移和缩放，并与目标数据进行相关运算来获取相应的小波系数。小波变换可定义为

$$W_f(a, \tau) = \langle f(t), \psi_{a,\tau}(t) \rangle = \frac{1}{\sqrt{a}} \int_R f(t) \psi\left(\frac{t-\tau}{a}\right) dt \qquad (8.3.15)$$

式中，$W_f(a, \tau)$ 为小波系数；$f(t)$ 为原始信号；$\psi_{a,\tau}(t)$ 为小波基函数；a 为伸缩因子。

将小波变换扩展至二维情形，可得

$$W_f(a, \tau_x, \tau_t) = \iint f(x, t) \psi_{a,\tau_x,\tau_t}(x, t) dx dt \qquad (8.3.16)$$

式中，$W_f(a, \tau_x, \tau_t)$ 为二维小波系数；τ_x 和 τ_t 表示 x、t 维度的平移因子；$f(x, t)$ 输入为二维信号；$\psi_{a,\tau_x,\tau_t}(x, t)$ 为二维小波基函数。

经过平移与缩放的小波基函数 $\psi_{a,\tau_x,\tau_t}(x, t)$ 彼此间具有一定相似性，其提取的特征信息必然存在冗余，因此在较为粗略的框架下依然可实现完备的正反变换，即通过对伸缩因子 a、平移因子 τ_x 和 τ_t 进行离散化处理的离散小波变换。对于离散形式的二维小波变换，其极大地压缩了数据，降低了数据的冗余度，从而显著提高了计算效率。

实现二维离散小波变换的常用方法主要为滤波器组法，其常规流程如图8.3.6所示，其中 $G(z)$ 和 $H(z)$ 分别代表低通（L）和高通（H）滤波器。输入信号的分解过程涉及滤波器和信号在两个维度上的卷积，然后进行下采样处理，通过不断迭代计算由低通滤波器产生的残差来获得最终小波变换的结果。为了获得重建的信号，可使用适当的滤波器进行反转处理。

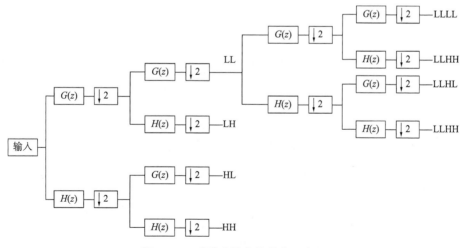

图8.3.6 离散小波变换的实现流程

对于图8.3.6中的处理流程，其小波变换结果如图8.3.7所示，其中每个分解级别包含4个子带，而每个子带代表不同方向、不同频率的信号，其是通过滤波器组合所确定的。

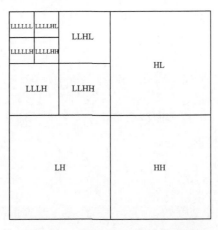

图 8.3.7　小波变换的三级分解子带

图 8.3.8 展示了二维小波变换的示例。图 8.3.8(a)为输入的原始记录，其中包含 2 条双曲同相轴与 4 条线性同相轴，这些同相轴发生了相交现象。利用二维小波变换将其变换至小波域后[图 8.3.8(b)]，部分相交同相轴被分离，而且不同频率成分的信号也分布在了小波域的不同位置。这是因为，二维小波变换能够根据信号频率、方向等特征将时空域中的反射同相轴分离，对于同一频率的信号能够将其分解为水平分量、竖直分量以及倾斜分量，不同方向的波形能量集中的区域不同。在多次波匹配衰减过程中，利用该特点能够有效减轻一次波的损伤。

图 8.3.8(a)中，存在大量彼此交叉的同相轴，其中序号①至⑥指示了各同相轴交叉位置，而在图 8.3.8(b)中，大量同相轴得到了分离，其中 A 区域主要集中了信号的竖直分量，C 区域主要分布水平分量，因此序号①所对应的交叉同相轴得到了分离；而序号②、③和⑤所对应的交叉同相轴在对应小波域 A、B、D 和 F 等区域均得到了有效分离；序号④所对应的交叉同相轴在 A 区域未能有效分开，而在 D 区域两同相轴不再交叉，原因在于 A 区域和 D 区域对应频率不同，D 区域竖直同相轴明显能量集中，而倾斜同相轴能量相对微弱；然而小波变换也存在一定的局限性，如序号⑥指示的交叉位置在小波域中未能得到分离。

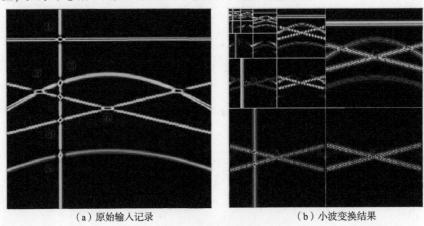

（a）原始输入记录　　　　　　　　　　（b）小波变换结果

图 8.3.8　二维小波变换示例

分别对水检与陆检记录作二维小波变换，可得

$$\begin{cases} W_{\text{H}}(a, \tau_x, \tau_t) = \iint d_{\text{H}}(x, t)\psi_{a, \tau_x, \tau_t}(x, t)\mathrm{d}x\mathrm{d}t \\ W_{\text{G}}(a, \tau_x, \tau_t) = \iint d_{\text{G}}(x, t)\psi_{a, \tau_x, \tau_t}(x, t)\mathrm{d}x\mathrm{d}t \end{cases} \tag{8.3.17}$$

式中，$\psi_{a, \tau_x, \tau_t}(x, t)$ 为小波基函数；$W_{\text{H}}(a, \tau_x, \tau_t)$ 与 $W_{\text{G}}(a, \tau_x, \tau_t)$ 为水检数据 $d_{\text{H}}(x, t)$ 与陆检数据 $d_{\text{G}}(x, t)$ 的小波系数；a 为伸缩因子；τ_x 和 τ_t 为 x、t 维度上的平移因子；输入的水检数据与陆检数据通常为共接收点道集。

为了保证滤波过程的稳定性，对二维小波系数矩阵中位置为 k 的样点，以其为中心设置矩形窗口，截取相应数据构建求取滤波因子的表达式。随后基于最小平方准则求取滤波因子，具体过程可表示为式（8.3.18）所描述的最小二乘问题

$$f = \underset{f}{\mathrm{argmin}} \parallel W_{\text{H}} - W_{\text{G}} f \parallel_2 \tag{8.3.18}$$

式中，f 为滤波因子向量 $[f_1, f_2, \cdots, f_n]^{\text{T}}$；$W_{\text{H}}$ 为水检记录块中各样点 W_{H} 组成的向量；W_{G} 表示陆检记录块中各样点 W_{G} 组成的向量。

通常式（8.3.18）所描述的方程组为超定方程组，需要采用阻尼最小二乘方法进行求解。计算滤波因子 f 的表达式为

$$f = (W_{\text{G}}^{\text{T}} W_{\text{G}} + \varepsilon I)^{-1}(W_{\text{G}}^{\text{T}} W_{\text{H}}) \tag{8.3.19}$$

式中，W_{G}^{T} 为 W_{G} 的转置矩阵；I 表示单位矩阵；ε 为阻尼系数，$\varepsilon \in (0, 1)$，通常取小波系数平均幅值的 10^{-5}。

求出滤波因子 f 之后，将其引入到双检数据的求和过程，即可获得双检合并的后的二维小波域记录 W_{S}，即

$$W_{\text{S}} = W_{\text{H}} + f * W_{\text{G}} \tag{8.3.20}$$

将双检合并记录块 W_{S} 中心的样点放回至二维小波系数矩阵 $W_{\text{S}}(a, \tau_x, \tau_t)$ 中位置为 k 的样点，对 $W_{\text{H}}(a, \tau_x, \tau_t)$ 与 $W_{\text{G}}(a, \tau_x, \tau_t)$ 中的所有样点均重复式（8.3.14）至式（8.3.16）的处理步骤，即可获得双检合并后的二维小波域记录 $W_{\text{S}}(a, \tau_x, \tau_t)$。

8.3.4 基于模型数据的双检合并分析

由于鬼波的发育特征与海底息息相关，为避免其他类型多次波的干扰，建立海底以下不存在强波阻抗界面的层状介质模型，如图8.3.9所示。该模型的宽度与最大深度分别为5000m和2000m，其包含7套地层，第一层为海水层，深度由150m增加至200m；海底以下的界面具有明显的起伏形态，左、右两侧各存在一个断层，地层随之发生明显的错动。

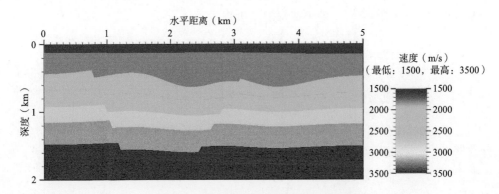

图 8.3.9　建立的纵波速度模型示例

表 8.3.1　理论模型各套地层的纵波速度

地层序号	纵波速度值（m/s）	地层序号	纵波速度值（m/s）
1	1500	5	2800
2	1800	6	3200
3	2050	7	3500
4	2400	—	

　　针对图 8.3.9 所示的纵波速度模型（速度值见表 8.3.1），创建含有海水层的横波速度模型（水层横波速度为 0），见图 8.3.10。水层以下介质的横波与纵波的关系式为

$$v_{S} = \frac{v_{P}}{\sqrt{3}} \tag{8.3.21}$$

式中，v_{S}、v_{P} 分别为横波速度、纵波速度，单位均为 m/s。

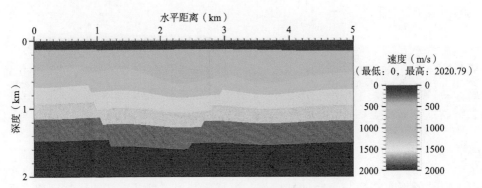

图 8.3.10　建立的横波速度模型示例

　　此外，还需要构建纵波速度模型的密度模型。如图 8.3.11 所示，令海水密度为 1000kg/m³，海底以下地层则根据加德纳公式计算相应的密度值，其密度与纵波速度的关系式为

$$\rho = 0.31 \times v_{\mathrm{p}}^{1/4} \tag{8.3.22}$$

式中，ρ 为介质密度，$\mathrm{g/cm^3}$。

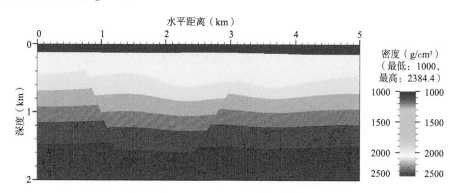

图 8.3.11　建立的密度模型示例

震源采用主频为 30Hz 的雷克子波（图 8.3.12），输入图 8.3.9 至图 8.3.11 所示的纵波速度模型以及相应的横波速度模型、密度模型，计算公式分别为式（8.3.21）与式（8.3.22），设海面为自由界面，基于声波方程与弹性波动方程的有限差分法模拟含有强鬼波与多次波干扰的炮集记录。

在地震记录模拟过程中，将检波器固定于海底，采用 401 道接收，道间隔为 12.5m；移动震源进行正演模拟，震源的深度为 6.25m，炮间距为 12.5m；采样间隔和记录长度分别为 2ms 和 3000ms。经过横波、纵波分离之后，获得了仅包含纵波的 P 分量、Z 分量地震记录。图 8.3.13 与图 8.3.14 显示了炮点位于模型中间位置（炮点坐标为 2500m）的炮集记录，当上边界设为自由边界时，模拟

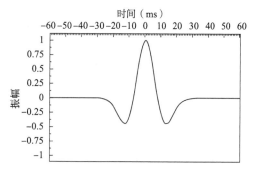

图 8.3.12　主频为 30Hz 的雷克子波波形图

的数据中均含有大量振幅较强的鬼波与多次波干扰，如箭头指向的 2~3 阶海底全程多次波，其妨碍了对有效波的识别分析，进而会影响地震剖面的成像质量。

双检合并的目的是压制 P 分量与 Z 分量记录中的鬼波，消除鬼波造成的陷波现象。当海水较深时，陷波频率存在于地震资料的主频带范围内，从低频至高频具有多个陷波点。在这种情况下，将 P 分量与 Z 分量均变换到二维小波域，从而获得从小到大不同尺度的分量，然后针对单尺度数据求取相应的匹配因子并进行合并处理，可以更好地消除陷波现象。

输入 P 分量与 Z 分量数据，进行基于二维小波变换的双检合并处理。在二维小波变换过程中，设尺度参数为 7（由数据的维数决定），近似于将数据划分为 7 个频段范围。为了保证最小平方滤波过程的稳定性，令矩形窗口的大小为 60×60，截取窗口内的数据求取匹配因子。为避免除零设置了阻尼因子，其值为 0.00001。

图 8.3.13 至图 8.3.20 展示了二组双检合并结果的对比，其中与图 8.3.13、图 8.3.17 显示的为 P 分量炮集记录，图 8.3.14 与图 8.3.18 显示的为 Z 分量炮集记录，图 8.3.15 与图 8.3.19 给出了小波域双检合并结果，而图 8.3.16 与图 8.3.20 为常规时空域的双检合并结果。通过对比可知，原始记录中的下行波（包括鬼波）受到了明显压制，相较于图 8.3.16 与图 8.3.20 传统方法的处理结果，小波域合并结果中箭头指向位置的下行波同相轴振幅更弱。

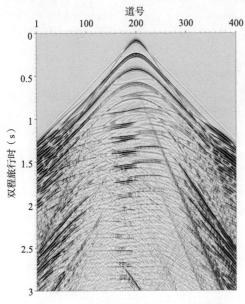

图 8.3.13　P 分量炮集记录示例（炮号为 201）

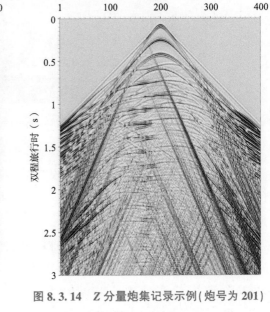

图 8.3.14　Z 分量炮集记录示例（炮号为 201）

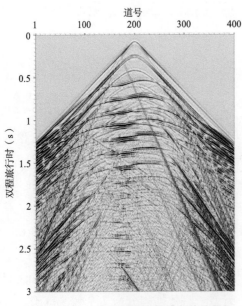

图 8.3.15　二维小波域的双检合并结果
（炮号为 201）

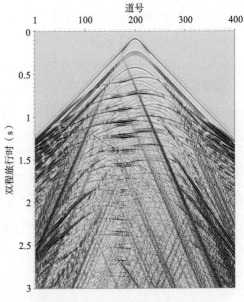

图 8.3.16　常规时空域双检合并结果
（炮号为 201）

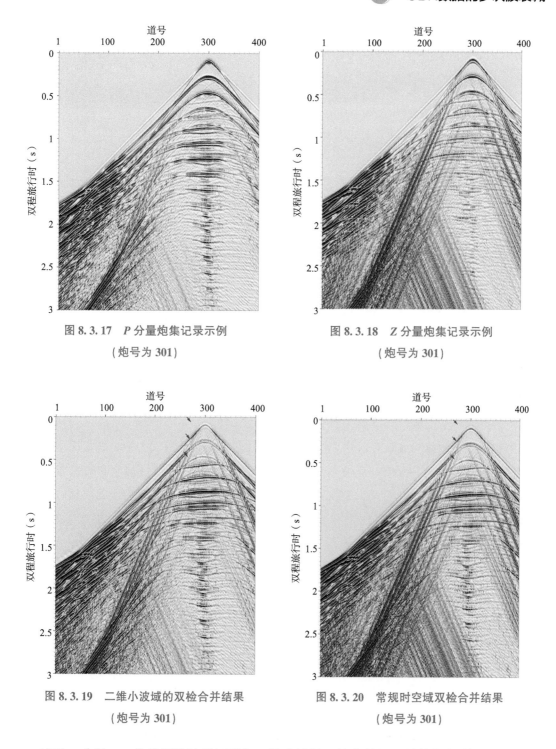

图 8.3.17　P 分量炮集记录示例
（炮号为 301）

图 8.3.18　Z 分量炮集记录示例
（炮号为 301）

图 8.3.19　二维小波域的双检合并结果
（炮号为 301）

图 8.3.20　常规时空域双检合并结果
（炮号为 301）

基于 P 分量、Z 分量原始地震记录与二维小波域双检合并记录计算振幅谱，所得结果如图 8.3.21 所示，其中蓝色曲线为 P 分量记录的振幅谱，绿色曲线为 Z 分量记录的振幅谱，而红色曲线为二维小波域双检合并记录的振幅谱。经过分析可知，经过双检合并处理，P 分量数据的陷频得到较好恢复，从而证明了小波域双检合并技术的有效性。

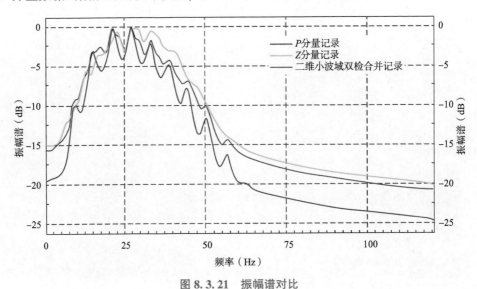

图 8.3.21　振幅谱对比

8.4　基于格林函数的海底多次波预测

射线追踪技术作为成熟且应用广泛的正演模拟方法，在海底较为平坦的情况下，可高效地模拟界面相关的一次反射波波场。对于 OBN 数据而言，其可便捷、高效的求取描述波场传播的格林函数，进而计算鬼波预测因子；然后将模拟地震波场构成的共接收点道集代入到自由界面多次波预测公式中，即可实现基于格林函数三维鬼波（或海底多次波）的预测。

在海上常用三维采集系统中，联络测线方向的震源间距（即航行线间距）较为稀疏，且受缆数的限制该方向的检波点数极少、炮检距范围也很有限。因此，直接抽取多次波预测必需的地震道基于自由界面多次波迭代预测过程进行三维多次波的预测是不现实的。在这种情况下，若能够建立较为精确的模型，据此获得能够适应于"多次波贡献道"求取的一次波地震记录，这是实现三维自由界面多次波预测的有效途径。

8.4.1　基于格林函数的海底多次波预测

对于三维地震处理而言，建立适于射线追踪的层速度模型是工作量巨大、过程极为复杂的任务。事实上，地震记录中的多次波通常与海底有关，因此建立相应的速度（或平均速度）模型，通过射线追踪获得其一次反射波场，在此基础上利用式（8.4.1）的自由界面多次波预测方程进行海底多次波的预测，即

$$M_0(x_s,\ y_s,\ x_r,\ y_r,\ f) = \sum_{y_k}\sum_{x_k} X_0(x_r,\ y_r,\ x_k,\ y_k,\ f)P(x_k,\ y_k,\ x_s,\ y_s,\ f) \quad (8.4.1)$$

为了获得与实际情况较为接近的射线追踪正演模拟结果,要求:

(1)基于斯奈尔定律求取射线传播的透射角与反射角(即确定射线的传播方向);

(2)根据射线传播的距离计算几何扩散系数;

(3)将水层与海底的速度设为常数(一般取层速度的平均值),通过求解 Zoeppritz 方程计算地震波到达地层界面时的反射、透射系数(包括海面的反射系数)。

对于式(8.4.11)所描述的自由界面多次波预测方程,利用射线追踪技术构建其缺少的一次波地震波场 $X_0(x_r,\ y_r,\ x_k,\ y_k)$,然后将其代入式(8.4.11)中通过空间褶积实现多次波的预测,具体的流程见图8.4.1。在射线追踪过程中,炮点的空间坐标为 x_k 与 y_k,接收点的空间坐标为 x_r 与 y_r,而 x_k 与 y_k 表示参与求和运算的坐标,因此地震记录 $X_0(x_r,\ y_r,\ x_k,\ y_k)$ 是一个共接收点道集。上述过程属于模型驱动的自由界面多次波预测范畴,其预测多次波的类型取决于模型,通常为与海底相关的全程及微屈多次波。

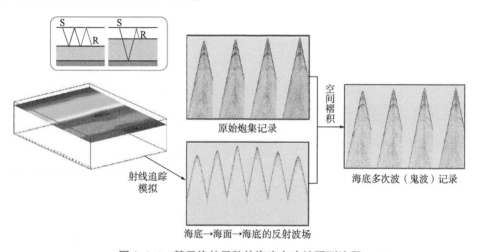

图 8.4.1 基于格林函数的海底多次波预测流程

8.4.2 实际 OBN 数据的海底多次波预测分析

基于实际 OBN 数据进行多次波预测与衰减实验,该工区所在海域为硬海底地区,海底较为平坦(水深介于 60~70m),相应的原始炮集记录中存在有多阶的强海底全程多次波以及与海底有关的微屈多次波。直接利用导航数据中记录的水深信息(海水速度为 1500m/s)进行射线追踪正演模拟,得到了用于描述海底反射的格林函数。利用格林函数的旅行时与振幅变化信息构建多次波预测因子,输入图8.4.2所示水陆双检合并后的炮集记录进行海底多次波预测,获得了仅包含多次波成分的地震记录。通过对比可知,图8.4.3所示的多次波记录中包含了丰富的多次波信息,其旅行时与输入记录中的基本一致,这证明了文中多次波预测方法的有效性。

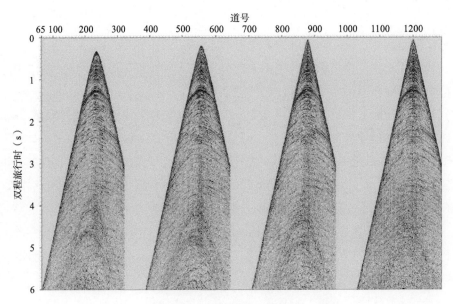

图 8.4.2　原始炮集记录示例

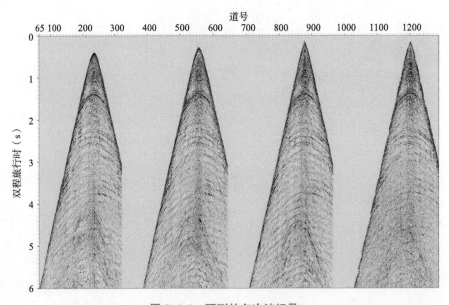

图 8.4.3　预测的多次波记录

　　输入图 8.4.3 所示的多次波预测记录，利用曲波域扩展滤波法对预处理后的炮集（图 8.4.2）进行了多次波压制，图 8.4.4 与图 8.4.5 分别给出了衰减多次波后的炮集记录与减去的多次波干扰。通过对比可知，图 8.4.2 所示记录中的多次波受到了明显压制，而减去的多次波干扰中并不存在明显的一次波同相轴（图 8.4.5），从而证明多次波预测过程的准确性。

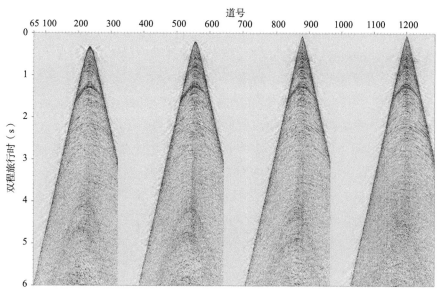

图 8.4.4　衰减多次波后的炮集记录示例

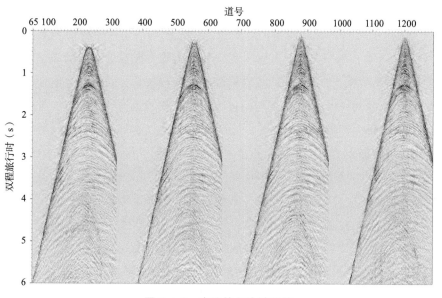

图 8.4.5　去除的多次波干扰

8.5 转换波自由界面多次波预测

由于海面可近似为自由界面(反射系数接近 -1), 在 OBN 采集所获得的"四分量"数据中, P 分量和 Z 分量含有的多次波绝大多数都与自由界面有关; 对于水平分量 X 和 Y 而言，从海面处发生下行反射的纵波能量被地下界面反射回后，会在两者中形成振幅远大于层间多次波（下行反射位置在海底或其下部界面）、属于转换波类型的自由界面多次波。鉴于油气勘探主要应用的地震信号是一次反射，因此转换波分量 X 与 Y 的自由界面多次波预测与压制成为 OBN 数据处理中的重点问题。

基于反馈环理论的自由界面多次波衰减方法（SRME）能够有效地压制地震记录中的多次波成分，但是，该方法在 OBN 转换波数据处理中却遇到了严峻的挑战，由于把地震信号接收设备布设在海底，OBN 采集无法接收到来自于海底的一次反射波（对于海底无照明）。此外，因采用具有"少道多炮"特征的观测系统，导致其所接收数据的中浅部覆盖次数低且不均匀，甚至缺失部分浅部地层的反射信号。这严重限制了数据驱动的三维 SRME 方法的应用效果，反射信号缺失会严重影响多次波的预测精度，不但无法预测到海底及浅部界面相关多次波，还会产生明显的空间假频，从而影响了 OBN 数据转换波分量的多次波剔除效果。

8.5.1　转换自由界面多次波预测的基本原理

自由界面多次波预测（SRMP）通过两个子反射的空间褶积来实现自由界面多次波的预测，如果缺少包含某子反射的地震道，将导致无法预测到基于该子反射的多次波信号。在 OBN 数据采集过程中，由于接收设备投入大、布设困难，而气枪激发的成本低，通常采用"少道多炮"的观测系统，即尽可能地减少检波点的布设数量，而是通过增加炮点数来实现覆盖次数的均衡。总的来说，OBN 观测的接收线与炮线间距均较为稀疏，且受接收排列数量限制其部分炮记录中近偏移距道缺失更为严重。因此，直接抽取多次波预测必需的地震道（称为多次波的贡献道）基于自由界面多次波预测过程进行三维多次波的预测是不现实的。为了克服多次波贡献道采样严重不足的问题，提出了基于克希霍夫反偏移来较为精确地模拟多次波贡献道的一次反射波记录。其首先通过 P 分量与 Z 分量的自适应相减提取纵波分量的下行波记录，并基于提取的纵波分量下行波记录进行炮域克希霍夫叠前时间镜像偏移，从而获得了海底及其下伏地层成像较好的偏移数据体；然后通过时域克希霍夫反偏移构建 OBN 数据自由界面多次波预测中所缺少的纵波分量多次波贡献道，再分别以波场分离的转换波记录为输入波场、反偏移记录为预测因子，根据自由界面多次波预测方程实现转换波分量的自由界面多次波预测。

8.5.2　时域克希霍夫反偏移及转换波自由界面多次波预测

OBN 勘探将压力检波器和速度检波器直接置于海底同一地点并同时接收地震信号，在两者获得的 P 分量与 Z 分量中，上行波响应的极性相同、下行波的响应极性相反，因此通过两者"作差"即可达到提取下行波、压制上行波的目的。由于 P 分量数据与 Z 分量数据振幅存在显著差异，需要采用最小平方滤波技术，对于基于 L_2 范数的自适应相减处理，通

过使式(8.5.1)中的误差能量平方和 e 值为最小来确定匹配因子

$$e = \|\boldsymbol{p} - \boldsymbol{z} * \boldsymbol{a}\|_2 \tag{8.5.1}$$

式中，向量 $\boldsymbol{p}$ 与 $\boldsymbol{z}$ 分别代表 P 分量记录以及 Z 分量记录；$*$ 为褶积运算；通过求解式(8.5.1)可获得匹配因子 $\boldsymbol{a}$。当匹配因子 $\boldsymbol{a}$ 的长度为 1 时，可避免线性方程组的求解，而直接给出匹配因子的计算公式

$$\boldsymbol{a} = \frac{|\boldsymbol{z}^{\mathrm{T}}\boldsymbol{p}|}{\boldsymbol{z}^{\mathrm{T}}\boldsymbol{z}} \tag{8.5.2}$$

式中，$\boldsymbol{a}$ 表示长度为 1 的匹配因子，上标 T 表示矩阵的转置运算。

将匹配因子 a 代入式(8.5.3)即可实现下行波的提取，相应的计算公式为

$$d(i,\ t) = p(i,\ t) - a * z(i,\ t) \tag{8.5.3}$$

式中，$d(i,\ t)$ 为提取的下行波记录；$p(i,\ t)$ 与 $z(i,\ t)$ 分别为 P 分量与 Z 分量记录；i、t 分别为地震记录的道号与旅行时。

克希霍夫偏移是目前生产中最常用的偏移成像方法，在具有偏移速度场的情况下，其可实现利用叠前地震数据生成地震剖面的过程。克希霍夫偏移可表示为以下形式的积分过程

$$I(\eta) = -\frac{1}{2\pi} \iint \mathrm{d}s w_{\mathrm{m}}(\xi,\ \eta) \frac{\partial d(\xi,\ t)}{\partial t}\bigg|_{t=\tau(\xi,\ \eta)} \tag{8.5.4}$$

式中，$I(\eta)$ 为偏移剖面；η 为剖面样点坐标；d 为反偏移建立的叠前记录；$\mathrm{d}s$ 为表示积分面元；ξ 为一个炮—检对 $(s,\ r)$ 的坐标；$w_{\mathrm{m}}(\xi,\ \eta)$ 为克希霍夫积分偏移的权重因子；$d(\xi,\ t)$ 为时间域地震记录；τ 表示射线经炮点至成像点、成像点至检波点的旅行时之和。

为了实现基于下行波的时间域镜像偏移，着重探讨炮集域的克希霍夫叠前时间偏移，将式(8.5.4)中的炮—检对 ξ 用下行波炮集记录代替，其偏移结果为成像道集中的一道数据，即

$$g_i(\eta) = -\frac{1}{2\pi} \sum_{j=1}^{J} \iint \mathrm{d}s w_{\mathrm{m}}(s_i,\ r_j,\ \eta) \frac{\partial d_i(j,\ t)}{\partial t}\bigg|_{t=\tau(s_i,\ r_j,\ \eta)} \tag{8.5.5}$$

式中，g_i 为成像道集中的一道记录；利用炮—检对 $(s_i,\ r_j)$ 代替式(8.5.3)中的 ξ；$g_i(\eta)$ 为成像道集中的一道记录，其为第 i 炮记录的偏移结果；d_i 纵波分量下行波炮集记录，i、j 分别为炮号与道号。

为使下行波(海面反射下来的鬼波)成像，需将位于海底的检波点镜像投影到海面以上对称的位置，将检波点 r_j 投影到海面以上 r'_j，然后基于新的检波点位置计算克希霍夫权重因子与旅行时，从而实现海底及下伏地层的成像。镜像克希霍夫叠前时间偏移采用"直射线"模型的射线追踪过程，因此式(8.5.5)中的权重因子 $W_{\mathrm{m}}(s_i,\ r'_j,\ \eta)$ 与旅行时

$\tau(s_i,\ r'_j,\ \eta)$ 的计算过程得到的显著简化，两者可分别表示为

$$\begin{cases} w_{\mathrm{m}}(s_i,\ r'_j,\ \eta) = \dfrac{\cos\theta}{v(\eta)r_0 r} \\[3mm] \tau(s_i,\ r'_j,\ \eta) = \dfrac{l_0 + l}{v(\eta)} \end{cases} \qquad (8.5.6)$$

式中，$v(\eta)$ 为一次波的偏移速度；$\cos\theta$ 表示倾斜因子；l_0 为炮点至成像点的距离；l 为成像点至炮点的距离；v 为一次波的偏移速度。

利用克希霍夫叠前时间偏移的反过程来构建满足转换波分量自由界面多次波预测精度的地震道，输入根据式(8.5.4)生成的叠前时间偏移剖面 $I(\eta)$，引入叠前时间偏移的"直射线"模型射线追踪过程，则时域克希霍夫反偏移公式可表示为

$$H(x_k,\ y_k,\ x_r,\ y_r,\ t) = \frac{1}{2\pi} \iint \mathrm{d}s\, W_{\mathrm{H}}(\eta,\ x_k,\ y_k,\ x_r,\ y_r) \frac{\partial I(\eta)}{\partial \tau}\bigg|_{\tau = t(\eta,\ x_k,\ y_k,\ x_r,\ y_r)}$$

$$(8.5.7)$$

式中，H 为反偏移记录；x_k 与 y_k 为反偏移的炮点空间坐标；x_r 与 y_r 为反偏移的接收点空间坐标；$I(\eta)$ 为叠前时间偏移数据体；η 为剖面样点坐标；$\mathrm{d}s$ 为积分面元；W_{H} 为克希霍夫反偏移的权重因子；τ 为射线经炮点至 η 点、η 点至检波点的旅行时之和。

在针对炮集中一道数据进行多次波预测时，x_r 与 y_r 是固定值，而 x_k 与 y_k 是变化的，因此 $H(x_k,\ y_k,\ x_r,\ y_r,\ t)$ 表示共接收点道集记录。需要注意的是，反偏移过程中的积分权重因子 $W_{\mathrm{H}}(\eta,\ x_k,\ y_k,\ x_r,\ y_r)$ 与时间偏移成像中的具有一定差别，其应采用更为精确的克希霍夫积分绕射叠加来计算，即

$$W_{\mathrm{H}}(\eta,\ x_k,\ y_k,\ x_r,\ y_r) = \frac{\cos\theta_0 + \cos\theta}{v(\eta)ll_0} \qquad (8.5.8)$$

式中，l_0、l 分别为入射射线、绕射射线的传播距离；θ_0 与 θ 分别为 l_0、l 与面元法向矢量 $\boldsymbol{n}$ 的夹角；$v(\eta)$ 表示地震波速；η 为数据体样点坐标；v 为一次波的偏移速度。

输入纵波分量下行波成像数据体与纵波分量一次波的偏移速度场，通过时域克希霍夫反偏移来构建 OBN 数据自由界面多次波预测所需的纵波分量预测因子，将引入与当前震源不同的地震子波，为了提高多次波预测结果的精度与记录分辨率，应消除该子波的影响。海上地震勘探的自由界面(海面)的反射系数可设为−1，据此对多次波预测结果进行相位校正。将消除子波影响与多次波记录相位校正结合在一起，得到频率域的自由界面因子计算表达式

$$A(f) = \left[W(f)\right]^{-1} \cdot (-1) = -\left[W(f)\right]^{-1} \qquad (8.5.9)$$

式中，$W(f)$ 为基于反偏移记录提取的地震子波 $w(t)$ 的傅立叶变换；f、t 分别表示频率与时间；t 为旅行时。

输入波场分离的转换波分量数据，以时域克希霍夫反偏移构建的纵波分量道集作为自由界面多次波预测所需的预测因子，将两者均变换到频率域，并代入到三维自由界面多次波预测方程中，则转换波分量的自由界面多次波预测过程为

$$M_{\mathrm{X}}(x_{\mathrm{s}},\ y_{\mathrm{s}},\ x_{\mathrm{r}},\ y_{\mathrm{r}},\ f) = \sum_{y_k} \sum_{x_k} X(x_{\mathrm{s}},\ y_{\mathrm{s}},\ x_k,\ y_k,\ f) H(x_k,\ y_k,\ x_{\mathrm{r}},\ y_{\mathrm{r}},\ f) \quad (8.5.10)$$

式中，x_{s} 与 y_{s} 为炮点的空间坐标；x_{r} 与 y_{r} 为接收点的空间坐标；f 为频率；M_{X} 为预测的转换波分量自由界面多次波记录；H 为利用下行波成像数据体构建的多次波预测因子；x_k 与 y_k 为参与求和运算的波场 X 中接收点、H 中炮点的空间坐标。

引入式(8.5.9)计算的自由界面因子 $A(f)$，则式(8.5.10)可进一步表示为

$$M_{\mathrm{X}}(x_{\mathrm{s}},\ y_{\mathrm{s}},\ x_{\mathrm{r}},\ y_{\mathrm{r}},\ f) = A(f) \sum_{y_k} \sum_{x_k} X(x_{\mathrm{s}},\ y_{\mathrm{s}},\ x_k,\ y_k,\ f) H(x_k,\ y_k,\ x_{\mathrm{r}},\ y_{\mathrm{r}},\ f) \quad (8.5.11)$$

式(8.5.11)即为引入了多次波预测因子与自由界面因子的多次波预测方程，该过程在频率域中进行。基于式(8.5.11)获得多次波记录后，即可通过自适应衰减方法消除转换波分量数据 X 中的多次波。

8.5.3 实际 OBN 数据的多次波预测

所选数据所在海域为浅水(水深约 50m)硬海底地区，相应地震记录中存在较强的自由界面多次波，显著降低了原始数据的信噪比。现以该区域数据的纵波分量为例，在进行几何扩散校正、直达波与折射波衰减与野值压制等环节的预处理后，依次进行炮域叠前时间镜像偏移、基于时域克希霍夫反偏移的自由界面多次波与基于曲波域扩展滤波的多次波匹配衰减实验，据此检验文中方法的有效性。

野外勘探利用 OBN 进行地震采集，其采用了平行观测系统，获得了具有炮点密集、接收点稀疏的典型 OBN 数据。图 8.5.1 给出了区域内临近的一条炮线与接收线位置图，其中上方"∗"为炮点位置(共 670 个)，下方椭圆显示了总数为 672 个的检波点位置，其颜色指示了检波器的深度。由于 OBN 沉放于海底，可根据检波点深度分析海底起伏情况，根据图 8.5.1 分析出从左至右水深由 47m 增加为 58m。

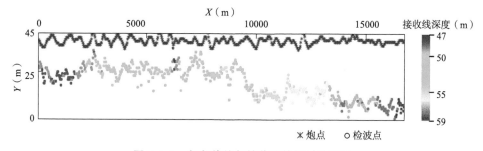

图 8.5.1 相邻炮线与接收线的相对位置图

道号

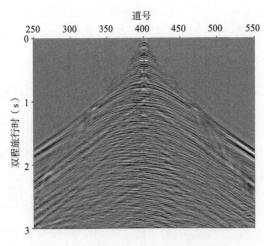

图 8.5.2　预处理后的 P 分量数据示例

（接收点序号为 401）

工区所在海域为硬海底地区，导致原始地震记录中存在多阶强海底全程多次波以及与海底有关的微屈多次波。由于 P、X、Y、Z 分量多次波预测与衰减的过程基本一致，受篇幅限制，在此将仅以 P 分量数据为例进行多次波预测与衰减分析。对原始炮集进行几何扩散校正、直达波与折射波衰减与野值压制等环节的预处理后，得到了图 8.5.2 所示的 P 分量共接收点道集，其中存在着大量短周期的多次波干扰。

利用图 8.5.2 所示数据进行常规叠前时间偏移处理时，由于 OBN 勘探时检波器位于海底，"照明度"低使得成像剖面中无海底反射，且海底以下紧邻地层成像质量较差（图 8.5.3）。为了实现包含海底多次波在内的自由界面多次波预测，需要进行基于下行波的镜像偏移，以获得海底及浅部成像质量较高的叠前时间偏移数据体。现将位于海底的检波点镜像投影到海面以上的对称位置，根据式（8.5.1）和式（8.5.2）进行炮域的克希霍夫叠前时间偏移速度分析与成像处理，从而得到如图 8.5.4 所示的镜像偏移结果。与图 8.5.3 所示的常规叠前时间偏移剖面相比，图 8.5.4 中的海底（箭头指向位置）及下伏反射界面均得到了较好成像。

水平距离（km）

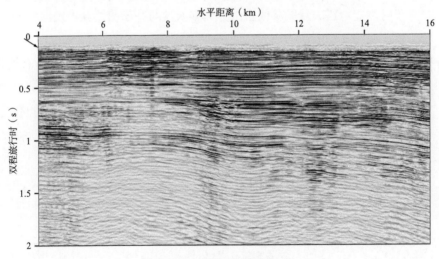

图 8.5.3　镜像偏移剖面示例

　　输入图 8.5.4 所示的镜像偏移数据体，交换炮点与检波点的位置，令 X、Y 坐标不变而深度为零，基于式（8.5.7）进行时域克希霍夫反偏移处理，得到了如图 8.5.5 所示的"共检波点"道集。对于该反偏移记录，其炮点的坐标与第 401 个检波点的坐标相同，各接收点对应于图8.5.1中的炮点，因此可与图8.5.2所示的OBN记录进行对比，由于接收点深度发生了明显变化，记录中各同相轴出现的时间也存在一定差异，数据的信噪比明显提升，进而可提高多次波的预测精度。

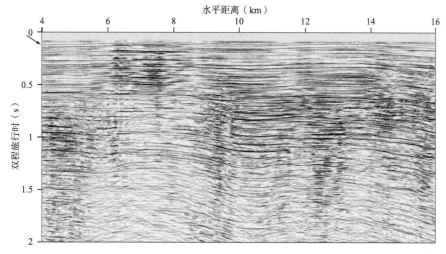

图8.5.4　镜像偏移剖面示例

以反偏移记录为自由界面多次波预测因子，输入图8.5.2所示预处理后的炮集记录进行自由界面多次波预测，获得了仅包含多次波成分的地震记录，如图8.5.6所示。通过对比可知，图8.5.6所示的多次波记录中包含了丰富的多次波信息，其旅行时与输入记录（图8.5.2）中的基本一致，这证明了该多次波预测方法的有效性。

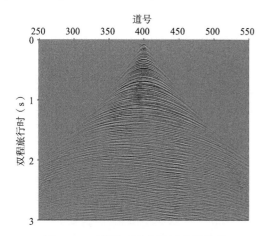

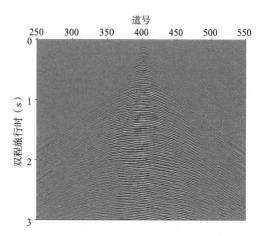

图8.5.5　利用时域克希霍夫反偏移
　　模拟的共炮点道集示例

图8.5.6　预测的多次波记录

参 考 文 献

宋鹏, 朱博, 李金山, 等, 2015. 多次波分阶逆时偏移成像[J]. 地球物理学报, 58(10): 3791-3803.

谭军, 宋鹏, 李金山, 等, 2017. 基于同相轴追踪的三维地震资料多次波压制方法[J]. 石油地球物理勘探, 52(5): 894-905+877.

谭军, 王修田, 2009. 地震成像道集域的变周期预测反褶积[J]. 中国海洋大学学报: 自然科学版, 39(1): 125-132.

谭军, 王修田, 2012. 基于同相轴追踪的多次波衰减[J]. 中国海洋大学学报: 自然科学版, 42(6): 99-106.

谭军, 李金山, 宋鹏, 等, 2016. 基于同相轴优化追踪的多次波匹配衰减方法[J]. 中国石油大学学报(自然科学版), 40(6): 40-49.

谢玉洪, 张迎朝, 李列, 等, 2020. 南海浅水区域三维 $\tau-p$ 域鬼波压制分析[J]. 中国海洋大学学报(自然科学版), 50(7): 101-107.

晏红艳, 尹成, 丘斌煌, 等, 2018. 复小波框架联合多模型自适应减法在莺歌海盆地地震数据多次波剔除中的应用[J]. 中国海洋大学学报(自然科学版), 48(12): 79-86.

赵波, 谭军, 李金山, 等, 2017. 浅地层剖面的自由界面多次波预测与衰减[J]. 中国海洋大学学报(自然科学版), 47(8): 112-118.

朱博, 宋鹏, 李金山, 等, 2015. 基于多卡 GPU 集群的多次波逆时偏移成像技术[J]. 油气地质与采收率, 22(2): 60-65.

D. J. Verschuur 著, 2010. 地震多次波去除技术的过去、现在和未来[M]. 陈浩林, 张宝庆, 刘军, 等译. 北京: 石油工业出版社.

O. Yilmaz 著, 2006. 地震资料分析[M]. 刘怀山, 王克斌, 童思友, 等译. 北京: 石油工业出版社.

谭军, 2008. 基于模型的变周期预测反褶积[D]. 青岛: 中国海洋大学.

谭军, 2011. 自由界面多次波的预测与衰减[D]. 青岛: 中国海洋大学.

谭军, 2016. 基于时域克希霍夫绕射叠加正演的全三维自由界面多次波衰减方法[D]. 青岛: 中国海洋大学.

Berkhout A J Verschuur D J, 1997. Estimation of multiple scattering by iterative inversion, Part I: Theoretical considerations[J]. Geophysics, 62(5): 1586-1595.

Binhuang Qiu, Jun Tan, Zhiwei Dan, et al, 2019. Internal Multiple Prediction Based on Imaging Profile Prediction and Kirchhoff Demigration[J]. Journal of Ocean University of China, 18(6): 1360-1370.

Hampson D, 1986. Inverse velocity stacking for multiple elimination[J]. Journal of the Canadian Society of Exploration Geophysicists, 22: 44-55.

Herrmann F J, Wang D, Verschuur D J, 2008. Adaptive curvelet-domain primary-multiple separation[J]. Society of Exploration Geophysicists, 73(3): A17.

Jun Tan, Jianhua Wang, Peng Song, et al, 2023. Surface-related multiple prediction for ocean-bottom node data based on demigration using downgoing wave imaging data[J]. Geophysical Prospecting, 1-18.

Jun Tan, Peng Song, Jinshan Li, et al, 2017. Combined Adaptive Multiple Subtraction Based on Optimized

Event Tracing and Extended Wiener Filtering[J]. Journal of Ocean University of China, 16: 411-421.

Peacock K L, Treitel S, 1969. Predictive deconvolution: theory and practice[J]. Geophysics, 34(2): 155-169.

Verschuur D J, Berkhout A J, Wapenaar C P A, 1992. Adaptive surface-related multiple elimination [J]. Geophysics, 57(9): 1166-1177.

Verschuur D J, Berkhout A J, 1997. Estimation of multiple scattering by iterative inversion, Part Ⅱ: Practical aspects and examples[J]. Geophysics, 62(5): 1596-1611.

Wang Y, 2003. Multiple subtraction using an expanded multichannel matching filter [J]. Geophysics, 68(1): 346-354.

Weglein A B, Gasparotto F A, Carvalho P M, et al, 1997. An inverse-scattering series method for attenuating multiples in seismic reflection data[J]. Geophysics, 62(6): 1975-1989.

Wiggins J L, 1988. Attenuation of complex water-bottom multiples by wave-equation-based prediction and subtraction[J]. Geophysics, 53(12): 1527-1539.